普通高等教育电气工程与自动化（应用型）“十二五”规划教材

EDA 技术与应用

主　编　陈海宴
副主编　游余新　郑玉珍

机 械 工 业 出 版 社

本书根据课堂教学的要求，深入浅出地对 EDA 技术、Verilog HDL（硬件描述语言）、可编程逻辑开发应用及相关知识做了系统的介绍，使读者能初步了解和掌握 EDA 的基本内容及实用技术。

全书共分 10 章，内容涉及 EDA 的基本知识、可编程逻辑器件的结构和工作原理、Quartus II 软件开发应用、Verilog HDL 语法知识、设计的层次与常用模块设计、宏功能模块设计、可综合设计与优化、系统仿真与 ModelSim 软件使用、数字设计实例、C/C + + 语言开发可编程逻辑器件等。书中的例子均给出了介绍、程序代码和仿真结果。使用 Quartus II 软件平台，通过了 ModelSim 的仿真测试。各章都配有一定数量的习题。

本书内容翔实，语言通俗易懂，可以帮助初学者在短时间内学习 EDA 技术和用 Verilog HDL 进行硬件电路的设计，并进一步拓展读者的视野到可综合的 C/C + + 设计，可作为通信、电子、自动化、计算机等相关专业的教材，也可作为电子设计和开发人员学习 EDA 技术和 Verilog HDL 的参考用书。

本书配有免费电子课件，欢迎选用本书作教材的老师发邮件到 jinacmp@163.com 索取，或登录 www.cmpedu.com 注册下载。

图书在版编目（CIP）数据

EDA 技术与应用/陈海宴主编. —北京：机械工业出版社，2012.4
普通高等教育电气工程与自动化（应用型）“十二五”规划教材
ISBN 978-7-111-37682-8

Ⅰ. ①E… Ⅱ. ①陈… Ⅲ. ①电子电路—电路设计：计算机辅助设计—高等学校—教材 Ⅳ. ①TN702

中国版本图书馆 CIP 数据核字（2012）第 041168 号

机械工业出版社（北京市百万庄大街 22 号 邮政编码 100037）
策划编辑：吉 玲 责任编辑：吉 玲 王 荣 刘丽敏
版式设计：霍永明 责任校对：闫玥红
封面设计：张 静 责任印制：杨 曦
北京双青印刷厂印刷
2012 年 5 月第 1 版第 1 次印刷
184mm × 260mm · 16.25 印张 · 408 千字
标准书号：ISBN 978-7-111-37682-8
定价：33.00 元

前　言

目前，EDA技术已经成为现代电子设计领域的基本手段，涵盖印制电路板（PCB）设计、可编程逻辑器件开发、专用集成芯片设计以及系统验证等诸多领域。硬件描述语言（HDL）是EDA技术中的一个重要组成部分，可应用于除PCB设计外的各个领域。Verilog HDL和VHDL是两个主流HDL。Verilog HDL要比VHDL简单，而且Verilog HDL与C语言语法风格类似，更容易被在校大学生和初学者接受。利用Verilog HDL设计数字逻辑电路和数字系统，是电子电路设计领域的一次革命性变化，也是21世纪的IC设计工程师所必须掌握的专业知识。

全书内容分为10章：第1章为EDA技术概述，第2章为可编程逻辑器件基础，第3章为Quartus Ⅱ开发软件应用，第4章为Verilog HDL的基本语法，第5章为Verilog设计的层次与常用模块设计，第6章为宏功能模块设计，第7章为可综合设计与优化，第8章为系统仿真与ModelSim软件使用，第9章为数字设计实例，第10章为C/C++语言开发可编程逻辑器件，读者可参考学习。书中的部分图是国外软件生成的，因此图形符号与国内的会有所差别，请读者注意相互对比。

本书体系完整、层次清晰、通俗易懂、学练结合，在以下几个方面具有一定的特色：

（1）内容编排层次清晰、循序渐进，以Verilog HDL开发为主线符合学习和应用规律。

（2）Verilog HDL从C语言中继承了多种操作符和结构，从形式上看，VerilogHDL和C语言有很多相似之处，它的核心子集非常易于学习和使用。

（3）遵循硬件应用系统开发的基本步骤和思路，详细讲解Quartus Ⅱ和ModelSim开发工具的使用，具备很强的指导性和可读性。

（4）阐述如何进一步提高设计抽象层次，进行C/C++语言的可综合设计，进行架构分析和验证，无缝地从C/C++到RTL到FPGA的板级下载流程。

（5）实例注重教学实效，突出EDA课程实践性强的特点，提高读者实践动手能力和工程设计能力。

本书可以帮助初学者在短时间内学习EDA技术和用Verilog HDL进行硬件电路的设计，可作为通信、电子、自动化、计算机等相关专业的教材，也可作为电子设计和开发人员学习EDA技术和Verilog HDL参考用书。

参加本书编写的有陈海宴、游余新、郑玉珍、鲁奔、李照龙、吴亚萍、曾小星、黄蒙、李治、王芬芬、王斌、杨琳娟、田芳、杨明、哈森其其格、卢东华、孟繁荣、李华和付朋辉等。

哈尔滨工业大学（威海）的戴伏生教授审阅了本书的大纲，并提出了宝贵的意见，在此表示感谢。同时，也要感谢在本书的编写过程中给予我们支持的许多专家和同行。

鉴于编者水平有限，书中难免存在疏漏和错误之处，恳请专家和广大读者批评指正。有兴趣的读者，可以发送电子邮件到chenhy736@sina.com，与编者进一步交流。

编　者

目　录

第1章　EDA技术概述

本章主要讲述EDA技术的概念、发展历史和技术优势，介绍EDA技术中非常重要的几个方面：HDL、仿真、综合，自顶向下（Top-Down）及自底而上（Bottom-Up）的设计方法，以及EDA的设计流程和集成开发工具等如Quartus Ⅱ软件的特点，最后介绍IP核的概念和特点。

1.1　EDA技术简介

电子设计自动化（Electronic Design Automation，EDA）技术是指利用计算机完成电子系统的设计，以计算机和微电子技术为先导的先进技术，汇集了计算机图形学、拓扑学、逻辑学、微电子工艺与结构学以及计算数学等多种计算机应用学科的最新成果。EDA技术是电子设计技术的发展趋势，利用EDA工具可以代替设计者完成电子系统设计中的大部分工作，设计人员只需完成对系统功能的描述，就可以由计算机软件进行处理，得到设计结果，而且修改设计如同修改软件一样方便，可以极大地提高设计效率。

广义的EDA技术应用于半导体工艺设计自动化、可编程器件设计自动化、电子系统设计自动化、印制电路板设计自动化、仿真与测试等领域。狭义的EDA技术是指以大规模可编程逻辑器件或专用集成芯片为设计载体，以硬件描述语言为系统逻辑描述的主要表达方式，以计算机、大规模可编程逻辑器件或专用集成芯片的开发软件及实验开发系统为设计工具，自动完成用软件方式描述的电子系统到硬件系统的逻辑编译、逻辑简化、逻辑分割、逻辑综合及优化、布局布线、逻辑仿真，直至完成对特定目标芯片的适配编译、逻辑映射、编程下载等工作，最终形成集成电子系统或专用集成芯片的一门多学科融合的新技术。本书将主要介绍应用于大规模可编程逻辑器件CPLD/FPGA的EDA技术。

随着微电子技术以惊人的速度发展，其工艺水平已达到深亚微米级，并仍在追随Gordon Moore（摩尔）定律，每18个月设计规模翻一番，在一个芯片上可集成数千万乃至上亿万只晶体管，工作速度可达到Gbit/s级，人们已经能够把一个完整的电子系统集成在一个芯片上，即SOC（System On Chip）。可编程逻辑器件（Programmable Logic Device，PLD）的出现极大地改变了传统的电子系统设计方法。PLD自20世纪70年代后开始发展，经历了可编程逻辑阵列（Programmable Logic Array，PLA）、通用阵列逻辑（Generic Array Logic，GAL）、现场可编程门阵列（Field Programmable Gate Array，FPGA）和复杂可编程逻辑器件（Complex Programmable Logic Device，CPLD）等阶段，PLD的广泛使用不仅简化了电路设计、降低了研制成本、提高了系统可靠性，而且给数字系统的设计和实现过程带来了革命性变化。电子系统的设计方法从CAD（Computer Aided Design）、CAE（Computer Aided Engineering）到EDA，设计的自动化程度越来越高，设计的复杂性也越来越强。

EDA技术是现代电子设计的有效手段，如果没有EDA技术的支持，要完成超大规模集成电路的设计和制造的复杂度是不可想象的，当然，EDA技术也是随着电子技术的发展而不断进步的。

1.2　EDA 技术的发展和优势

随着计算机技术的发展，从 20 世纪 60 年代中期开始，人们就不断开发出各种计算机辅助设计工具来帮助设计人员进行电子系统的设计。电路理论和半导体工艺水平的提高，也对 EDA 技术的发展起了巨大的推进作用，使 EDA 作用范围从 PCB（Printed Circuit Board，印制电路板）设计延伸到电子线路和集成电路设计，直至整个系统的设计，使 IC 芯片系统应用、电路制作和整个电子系统生产过程都集成在一个环境之中。

1.2.1　EDA 技术的发展

一般认为 EDA 技术发展大致分为以下 3 个阶段。

1. CAD 阶段

20 世纪 70 年代，随着中小规模集成电路的开发应用，越来越多不同外形的元器件被用到印制电路板上，每片集成电路包含的元器件也从几十、几百到几千甚至几万。传统的手工制图设计印制电路板和集成电路的方法已无法满足设计的精度和效率要求。因此工程师们开始进行二维平面图形的计算机辅助设计，以便解脱繁杂、机械的版图设计工作，这就产生了第一代 EDA 工具，即 CAD（Computer Aided Design）软件。这一阶段的特点是一些单独的工具软件，主要实现 PCB 布线设计、电路模拟、逻辑模拟及版图的绘制等，通过使用计算机，将设计人员从大量烦琐重复的计算和绘图工作中解脱出来。常用的 Protel 和 Altium Designer，以及用于电路模拟的 SPICE 软件和后来产品化的 IC 版图编辑与设计规则检查系统等软件，都是这个阶段的产品。

CAD 工具存在的问题主要有两个方面：第一，由于各个工具软件是由不同的公司和专家开发的，只能解决一个领域的问题，完成一个电子系统的设计需要轮流使用不同的软件，设计效率较低；第二，缺乏系统级的设计考虑，对于复杂电子系统的设计，不能提供系统级的仿真与综合，设计错误如果在开发后期才被发现，将给修改工作带来极大不便。

2. CAE 阶段

随着集成电路规模的不断扩大，以及电子系统设计的逐步复杂，电子设计 CAD 的工具随之发展和完善，人们在集成电路与电子系统设计方法学以及设计工具集成化方面取得了许多成果，进入 CAE（Computer Aided Engineering）阶段。在这个阶段，各种设计工具如原理图输入、编译与连接、逻辑模拟、测试码生成、版图自动布局以及各种单元库已经齐全，由于采用了统一数据管理技术，因而能够将各个工具集成为一个 CAE 系统，按照设计方法学制定的设计流程，可以实现从设计输入到版图输出的全程自动化。设计者能在产品制作之前预知产品的功能与性能，能生成产品制造文件，在设计阶段对产品性能的分析前进了一大步。多数 CAE 系统还集成了 PCB 自动布局布线软件及热特性、噪声、可靠性等分析软件，进而可以实现电子系统设计自动化。

如果说自动布局布线的 CAD 工具代替了设计工作中绘图的重复劳动，那么具有自动综合能力的 CAE 工具则代替了设计者的部分工作，对保证电子系统的设计、制造出最佳的电子产品起着关键的作用。但是，大部分从原理图出发的电子设计工具软件仍然不能适应复杂电子系统的设计要求，而具体化的元器件图形又制约着优化设计。

3. EDA 阶段

传统的数字电子系统设计采用“自底向上”（Bottom-Up）搭积木的方法，将具有固定功能的通用芯片如 74 系列 TTL 器件或 4000 系列 CMOS 器件搭建成系统，缺乏灵活性，不易实现大型系统的设计，且设计过程中产生大量的设计文档，不易管理。

20 世纪 90 年代以后，EDA 技术提供了一种“自顶向下”（Top-Down）的全新设计方法。首先从系统设计入手，在顶层进行功能框图的划分和结构设计，在框图一级进行仿真、调试。用硬件描述语言对高层次的系统行为进行描述，在系统一级进行验证。然后用综合优化工具生成具体门电路的网表，其对应的物理实现级可以是印制电路板或专用集成电路。由于设计的主要仿真和调试过程是在较高层次上完成的，有利于早期发现结构设计上的错误，避免设计工作的浪费，同时也减少了逻辑功能仿真的工作量，提高了设计的一次成功率。

同时，设计师逐步从使用硬件转向设计硬件，从电路级电子产品开发转向系统级电子产品开发，相应地对电子系统的设计工具提出了更高的要求。这个阶段出现了以高级语言描述、系统仿真和综合技术为特征的第三代 EDA 技术，以系统级设计为核心，包括系统行为级描述与结构级综合，系统仿真与测试验证，系统划分与指标分配，系统决策与文件生成等一整套的 EDA 工具，不仅极大地提高了系统的设计效率，而且使设计人员摆脱了大量的辅助性及基础性工作，将精力集中于创造性的方案与概念的构思上，属于高层次的电子设计方法。

1.2.2　EDA 技术的优势

与传统的数字电子系统设计方法相比较，EDA 技术运用硬件描述语言（Hardware Description Language，HDL）进行电子系统设计，具有很多优势，具体表现为：

1）以软件设计的方式来设计硬件，提高了设计的自由度，减少所需芯片种类和数量，使整个系统可集成在一个芯片上，体积小、功耗低、可靠性高。

2）HDL 比传统的电路图设计更适合于描述大规模、功能复杂的数字系统，标准化的语言便于设计的复用、交流、修改和文档的管理保存。

3）采用 HDL 设计电子系统时，与具体的器件无关，可以在不同的 PLD 器件上实现，设计者拥有完全的自主知识产权。

4）用软件方式设计的系统到硬件系统物理实现之间的转换是由 EDA 工具软件自动完成的，降低对设计者硬件知识和硬件经验的要求。

5）在 EDA 设计过程中可用软件进行各个阶段的仿真，保证设计过程的正确性，降低设计成本，缩短设计周期。

6）EDA 技术可以实现系统现场编程、在线升级，为产品更新换代提供极大便利。

7）EDA 工具采用标准化和开放性的框架结构，与硬件平台无关的用户界面可以实现各种 EDA 工具间的优化组合，实现资源共享，有利于大规模、有组织的设计开发工作。

8）EDA 工具软件配有丰富的库，如元器件图形符号库、元器件模型库、工艺参数库、标准单元库、电路模块库以及 IP 库等，适用于电子系统设计的各个阶段。

EDA 技术在仿真、时序分析、集成电路自动测试、高速印制电路板设计及开发操作平台的扩展等方面取得新的突破，向着功能强大、简单易学、使用方便的方向发展。一方面，EDA 设计正从主要着眼于数字逻辑向模拟电路和数-模混合电路的方向发展，开发工具要具有混合信号处理能力；另一方面，在硅集成电路制造工艺已进入超深亚微米（Very Deep

Sub-Micron, VDSM）阶段，可编程逻辑器件向高密度、高速度、宽频带方向发展，随着芯片集成度提高，单个芯片内集成通用微控制器/微处理器核心（MCU/MPU Core）、专用数字信号处理器核心（DSP Core）、存储器核心（Memory Core）、嵌入式软件/硬件、数-模混合器件、RF 处理器等，EDA 技术与上述器件间的物理与功能界限已日益模糊，系统描述方式需简便化、高效化和统一化。随着 EDA 技术的不断成熟，软件和硬件的概念将日益模糊，使用单一的高级语言（如 C/C++/SystemC）直接设计整个系统将成为发展趋势。

1.3 硬件描述语言（HDL）

1.3.1 原理图设计方法

设计一个数字逻辑系统时，传统的做法是设计一张电路图，电路图中由电路符号表示基本设计单元，线表示信号的连接。电路符号通常取自构造电路图的零件库中，例如标准逻辑器件（如 74 系列等）的符号取自标准逻辑零件符号库，专用集成电路（Application Specific Integrated Circuit, ASIC）所需符号可以取自 ASIC 库的专用宏单元，这就是传统的原理图设计方法。为了能够对设计进行验证，设计者必须通过搭建硬件平台例如电路板来进行验证。

1.3.2 HDL 的设计方法

随着电子系统设计的集成度、复杂度越来越高，传统的原理图设计方法已经不能满足设计的要求，因此需要借助当今先进的 EDA 工具，使用一种描述语言，对数字电路和数字逻辑系统能够进行形式化的描述，这就是硬件描述语言。设计者利用 HDL 来描述自己的设计思想，利用 EDA 工具进行仿真，并自动综合到门级电路，最后由 ASIC 或 FPGA 实现功能。例如设计一个 2 输入与门，传统的方法可能从标准器件库中调用一个 74 系列的器件，但在硬件描述语言中，可以用“&”的形式来描述一个与门，“C = A&B”就是一个 2 输入与门的描述，而“and”就是一个与门器件。

常见的硬件描述语言包括 VHDL、Verilog HDL、AHDL、System Verilog 和 System C 等，但在 IEEE 工业标准中，主要有 VHDL 和 Verilog HDL，这是当前最流行的硬件描述语言，得到几乎所有主流 EDA 工具的支持。VHDL 发展较早，始于美国国防部的超高速集成电路计划，目的是给出一种与工艺无关、支持大规模系统设计的标准方法和手段，其语法严格，是一种全方位的硬件描述语言，包括系统行为级、寄存器传输级和逻辑门级多个设计层次，支持结构、数据流、行为 3 种描述形式的混合描述，自顶向下或自底向上的电路设计过程都可以用 VHDL 来完成，是数字电路设计的方法之一。

Verilog HDL 是在 C 语言的基础上发展起来的，语法较自由，具有简洁、高效、易用的特点，Verilog HDL 最初是由 Gateway Design Automation 公司于 1983 年为其模拟器产品开发的硬件建模语言，于 1995 年成为 IEEE 标准。Verilog HDL 用于从算法级（Algorithm Level）、寄存器传送级（Register Transfer Level）、门级（Gate Level）到版图级（Layout Level）等各个层次的数字系统建模，设计的规模可以是任意的，Verilog HDL 不对设计的规模大小施加任何限制。不同层次的描述方式如表 1-1 所示。

Verilog HDL 可以采用 3 种不同方式或混合方式对设计建模，包括：行为描述方式即使用过程化结构建模；数据流方式即使用连续赋值语句方式建模；结构化方式即使用门和模块实例语句描述建模。此外，Verilog HDL 提供了编程语言接口，通过该接口可以在模拟、验证期间从设计外部访问设计，包括模拟的具体控制和运行，完整的 HDL 足以对从最复杂的芯片到完整的电子系统进行描述。

表 1-1 Verilog HDL 各层次描述方式

设计层次	行为描述	结构描述
行为级	系统算法	系统逻辑框图
RTL 级	数据流图、真值表、状态机	寄存器、ALU、ROM 等分模块描述
门级	布尔方程、真值表	逻辑门、触发器、锁存器构成的逻辑图
版图级	几何图形	图形连接关系

Verilog HDL 不仅定义了语法，而且对每个语法结构都定义了清晰的模拟、仿真语义。因此，用这种语言编写的模型能够使用 Verilog 仿真器进行验证。Verilog HDL 从 C 语言中继承了多种操作符和结构，提供了扩展的建模能力，核心子集非常易于学习和使用。Verilog HDL 作为标准化的硬件设计语言，设计时独立于器件，可以很容易地把完成的设计移植到不同厂家的不同芯片中去，信号参数也很容易改变。Verilog HDL 设计与工艺无关，使得设计者在功能设计、逻辑验证阶段可以不必过多考虑门级与工艺实现的具体细节，只是根据系统设计时对芯片的需要，施加不同的约束条件，即可设计出实际电路，具有很强的移植能力。

VHDL 与 Verilog HDL 都可以在不同层次上进行电路描述，并且最终都要转换成门电路级才能被布线器或适配器接受。与 VHDL 相比，Verilog HDL 最大的优点是易学易用，编程风格灵活简洁，在美国许多著名高校都以 Verilog HDL 作为主要授课内容。

1.3.3 HDL 设计方法与传统原理图设计方法的比较

HDL 和传统的原理图输入方法的关系就好比是高级语言和汇编语言的关系。HDL 的可移植性好，使用方便，易于共享和复用，但效率不如原理图；原理图输入的可控性好，效率高，比较直观，但设计大规模 CPLD/FPGA 时显得很烦琐，移植性差。HDL 更适合大规模数字系统的设计，例如设计一个 32 位的加法器，利用传统图形输入软件需要输入 500 ~ 1000 个门，而利用 HDL 只需要用“A = B + C”即可表达，在实际的 PLD 设计中，通常建议采用原理图和 HDL 结合的方法来设计。需要注意的是，HDL 描述的毕竟是硬件电路，包含许多硬件特有的结构和特点，例如电路具有并行性，程序在调试时不能采用单步执行等调试手段等。

用硬件描述语言（HDL）开发可编程逻辑器件的流程一般可分为文本编辑、功能仿真、逻辑综合、布局布线、时序仿真和编程下载等阶段。任何文本编辑器都可以进行文本编辑，通常 VHDL 的源程序保存为 .vhd 文件，Verilog HDL 的源程序保存为 .v 文件。功能仿真需要将文件调入 HDL 仿真软件进行，主要检查逻辑功能是否正确，而不检查电路的时序，也称为前仿真，简单的设计可以不进行功能仿真。逻辑综合是把 HDL 的描述综合成最简化的布尔表达式和信号的连接关系，并会生成 .edf（edif）的 EDA 工业标准文件。将 .edf 文件调入 PLD 厂商提供的软件中进行布局布线，即把设计好的逻辑映射到 PLD/FPGA 内。时序仿真需要利用在布局布线中获得的精确参数，用仿真软件验证电路的时序，也称为后仿真。

确认仿真无误后就可以编程下载，将编程文件下载到可编程逻辑器件中。

总的说来，硬件描述语言（HDL）是用来设计电子系统硬件电路的计算机语言，它用软件编程的方式来描述电子系统的逻辑功能、信号连接和时序关系，采用形式化方式描述数字电路、设计数字逻辑系统。硬件描述语言是EDA技术的重要组成部分，也是EDA技术发展到高级阶段的一个重要标志。

1.4　综合

EDA技术可以在不同层次上进行数字逻辑系统设计，如图1-1所示。综合（Synthesis）是将较高层次的设计描述自动转化为较低层次描述的过程。

1. 综合的任务

综合的任务是根据设计目标与要求将高级语言、原理图等设计输入翻译成由与、或、非逻辑门，存储器或触发器等基本逻辑单元所组成的逻辑连接（网表），供CPLD/FPGA厂商的布局布线器进行实现。综合分为行为综合、逻辑综合和版图综合或结构综合。行为综合是指从算法表示、行为描述转换到寄存器传输级（RTL）；逻辑综合（RTL综合）是指将RTL级描述转换到逻辑门级（包括触发器）；版图综合或结构综合是从逻辑门表示转换到版图表示，或转换到CPLD/FPGA器件的配置网表表示。

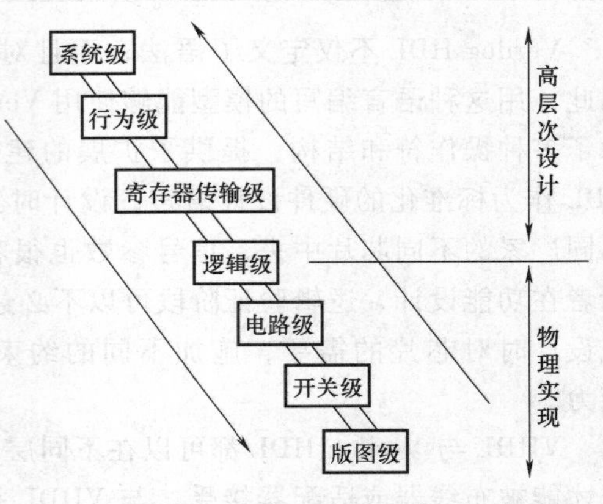

图1-1　EDA设计层次级别

2. 综合器的功能

综合器的功能就是将设计描述与给定硬件结构用某种网表文件的方式联系起来，显然，综合器是设计描述与硬件实现之间的一座桥梁。RTL综合器是EDA技术实施电路设计中完成电路简化、算法优化、硬件结构细化的计算机软件，是将硬件描述语言转化为硬件电路的重要工具。

3. 综合的过程

RTL综合器在把HDL源程序转化成硬件电路时一般经过以下两个步骤：首先，对HDL源码进行处理分析，产生一个与实现技术无关的通用原理图；然后根据设计要求执行优化算法、化简状态和布尔方程，使之满足各种约束条件，按半导体工艺要求，采用相应的工艺库，把优化的布尔描述映射到实际的逻辑电路网表。RTL综合器的输出文件一般是网表文件，可以是用于电路设计数据交换和交流的工业标准化格式的文件，或者是直接用HDL表达的标准格式网表文件，也可以是对应FPGA/CPLD器件厂商的网表文件。

4. 比较硬件综合器与软件编译器

硬件综合器与软件编译器的作用是不同的，软件语言设计与硬件语言设计的目标流程如图1-2所示。用软件语言如C或汇编语言编写的源程序经过编译器产生机器可执行的代码流，而设计硬件电路时，HDL编写的源程序经过综合器产生电路网表文件，才能下载到可编程逻辑器件中，实现系统功能。

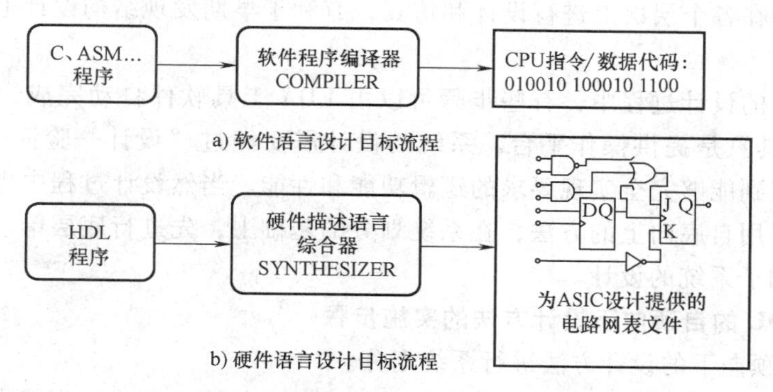

图 1-2　软件编译器与硬件综合器的作用

1.5　基于 HDL 的设计方法

在基于 EDA 技术的设计中，通常有两种设计思路，一种是自底向上（Bottom-Up）的设计方法，另一种是自顶向下（Top-Down）的设计方法。

1. 自底向上的设计方法

数字逻辑系统传统的设计方法通常采用搭积木的方式，将各种标准芯片如 74/54 系列的 TTL 器件或 4000/4500 系列的 CMOS 器件加上外围电路构成模块，由这些模块进一步形成各种功能电路，进而构成系统，是一种自底向上的设计方法，如图 1-3 所示。自底向上的设计方法好比用一砖一瓦建造金字塔，效率低，容易出错且不易修改。

2. 自顶向下的设计方法

可编程逻辑器件和 EDA 技术的发展提出了更符合人们逻辑思维习惯的自顶向下设计方法，使人们可以立足于 PLD 芯片，自己定义器件的内部逻辑和引脚，通过芯片设计来实现各种数字逻辑功能。由于引脚定义的灵活性，可以减轻原理图和印制电路板设计的工作量和难度，增加了设计的自由度，提高设计效率，同时也减少了所需芯片的数量，减小了系统体积，降低了功耗，提高了系统可靠性。自顶向下的设计方法如图 1-4 所示，从系统级入手，在顶层进行功能划分和结构设计，用 HDL 语言对高层次的系统进行行为描述。这样按照从

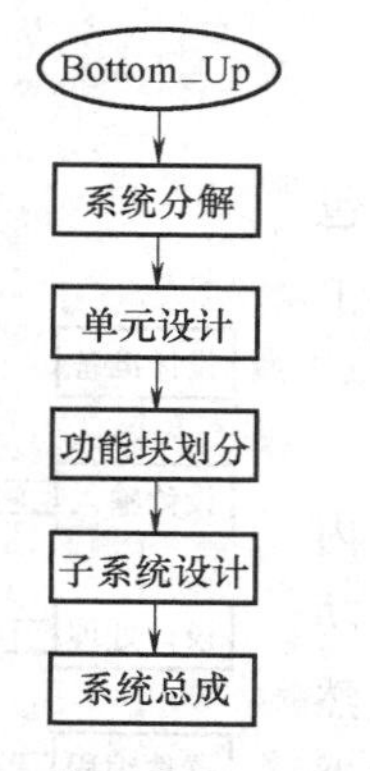

图 1-3　自底向上（Bottom-Up）的设计方法

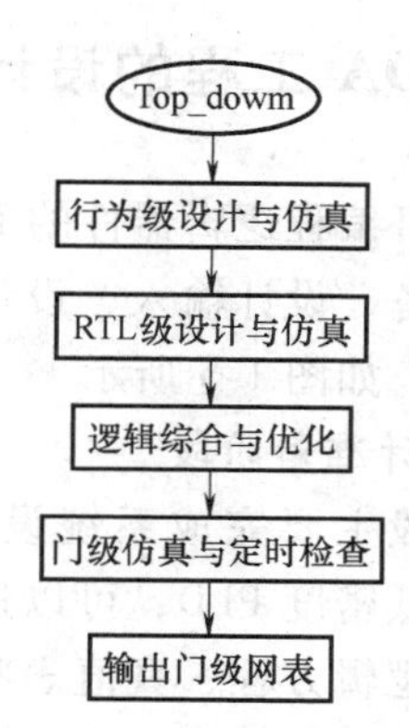

图 1-4　自顶向下（Top-Down）设计方法

上到下的顺序，在各个层次上进行设计和仿真，有利于早期发现结构设计上的错误，提高设计成功率。

在自顶向下的设计过程中，有些步骤可以由 EDA 工具软件自动完成，如逻辑综合，有些步骤 EDA 工具只是提供操作平台。系统的设计需要经过“设计—验证—修改—再验证”的反复过程，直到能够完全实现要求的逻辑功能和性能。当然设计过程中也不绝对是自顶向下，有时也需要用自底向上的方法，在系统划分的基础上，先进行底层单元设计，再逐步向上进行功能块和子系统的设计。

3. 基于 HDL 的自顶向下设计方法的实施步骤

1）按照自顶向下的设计方法进行系统划分。

2）输入 HDL 源代码，这是高层次设计中最为普遍的输入方式。当然也可以采用图形输入方式（如符号图、状态图等），图形输入方式具有直观、容易理解的优点。

3）将以上的设计输入编译成标准的 HDL 文件。对于大型设计，应该进行代码级的功能仿真，主要是检验系统逻辑功能设计的正确性。因为对于大型设计，综合和适配可能需要花费数小时，所以在综合前对源代码仿真，就可以大大减少设计重复的次数和时间，对于简单的设计，可以略去功能仿真。

4）利用综合器对 HDL 源代码进行综合优化处理，生成门级描述的网表文件，这是将高层次 HDL 描述转化为硬件电路的关键步骤。综合优化是针对可编程逻辑器件的某一产品系列进行的，所以综合的过程要在相应厂商综合库的支持下才能完成。综合后，可利用产生的网表文件进行适配前的时序仿真，仿真过程不涉及具体器件的硬件特性。

5）利用适配器将综合后的网表文件针对某一具体的目标器件进行逻辑映射操作，包括底层器件配置、逻辑分割、逻辑优化和布局布线。适配完成后，产生多项设计结果，以过程文件的形式生成，例如适配报告文件，说明芯片内部资源利用情况和设计的布尔方程描述情况等，还有适配后的仿真模型和器件编程文件等。根据适配后的仿真模型，可以进行适配后的时序仿真，因为已经得到器件的实际硬件特性（如时延特性），所以仿真结果能比较精确地预期未来芯片的实际性能。如果仿真结果达不到设计要求，就需要修改 HDL 源代码或选择不同速度性能的器件，直至满足设计要求。

6）将适配器产生的编程文件通过编程器或下载电缆载入到目标芯片 FPGA 或 CPLD 中。对于大批量产品开发，只要更换相应的厂商综合库，就可以很容易地由 ASIC 的形式实现。

1.6　EDA 工程的设计流程

基于可编程逻辑器件的 EDA 工程设计典型的设计流程主要包括设计准备、设计输入、设计处理、器件编程和设计验证等 5 个基本步骤，如图 1-5 所示。

1. 设计准备阶段

此阶段主要完成系统设计、设计方案论证和器件选择等内容。对于低密度 PLD，可以进行书面逻辑设计，将电路的逻辑功能直接用逻辑方程、真值表状态图或原理图等方式进行描述，然后根据整个电路输入、输出端数以及所需要的资源（门、触发器数目）选择能满足设计要求的器件系列和型号。对于高密度

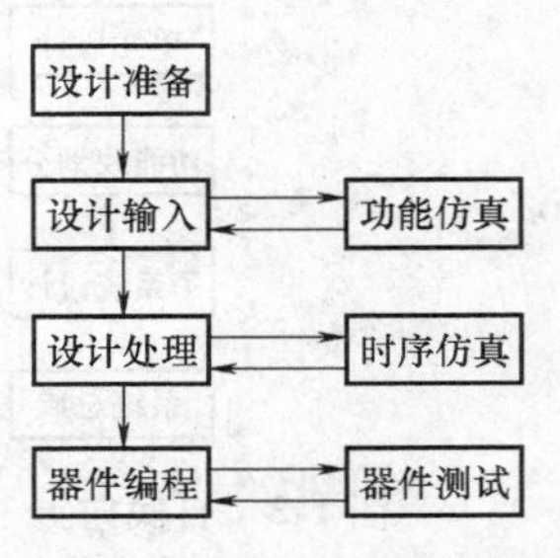

图 1-5　EDA 工程设计流程

PLD，系统方案的选择通常采用自顶向下的设计方法。首先在顶层进行功能框图的划分和结构设计，然后再逐级设计底层的结构。一般描述系统总功能的模块放在最上层，称为顶层设计；描述系统某一部分功能的模块放在下层，称为底层设计。底层模块还可以再向下分层。系统方案的设计工作和器件的选择都可以在计算机上完成。选择器件时除了应考虑器件的引脚数、资源外，还要考虑其速度、功耗以及结构特点，通过对不同芯片进行平衡、比较，确定最佳方案。

2. 设计输入阶段

设计输入就是设计者将所设计的系统或电路以开发软件要求的某种形式表示出来，并送入计算机的过程。设计输入有多种方式，常用的有原理图输入、硬件描述语言输入和波形输入等，也可以采用文本、图形混合的输入方式。当目标系统不是很庞大时，原理图输入是一种最直接的输入方式，易读性强，便于电路的调整，容易实现仿真。所画的电路原理图与传统的器件连接方式基本相同，编辑器中有许多现成的单元可以利用，也可以自己根据需要设计元器件，有助于提高工作效率。但随着设计规模增大，原理图输入的设计易读性迅速下降，很难搞清电路的实际功能，改变电路结构十分困难，移植性差，文档管理和交流都很困难，不利于团队合作，因此不适于较大或较复杂的系统。硬件描述语言是用文本方式描述设计，是 EDA 工程中最普遍使用的输入方式。它分为普通的硬件描述语言和行为描述语言。普通硬件描述语言有 ABEL-HDL、CUPL 等，它们支持逻辑方程、真值表、状态机等逻辑表达方式；行为描述语言是指高层硬件描述语言 VHDL 和 Verilog HDL，有许多突出的优点，如语言的公开可利用性，便于组织大规模系统的设计，具有很强的逻辑描述和仿真功能，输入效率高，可以非常方便地在不同的设计输入库之间转换，可移植性好，通用性好，设计与芯片工艺及结构无关。波形输入法适合用于时序逻辑和有重复性的逻辑函数设计，主要用于建立和编辑波形设计文件以及输入仿真向量和功能测试向量，EDA 工具软件可以根据用户定义的输入/输出波形自动生成逻辑关系。

3. 设计处理阶段

设计处理是 EDA 工程设计中的核心环节，从设计输入完成以后到编程文件产生的整个逻辑综合、优化、布线和适配过程通常称为设计处理，由计算机自动完成，设计者只能通过设置参数来控制其处理过程。在编译过程中，软件对设计输入文件进行逻辑化简和综合，逻辑综合得到的网表文件通过适配器对具体的目标器件进行逻辑映射，转换成实际的电路，具体操作包括底层器件的配置、逻辑分割、逻辑优化和布线，最后产生用于编程的下载文件。需要注意的是，HDL 描述的硬件系统要经过逻辑综合后最终转换成硬件电路，如果纯粹以软件工程思想编写代码，可能会造成某些语句不能综合成实际电路，或形成的电路效率低下，性能指标不佳等问题，因此设计者需要对 EDA 工具的逻辑综合和优化过程有一定的了解。编程文件是可供器件编程下载使用的数据文件，对于阵列型 PLD 来说，编程文件是熔丝图文件，即 JEDEC（简称 JED）文件或 POF 格式文件，对于 FPGA 来说，编程文件是位流数据文件，有 SOF、JAM、BIT 等格式的文件。有时为了提高电路的性能和效率，可以采用第三方 EDA 软件进行逻辑综合，如 Mentor Graphics 公司的 Precision RTL Plus 和 Synopsys 公司的 Synplify，最后再用器件商提供的适配器进行适配。

4. 设计验证阶段

设计验证是包括功能仿真和时序仿真，是对所设计电路功能的验证，可以在设计输入和设计处理过程中同时进行。功能仿真是在设计输入完成以后的逻辑功能验证，又称前仿真，它没有延时信息，对于初步功能检测非常方便。时序仿真一般在选择好器件并完成布局、布线之后进行，又称后仿真，时序仿真可以用来分析系统中各部分的时序关系以及仿真设计性能。在设计过程中对整个系统或各个模块通过仿真，验证电路功能是否正确、各部分时序配合是否准确，发现问题可以随时修改设计，从而避免逻辑错误，规模越大的设计，越需要仿真。

5. 器件编程阶段

器件编程是指将编程数据下载到具体的 PLD 器件中去。如果设计过程中编译、综合、适配和仿真都没有问题了，就认为该设计在理论上符合设计要求，可以将最终的编程文件下载到目标器件 CPLD/FPGA 中去。通常对阵列型 PLD 来说，是将 JED 文件“下载（Down Load）”到 PLD 中去；对 FPGA 来说，是将位流数据文件“配置”到器件中去。器件编程需要满足一定的条件，如编程电压、编程时序和编程算法等。普通的 PLD 和一次性编程的 FPGA 需要专用的编程器完成编程工作。基于 SRAM 的 FPGA 可以由 EPROM 或微处理器进行配置。在系统编程（In-System Programmable，ISP）器件则不需要专门的编程器，只要一根下载编程电缆就可以了。目前的 PLD 器件一般都支持在系统编程，因此在设计数字系统和制作 PCB 时，要预留器件的下载接口。

1.7 EDA 集成开发工具简介

1. EDA 开发工具分类

EDA 开发工具大体分为两类：一类是专业的 EDA 软件公司开发的工具，也称为第三方 EDA 软件工具，比较著名的有 Synopsys、Cadence Design System、Mentor Graphics 等公司，这些公司有各自独立的设计流程和相应的 EDA 设计工具，独立于 PLD 器件厂商，开发的 EDA 工具软件功能强，涉及电子设计的各个方面，包括数字电路设计、模拟电路设计、数模混合设计、系统设计和仿真验证等电子设计的许多领域。这些软件对硬件环境要求高，适合进行复杂和高效率的设计，价格昂贵；另一类是半导体器件厂商为了销售其产品而开发的 EDA 工具，比较著名的有 Altera 公司的 MAX + PLUS Ⅱ和 Quartus Ⅱ、Xilinx 公司的 Foundation 和 ISE，以及 Lattice 公司的 ispDesignEXPERT 和 ispLEVER 等。这些器件厂商根据各自 PLD 器件的工艺特点推出 EDA 工具软件，从器件的开发与应用角度做出优化设计，针对性强，能提高器件资源利用率，降低功耗，改善性能，并且软件使用操作简单，对硬件环境要求低，适合产品开发单位使用。

2. EDA 集成开发工具软件完成的功能

EDA 集成开发工具软件一般应包含设计输入编辑器、设计仿真工具、HDL 综合器、布局布线适配器和编程下载工具等模块。设计输入编辑器包括文本编辑和图形编辑功能，帮助设计者完成 HDL 文本或原理图的输入与编辑工作，并进行语义正确性、语法规则的检查。设计仿真工具帮助设计者验证设计的正确性，在系统设计的各个层次都要用到仿真器。在复杂的设计中，仿真可能比设计本身还要困难，仿真速度、仿真准确性和易用性是衡量仿真器性能的重要指标。HDL 综合器将 HDL 文本或图形输入，依据给定的硬件结构和约束控制条件进行编译、优化和转换，最终获得门级电路描述网表文件。布局布线适配器实现由逻辑设计到物理实现的映射，因此与物理实现的方式密切相关。例如，最终的物理实现可以是 CPLD 或 FPGA 等，由于对应的器件不同，布局布线工具也会有很大的差异，适配器最后输出的是各厂商自己定义的下载文件，由编程下载工具下载到器件中实现设计。

按功能分类，EDA 工具可以分为以下几类：集成的 FPGA/CPLD 开发工具，如 MAX Plus Ⅱ、Quartus Ⅱ、ISE、ispLEVER 等；设计输入工具，如 HDL Designer Series、UltraEdit、HDL Turbo Writer 等；逻辑综合工具，如 Precision RTL Plus、Synplify Pro/Synplify、FPGA Compiler II、Leonardo Spectrum 等；仿真器，如 QuestaSim/ModelSim、NC-Verilog、VCS/Scirocco、Active HDL 等；其他 EDA 专用工具，如 FPGA Advantage、DSP Builder、SOPC Builder、System Gernerator、Catapult C 等。

3. Quartus II EDA 集成开发工具简介

Quartus II 是 Altera 公司继 Max plus II 后推出的新一代 EDA 开发工具，支持 APEX20K、APEXII、Excalibur、Mercury、Cyclone 以及 Stratix 等新器件和大规模 FPGA 的开发。Altera 公司是世界上最大的 CPLD/FPGA 器件供应厂商之一。Quartus II 在 21 世纪初推出，其界面友好，使用便捷，提供了一种与结构无关的设计环境，使设计者能方便地进行设计输入、编译处理和器件编程。Quartus II 软件提供完整的多平台设计环境，为设计流程的每个阶段提供图形用户界面、EDA 工具界面以及命令行界面，具有更优化的综合和适配功能，改善了第三方仿真和时域分析工具的支持。Quartus II 还包含了 DSP Builder、SOPC Builder 等开发工具，支持系统级的开发，支持 Nios II 嵌入式核、IP 核和用户定义逻辑等。Quartus II 软件加强了网络功能，具有最新的 Internet 技术，可以直接通过 Internet 获得 Altera 的技术支持。

Quartus II 软件是一个全面的、易于使用的独立解决方案，可以完成设计流程的所有阶段，具有数字逻辑设计的全部特性。它支持原理图、结构框图、Verilog HDL、AHDL 和 VHDL 等方式完成电路描述，并将其保存为设计实体文件；具有功能强大的逻辑综合工具和芯片（电路）平面布局连线编辑功能；利用 LogicLock 增量设计方法，用户可建立并优化系统，添加后续模块；完备的电路功能仿真与时序逻辑仿真工具，能进行定时/时序分析与关键路径延时分析；可使用 SignalTap II 逻辑分析工具进行嵌入式的逻辑分析；支持软件源文件的添加和创建，并将它们链接起来生成编程文件；使用组合编译方式可一次性完成整体设计流程；能自动定位编译错误；高效的器件编程与验证工具；可读入标准的 EDIF 网表文件、VHDL 网表文件和 Verilog HDL 网表文件；能生成第三方 EDA 软件使用的 VHDL 网表文件和 Verilog HDL 网表文件；具有 4 种编程模式，即被动串行模式、JTAG 模式、主动串行模式和插座内编程模式。

4. ModelSim 简介

Mentor 公司的 ModelSim 是业界优秀的 HDL 语言仿真软件，现改名为 QuestaSim，它能提供友好的仿真环境，是业界唯一的单内核支持 VHDL 和 Verilog 混合仿真的仿真器。它采用直接优化的编译技术、Tcl/Tk 技术和单一内核仿真技术，编译仿真速度快，编译的代码与平台无关，便于保护 IP 核，个性化的图形界面和用户接口，为用户加快调试提供强有力的手段，是 FPGA/ASIC 设计的首选仿真软件。结合该公司的 FPGA 综合软件 Precision RTL Plus 和设计输入管理软件 HDL Designer Series 及 Altera 公司的 Quartus II 软件可以提供完整的 FPGA 从设计到验证到综合下载的完整流程。

5. Synplify 简介

综合是数字 EDA 设计中重要的组成部分，而 Synplify 软件是可以将 HDL 源程序转换成相应的门级电路网表的工具。Synplify、Synplify Pro 和 Synplify Premier 是 Synplicity 公司（Synopsys 公司于 2008 年收购了 Synplicity 公司）提供的专门针对 FPGA 和 CPLD 实现的逻辑综合工具，Synplicity 的工具涵盖了可编成逻辑器件（FPGAs、PLDs 和 CPLDs）的综合、验证、调试、物理综合及原型验证等领域。

1.8 IP 核

使用具有知识产权的 IP 核是现代数字系统设计最有效的方法之一。IP 核是预先设计好，经过严格测试和优化，具有某种功能的电路模块，如数字滤波器、乘法器、总线接口、DSP 和图像处理单元等，通常采用参数可配置的结构，方便用户根据实际情况调用这些模块。IP 核一般是比较复杂的电路功能模块，随着可编程器件规模的增大，使用 IP 核完成数字系统设计成为发展趋势。

IP 核分为软核、固核和硬核。

1. 软 IP 核

软 IP 核以 HDL 代码形式存在，并不涉及具体电路元器件，应用开发过程与普通 HDL 设计很相似，设计周期短，设计投入少。由于不涉及物理实现，为后续设计留有发挥空间，增大了 IP 的灵活性和适应性。使用者可以对软 IP 的功能加以裁剪以符合自己的需要，例如对参数进行设置，修改总线宽度、存储器容量等。软 IP 需要设计人员深入理解 HDL 代码，并将其转换成掩膜布局以产生合理的物理层设计结果。

2. 固 IP 核

固 IP 核是指已经完成了综合的功能块，有较大的设计深度，以网表文件的形式提交客户使用。需要使用与固 IP 核同一个工艺的单元库，这样 IP 应用成功的几率会较高。

3. 硬 IP 核

硬 IP 核是指以版图形式实现的设计模块，提供设计的最终阶段产品——掩膜，设计深度提高，后续工序要做的事情少，灵活性小。用户可以根据需要选用特定生产工艺下的硬 IP 核，硬核的可靠性高，能确保速度、功耗等性能，可以很快投入使用。

在设计一个系统时，设计者可以自行设计各个功能模块，也可以用 IP 核来构建各个模块，达到缩短开发时间的目的。目前的 IP 库已经包含了诸如 8051、ARM、PowerPC 等微处理器，TMS320C50 等 DSP，MPEG-II、JPEG 等数字信息压缩/解压器在内的大规模集成电路模块，还会有越来越多的模块加入 IP 库中。一个模块要加入 IP 库，必须满足几个条件：首先，这个模块是按嵌入式应用专门设计的，易于重复使用；其次，IP 模块必须是优化设计的，要达到芯片面积最小、运算速度最快、功耗最低、工艺容差最大等要求，因为 IP 必须经得起成千上万次的使用，IP 的每一点优化都会产生千百倍的倍增效益；最后，模块必须符合 IP 标准，1996 年以后成立的 RAIPD（Reusable Application-specific Intellectual-property Developers）、VSIA（Virtual Socket Interface Alliance）等组织制定了 IP 核重用所需的参数、文档、检验方法等形式化标准，以及 IP 标准接口、片内总线等技术性标准，今后还将解决不同嵌入式处理器协议、不同 IP 片内结构等方面的统一标准问题。

1.9 小结

本章主要讲述了 EDA 技术的概念、发展历史和技术优势，介绍了 EDA 技术中非常重要的 HDL、HDL 综合，基于 HDL 的自顶向下的设计方法，以及 EDA 工程的设计流程，EDA

集成开发工具和常用的 Quartus II 软件特点，最后介绍了 IP 核的概念和特点。这些内容是运用 EDA 技术进行现代数字逻辑系统开发设计时常用的知识，能帮助初学者理解 EDA 技术并运用 EDA 工具进行基于可编程逻辑器件的数字系统开发。在学习 EDA 技术时，要掌握 EDA 技术涉及的几个方面：可编程逻辑器件、硬件描述语言、EDA 开发软件和相关的实验开发系统。对于大规模可编程逻辑器件，要从器件分类、基本结构、工作原理和性能参数等方面去了解，便于确定最适合目标系统的器件；对于硬件描述语言，除了掌握语法外，更要从硬件电路设计的角度去理解和使用，理解硬件行为的并行性、仿真行为的顺序性，掌握系统建模和分析方法，能够将语句熟练运用到设计中；对于开发软件，要熟练掌握从源程序编写到综合、适配、仿真、下载等操作流程；要能够运用实验开发系统进行硬件测试和验证，根据测试结果找出系统症结，并解决问题。

1.10　习题

1. EDA 技术经历了哪几个发展阶段，各有什么特点？
2. EDA 集成开发工具的主流产品有哪些？包含哪些功能模块？
3. 与传统的数字电路系统设计方法比较，EDA 设计有哪些优势？
4. 查阅资料，简述 Verilog HDL 的发展过程。
5. 回答 HDL 自顶向下设计方法的实施步骤。
6. HDL 综合的任务是什么？
7. 回答 EDA 工程的设计流程。
8. 常用的 EDA 集成开发工具有哪些，能够完成哪些功能？
9. 为什么使用 IP 核进行系统开发，有哪些优点？
10. 查阅资料，介绍当前主流可编程逻辑器件厂商、产品和工程应用。

第2章 可编程逻辑器件基础

本章介绍可编程逻辑器件的发展、分类，介绍复杂可编程逻辑器件（CPLD）和现场可编程门阵列（FPGA）的基本结构和工作原理，以及选用CPLD/FPGA的基本原则。

2.1 可编程逻辑器件概述

可编程逻辑器件（PLD）是一种已经封装好，具有一定连线结构的全功能标准电路，可以由用户编程或配置实现所需逻辑功能。在计算机硬件、工业控制、智能仪表、数字视听设备和家用电器等领域得到了广泛的应用。PLD是大规模集成电路技术飞速发展和计算机辅助设计、生产和测试相结合的产物，是现代数字系统向超高集成度、超低功耗、超小型封装和专用化方向发展的重要基础，掌握可编程逻辑器件的使用方法，已成为现代电子系统设计人员必须具备的基本技能之一。

目前生产大规模可编程逻辑器件的厂商主要有Altera、Xilinx、Lattice和Actel等公司，产品各有特点，例如Altera的产品具有高性能、高集成度和高性价比的特点，且开发工具软件丰富，提供免费使用版本，市场份额大；Xilinx公司追求高集成度、高速度、低价格和低功耗，发明了FPGA器件；Lattice公司是CPLD的开拓者，首创了在系统编程ISP技术；Actel公司的产品加密性好，广泛用于航空航天和军事领域。

2.1.1 可编程逻辑器件的发展过程

PLD器件的工艺和结构经历了一个不断发展变革的过程。

20世纪70年代中期出现了可编程逻辑阵列（PLA），PLA在结构上由可编程的与阵列和可编程的或阵列构成，阵列规模小，编程也比较烦琐。后来出现了可编程阵列逻辑（PAL），PAL由可编程的与阵列和固定的或阵列组成，它的设计较PLA灵活，器件速度快，成为第一个得到普遍应用的PLD器件。

20世纪80年代初，美国的Lattice公司发明了通用阵列逻辑（GAL）。GAL器件采用了输出逻辑宏单元（OLMC）的结构和E^2PROM工艺，具有可编程、可擦写、可长期保持数据的优点，使用方便，所以GAL得到了更为广泛的应用。之后，PLD器件进入了一个快速发展阶段，不断地向着大规模、高速度、低功耗的方向发展。

20世纪80年代中期，美国Altera公司推出了一种新型的可擦除、可编程的逻辑器件EPLD，EPLD采用CMOS、SRAM和UVEP-ROM工艺制成，集成度更高，设计也更灵活，但它的内部连线功能较弱。

1985年，美国Xilinx公司推出了现场可编程门阵列（FPGA），这是一种采用单元型结构的新型PLD器件。它采用CMOS、SRAM工艺制作，在结构上与阵列型PLD不同，它的内部由许多独立的可编程逻辑单元构成，各逻辑单元之间可以灵活地相互连接，具有密度高、速度快、编程灵活、可重新配置等优点，FPGA已经成为当前主流的PLD器件之一。

复杂可编程逻辑器件CPLD，是从EPLD改进而来，采用E^2PROM工艺制作。与EPLD

相比，CPLD 增加了内部连线，对逻辑宏单元和 I/O 单元也进行了重大的改进。尤其在 Lattice 公司提出了在系统编程（ISP）的技术后，相继出现了一系列具备 ISP 功能的 CPLD 器件，CPLD 成为当前另一主流的 PLD 器件。

PLD 器件正处在不断发展和变革的过程中。

2.1.2 可编程逻辑器件的分类

可编程逻辑器件的种类很多，也没有统一的分类标准，通常可以从以下几个角度去划分。

1. 依据可编程逻辑器件的集成度分类

可编程逻辑器件从集成密度上可分为低密度可编程逻辑器件和高密度可编程逻辑器件两类，如图 2-1 所示。低密度可编程逻辑器件通常是指早期发展起来的、集成密度小于 700 门/片的 PLD，如 PROM、EPROM、EEPROM、PLA、PAL 和 GAL 等。高密度可编程逻辑器件主要包括复杂可编程逻辑器件（Complex PLD，CPLD）和现场可编程门阵列（FPGA），其集成密度大于 700 门/片。如 Altera 公司的 EPM9560，其密度为 12000 门/片，Lattice 公司的 ispLSI3320 为 14000 门/片等。目前集成度最高的 PLD 器件可达每片数百万门以上。

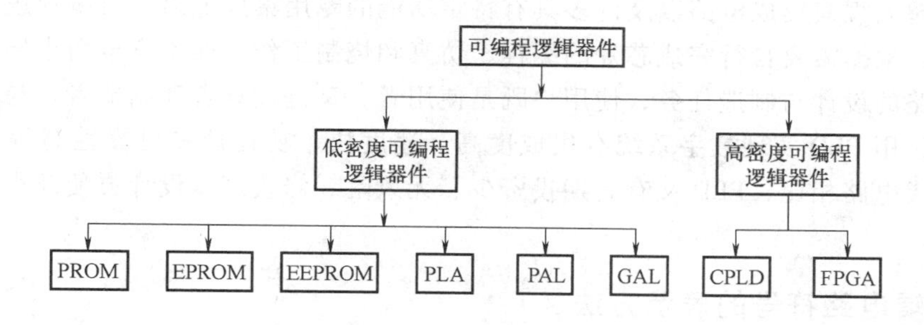

图 2-1　可编程逻辑器件按集成度分类

2. 依据可编程逻辑器件内部互连结构分类

从 PLD 的内部互连结构和逻辑单元结构来分，可以分为 CPLD 和 FPGA。

CPLD 的内部互连资源由固定长度的连线资源组成，布线资源确定，因此器件的定时特性通常可以从数据手册上查阅，属于确定型结构。其逻辑单元主要由“与-或”阵列组成，属于阵列型 PLD，或称为乘积项技术，PROM、EPROM、EEPROM、PLA、PAL、GAL 和 CPLD 都属于阵列型 PLD。由于任意组合逻辑都可以用“与-或”表达式描述，所以阵列型结构能实现大量的组合逻辑功能。

FPGA 内部互连结构由多种不同长度的连线资源组成，布线不同，则延时不同，属于统计型结构。其逻辑单元主要是由 SRAM 构成的函数发生器，即查找表（Look Up Table，LUT)，通过查找表来实现逻辑函数功能。FPGA 最小的逻辑单元包括查找表、进位链、级联链和一个可编程的寄存器，每个 FPGA 器件中有成千上万个这样的基本单元。

3. 依据可编程特性分类

可编程逻辑器件的编程特性分为一次性编程（One Time Programmable，OTP）和可多次编程（Many Time Programmable，MTP)。OTP 器件是属于一次性使用的器件，只允许用户对器件编程一次，编程后不能修改，其优点是可靠性与集成度高，抗干扰能力强。典型的产品有 PROM、PAL 和熔丝型 FPGA。MTP 器件是属于可多次重复使用的器件，允许用户对其进行多次编程、修改或设计，特别适合于系统样机的研制和初级设计者的使用。

4. 依据可编程器件的编程元器件分类

可编程逻辑器件的编程元器件通常可以分为4类：采用一次性编程的熔丝或反熔丝元件的可编程器件，如 PROM 和 PAL；采用电可写紫外线擦除元件的可多次编程器件如 EPROM 和部分 FPGA；采用电可写电擦除编程元件即 EEPROM 和 Flash 结构的可多次编程器件，包括 GAL、ispLSI 和部分 FPGA；基于静态存储器 SRAM 结构的可多次编程器件，主要是多数的 FPGA 器件。CPLD 主要是基于 EEPROM 或 Flash 存储器编程，又可分为在编程器上编程和在系统编程两类，编程次数可达1万次，系统断电时编程信息也不丢失。FPGA 大部分是基于 SRAM 编程，编程信息在系统断电时丢失，每次上电时，需从器件外部的存储器中将编程数据重新写入 SRAM，优点是可以编程任意次，也可以在工作中快速编程，从而实现板级和系统级的动态配置。

2.2　PROM、PLA、PAL 和 GAL 的基本结构

随着半导体技术的不断进步，数字集成电路由早期的电子管、晶体管、小中规模集成电路、发展到超大规模集成电路以及许多具有特定功能的专用集成电路。可编程逻辑器件的出现使用户可以根据需要自行完成芯片的编程、仿真和烧制工作，而不完全由半导体厂商独立承担集成电路的设计与制造任务，使用户既是使用者，又是设计者和制造者。与中小规模集成电路相比，用 PLD 实现数字系统有集成度高、速度快、功耗低和可靠性高等优点，与大规模专用集成电路相比，PLD 又有先期投资少、无风险、修改逻辑设计方便及小批量生产成本低等优点。

2.2.1　逻辑电路符号的表示方法

在 PLD 电路设计中，逻辑电路符号的表示方法与传统电路中有所不同。图2-2所示是 PLD 电路中最简单和常用的输入互补缓冲器电路符号，输入信号 A 经过输入缓冲电路后，提供原变量 A 和反变量 $\overline{A}$。

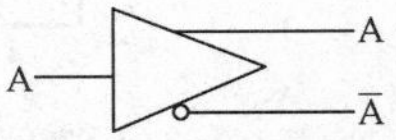

图2-2　PLD 的互补缓冲器

图2-3是电路中的不同连接表示方法，图2-3a 表示不连接，图2-3b 表示固定连接，图2-3c 表示编程连接。

图2-4是与门的表示方法，A、B、C、D 表示与门的输入信号，其中信号 A 是固定连接，C 是编程连接，F 是输出信号，图2-4表示的逻辑功能是 F = A · C。图2-5是或门的表示方法，信号 A 是固定连接，B、D 是编程连接，F 是输出信号，图2-5表示的逻辑功能是F = A + B + D。

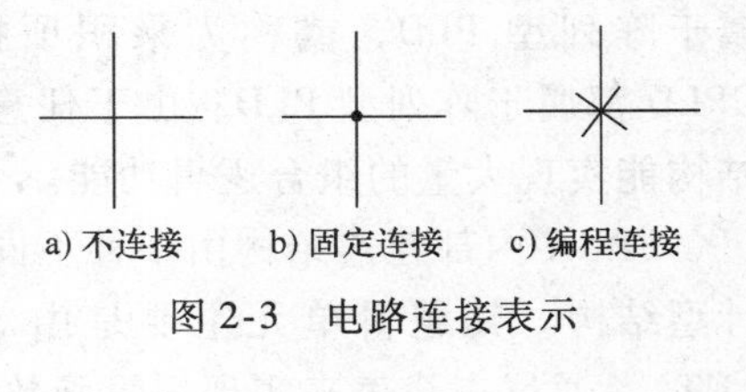

图2-3　电路连接表示

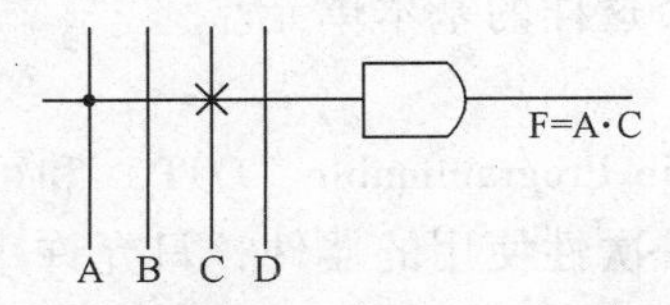

图2-4　PLD 中与门的表示方法

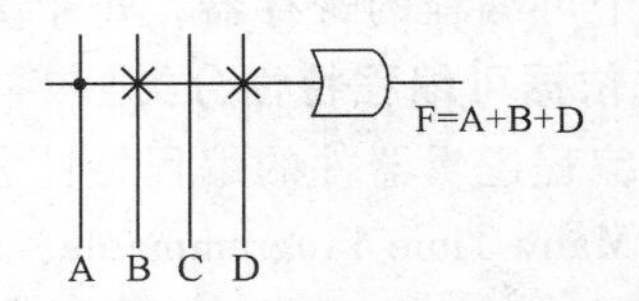

图2-5　PLD 中或门的表示方法

2.2.2　PLD 器件的基本结构

PLD 器件的基本结构是由与阵列、或阵列、输入电路和输出电路组成，如图 2-6 所示。

与阵列和或阵列是电路的主体，主要用来实现组合逻辑函数，因为任意一个组合逻辑都可以用“与-或”表达式来描述，所以 PLD 能以乘积和的形式完成组合逻辑功能。输入电路使输入信号具有足够的驱动能力，并产生互补输入信号。输出电路可以提供不同的输出方式，输出端口上往往带有三态门，通过三态门控制数据直接输出或反馈回输入端。通常 PLD 电路中只有部分电路可以编程或组态。

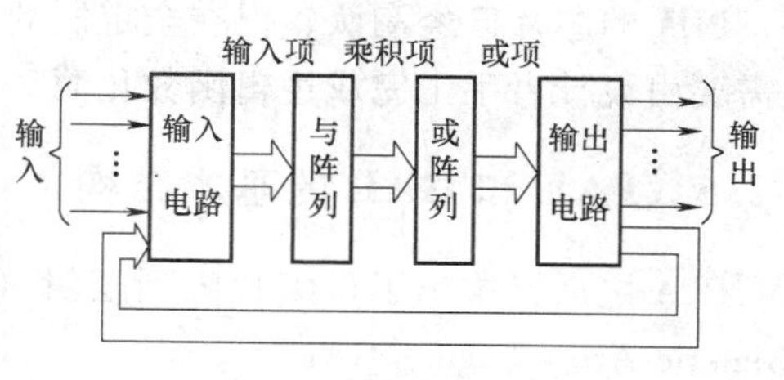

图 2-6　PLD 的基本结构

2.2.3　PROM 的基本结构

最早的 PLD 器件是 20 世纪 70 年代初出现的可编程只读存储器 PROM、紫外线可擦除只读存储器 EPROM 和电可擦除只读存储器 E^2PROM。除了可以用做只读存储器以外，它们也可以作为 PLD 使用，其逻辑阵列如图 2-7 所示。

I_0、I_1、I_2 是输入信号，经过输入缓冲电路，产生互补信号。PROM 的与阵列固定，8 个与门分别产生 I_0、I_1、I_2 最小项。PROM 的或阵列可以编程，选择需要的最小项进行“或”运算。例如要实现 $F_1 = I_0 I_2$，$F_2 = I_0\overline{I_1} + \overline{I_0}I_1$，则经过编程的 PROM 结构如图 2-8 所示。

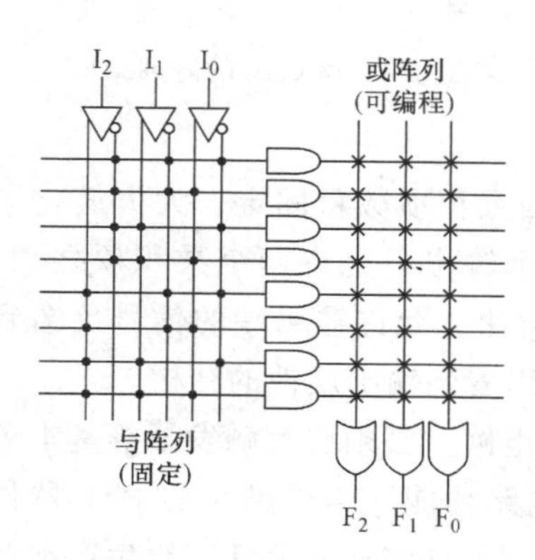

图 2-7　PROM 阵列结构

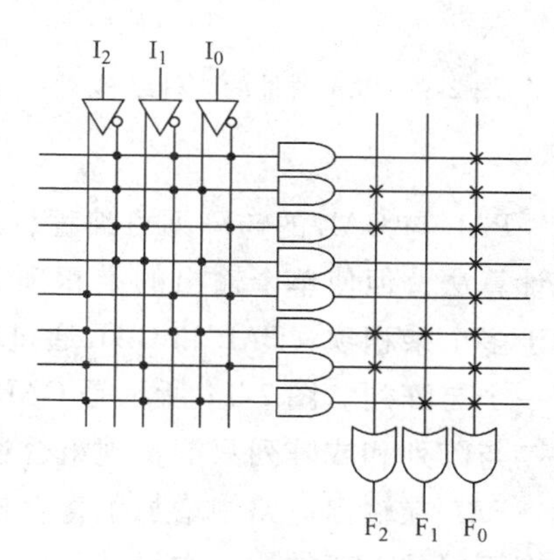

图 2-8　用 PROM 实现组合逻辑功能

对于 n 个输入信号，PROM 可以实现 2^n 个最小项，随着输入变量数的增加，PROM 的阵列规模呈指数增长，芯片利用率大大降低。此外实际应用中，绝大多数组合逻辑并不需要所有最小项，因此受结构的限制，PROM 只用于实现简单的逻辑功能。

2.2.4　PLA 的基本结构

在 PROM 等 PLD 器件后，出现了结构更为灵活的可编程逻辑器件，能够完成各种数字逻辑功能，产品主要是可编程逻辑阵列（Programmable Logic Array，PLA），阵列结构如图 2-9所示。

PLA 的与阵列和或阵列都可以编程，使用时需要逻辑函数的最简“与-或”表达式，芯片的利用率高，但是涉及的软件算法比较复杂，尤其对多输入多输出的逻辑函数，处理更加困难。此外由于两个阵列都需要编程，不可避免使器件的运行速度降低，因此在实际应用中，PLA 的芯片已经淘汰，但在全定制的 ASIC 设计中仍然吸收其面积利用率高的优势，只是需要由设计者手工完成逻辑函数化简。

2.2.5　PAL 和 GAL 的基本结构

PLA 之后又推出了可编程阵列逻辑（Programmable Array Logic，PAL）和通用阵列逻辑（Generic Array Logic，GAL）。

1）PAL 和 GAL 器件的逻辑阵列结构相同，如图 2-10 所示。

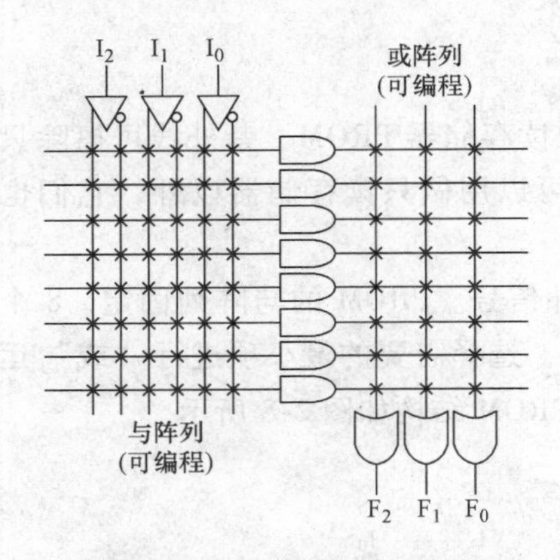

图 2-9　PLA 器件的阵列结构

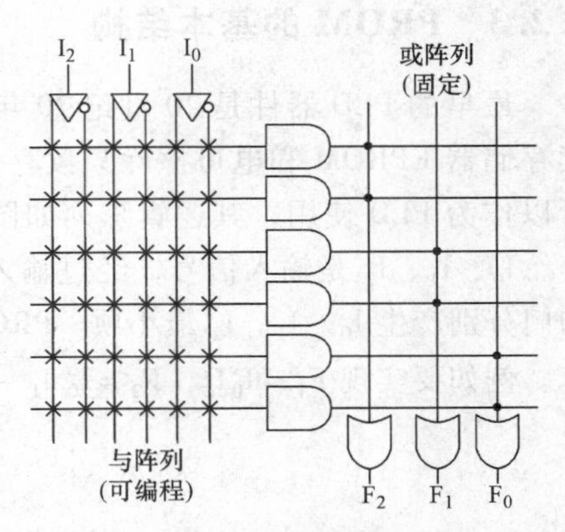

图 2-10　PAL 和 GAL 的阵列结构

PAL 与 GAL 的与阵列可编程，或阵列固定，送到或门的乘积项数目固定，大大简化了设计算法，但使单个输出的乘积项数有限，如图 2-10 中每个输出只允许两个乘积项之和。对于多个乘积项，PAL 和 GAL 通过输出反馈和互连的方式解决，允许输出端的信号反馈到下一个与阵列。图 2-11 所示是 GAL16V8 器件的结构图，可以看到输出反馈的结构。

与阵列和或阵列只能实现组合逻辑功能，对于时序逻辑电路，必须要有触发器等基本单元，PAL 在输出电路中增加了寄存器单元，能够完成时序电路功能。不同型号的 PAL 器件具有不同的 I/O 结构，在设计不同功能电路时，需要选择不同 I/O 结构的 PAL，给生产和使用带来不便，此外，PAL 采用熔丝编程技术，修改不方便，因此 PAL 芯片在实际当中也已淘汰，在中小规模的应用中，应用 GAL 器件比较多。

2）GAL 对 I/O 结构做了很大改进，在输出部分增加了输出逻辑宏单元（Output Logic Macro Cell，OLMC）。OLMC 设有多种组态，可以配置成为专用组合输出、专用输入、组合输出双向口、寄存器输出、寄存器输出双向口等，为逻辑电路设计提供了极大的灵活性。GAL 作为第一个得到广泛应用的 PLD 器件，很多优点都源于 OLMC，OLMC 的内部结构如图 2-12 所示。

OLMC 是一种灵活的、可编程的输出结构，每个 OLMC 主要由 1 个或门、1 个异或门，1 个 D 触发器和 4 个数据选择器（MUX）组成。或门有 8 个输入端，可以对 8 个乘积项进行

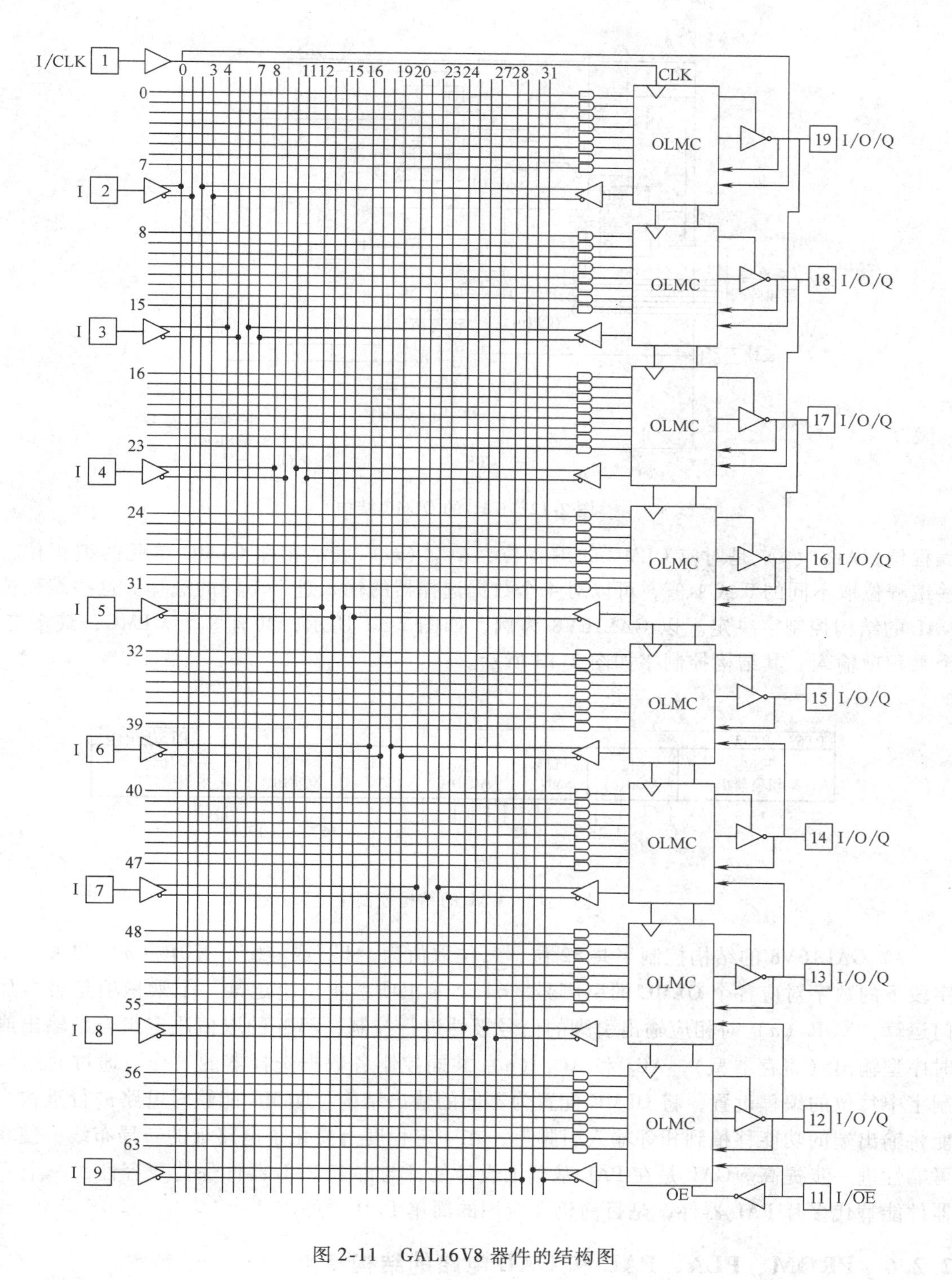

图 2-11　GAL16V8 器件的结构图

或运算；异或门可以选择输出信号的极性；D 触发器用于存储输出状态，实现时序逻辑功能；数据选择器分别为乘积项选择器（PTMUX）、三态缓冲器使能信号选择器（TSMUX）、输出类型选择器（OMUX）和反馈源选择器（FMUX）。通过不同的选择方式可以产生多种输出结构。OLMC 中的 AC_0、AC_1（n）和 AC_1（m）是可编程的位，AC_0 是整个芯片共用的

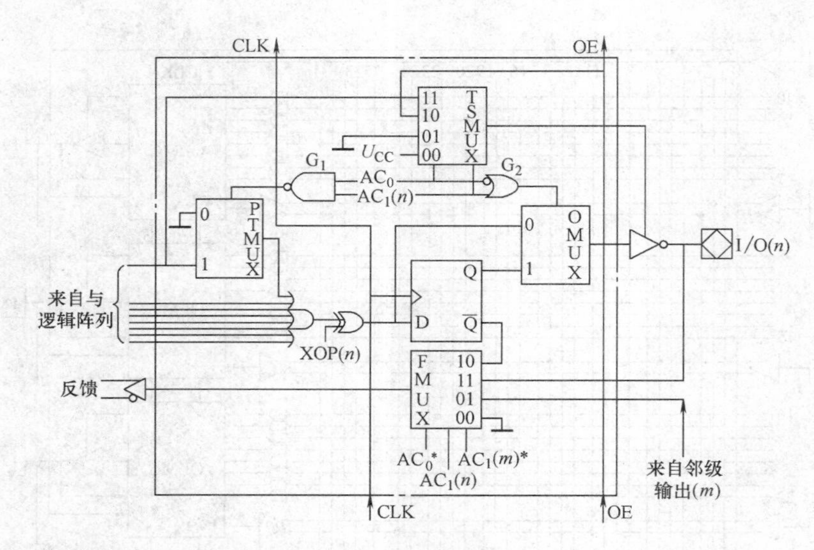

图 2-12 GAL 的 OLMC 结构

编程位，AC_1（n）是对应 OLMC 的编程位，AC_1（m）表示相邻 OLMC 单元的编程位，这些编程位取不同的 0 或 1 值，可以对 4 个数据选择器的输入进行不同的选择。这些编程位由 GAL 的结构控制字决定。以 GAL16V8 为例，如图 2-11 所示，共有 8 个 OLMC，最多有 64 个乘积项输入，其结构控制字如图 2-13 所示。

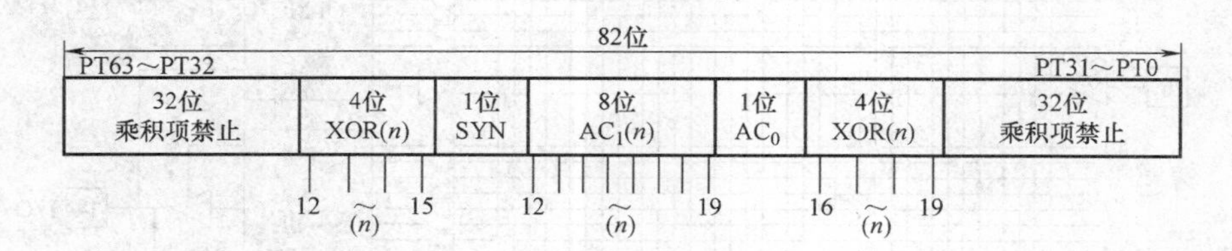

图 2-13 GAL 的结构控制字

3）GAL16V8 的结构控制字共 82 位，每位取值为“1”或“0”，XOR（n）和 AC_1（n）字段下的数字对应各个 OLMC 的引脚号。64 个乘积项禁止位决定某一个乘积项是否参加或门运算，XOR（n）对相应输出引脚的信号极性进行控制，SYN 的取值决定组合型输出或是时序型输出（寄存器型），AC_0 和 AC_1（n）共同控制各数据选择器的工作。通过对结构控制字中每位的编程设置，将 OLMC 配置为不同的输出结构。OLMC 能够对电路进行重构，也能将输出端的功能移植到相邻输入引脚上，在一定程度上简化了电路板的布局布线，使系统可靠性进一步提高。GAL 是在 PAL 基础上设计的，与许多 PAL 器件保持兼容性，一个 GAL 器件能替代多片 PAL 器件，是目前仍在应用的简单 PLD 器件。

2.2.6 PROM、PLA、PAL 和 GAL 电路的结构特点

PROM、PLA、PAL 和 GAL 这 4 种 PLD 电路的结构特点如表 2-1 所示。这些早期的 PLD 器件的一个共同特点是可以实现速度特性较好的逻辑功能，但其过于简单的结构也使它们只能在规模较小的电路上实现，虽然 GAL 能够实现时序电路功能，但只能用于同步时序电路，应用的灵活性不能满足日益发展的需要。

表 2-1　4 种早期 PLD 的结构特点

器件类型	与阵列	或阵列	输出结构
PROM	固定	可编程	TS、OC
PLA	可编程	可编程	TS、OC、H、L
PAL	可编程	固定	TS、I/O、寄存器型
GAL	可编程	固定	可编程

注：TS 是三态输出门，OC 是集电极开路结构，H 是高电平，L 是低电平，I/O 指可选择输入/输出结构。

2.3　CPLD 的基本结构和工作原理

CPLD 是复杂可编程逻辑器件，能够实现复杂的数字系统功能。CPLD 器件的逻辑规模比较大，一般把集成度超过某一规模（例如 1000 门以上）的 PLD 器件都称为 CPLD。生产 CPLD 器件的著名厂商主要有美国的 Altera、AMD、Lattice、Cypress 和 Xilinx 等。CPLD 由 GAL 发展起来，其主体仍是与-或阵列，其中与阵列可编程，或阵列固定，称为可编程逻辑宏单元；在器件中心有一个时延固定的可编程连线阵列，固定长度的金属线实现逻辑单元之间的互连；CPLD 增加了 I/O 控制模块的数量和功能。

2.3.1　CPLD 的基本结构

虽然 CPLD 种类繁多、特点各异，但基本结构主要由 3 部分组成：可编程逻辑块、可编程 I/O 单元和可编程内部连线资源，如图 2-14 所示。

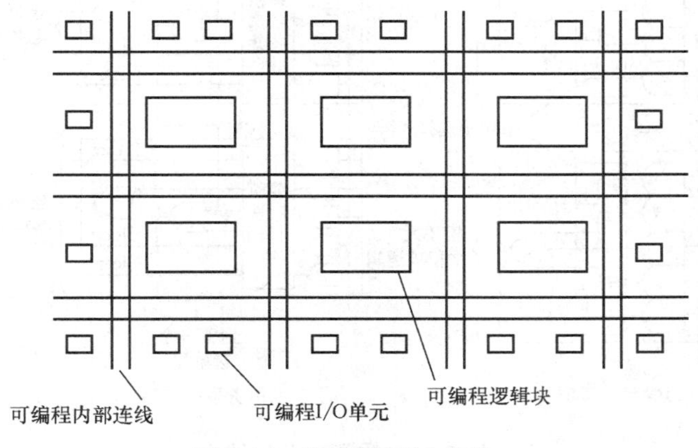

图 2-14　CPLD 的基本结构

1. 可编程逻辑块

可编程逻辑块主要包括与阵列、或阵列、可编程触发器和多路选择器等电路，能独立地配置为组合逻辑或时序逻辑工作方式，图 2-15 所示是可编程逻辑宏单元的结构。

CPLD 与 GAL 器件相比，不仅集成度高，逻辑宏单元也做了很多改进，使器件功能得到极大增强。CPLD 的逻辑宏单元采用乘积项共享结构，如图 2-16 所示。图中每个或门的输入乘积项为 5 个，当要实现多于 5 个乘积项的逻辑函数时，可以借助编程开关将其他宏单元中未使用的乘积项拿来共享，即乘积扩展项，如图 2-16a 所示；也可以编程将其他逻辑宏单元中的或门与之联合起来使用，即并联扩展项，如图 2-16b 所示。可以看出，每个共享扩展项

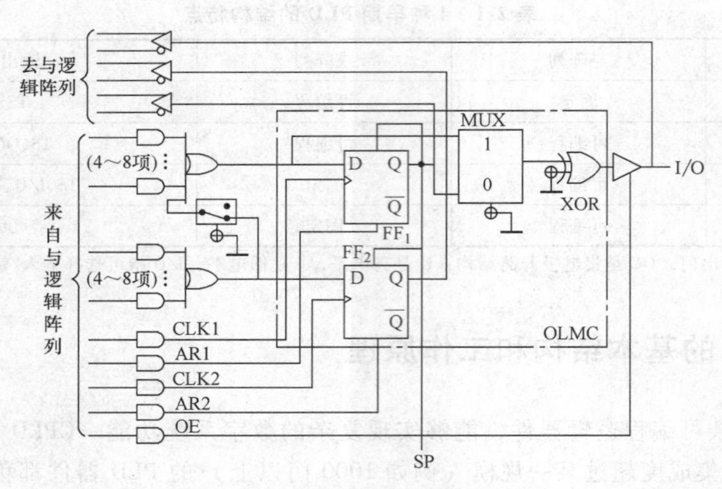

图 2-15　可编程逻辑宏单元结构

注：图中⊕表示可编程单元。

可以被任何宏单元使用和共享，并联扩展项可以从邻近的宏单元中借用，宏单元中不用的乘积项也可以分配给邻近的宏单元。因此，乘积项共享结构提高了资源利用率，可以实现快速复杂的逻辑函数。

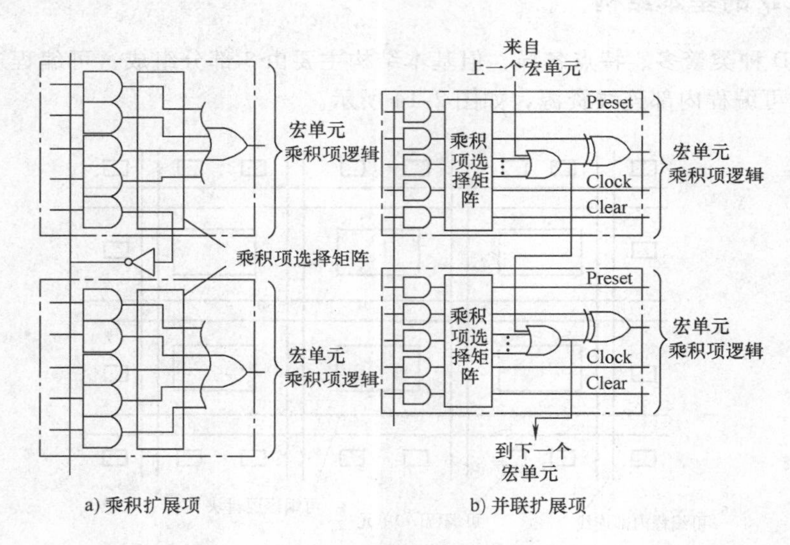

a) 乘积扩展项　　b) 并联扩展项

图 2-16　乘积项共享结构

GAL 器件的输出逻辑宏单元 OLMC 中只有一个触发器，而 CPLD 器件的逻辑宏单元中通常含有两个或以上的触发器，其中只有一个触发器和输出端相连，其余的触发器不与输出端连接，但可以通过相应的缓冲电路反馈到与阵列，从而与其他触发器一起构成较复杂的时序逻辑电路，这些不与输出端连接的触发器叫做“隐埋”触发器，“隐埋”触发器在不增加引脚数目的情况下，增加了内部资源。这种多触发器结构增强了器件实现时序逻辑功能的能力。

CPLD 器件中各触发器可以采用异步时钟，可以通过数据选择器或时钟网络选择不同的时钟。此外，各触发器的异步清零和异步置位也可以用乘积项进行控制，使用更加灵活。

2. 可编程 I/O 单元

CPLD 的可编程 I/O 单元是内部信号到 I/O 引脚的接口部分。不同器件的 I/O 单元结构有所不同。CPLD 器件的端口除了少数几个专用输入端，如全局清零信号输入、时钟信号输入等，其余大部分为 I/O 端。每个 I/O 引脚都有对应的 I/O 单元，可以单独地配置为各种输入输出结构，如专用输入、专用输出、双向工作和寄存器输入等。图 2-17 所示为 CPLD 的一种 I/O 单元结构。

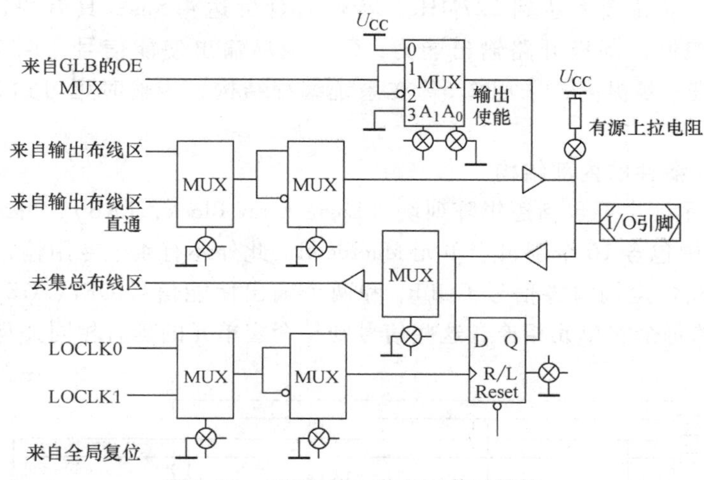

图 2-17　CPLD 的一种 I/O 单元结构

3. 可编程内部连线资源

CPLD 器件的可编程内部连线在各逻辑宏单元之间以及各逻辑宏单元和 I/O 单元之间提供互连网络。CPLD 全局总线由所有的专用输入、I/O 控制块和宏单元输出信号送至连线阵列，连线阵列再把这些信号送到器件内各个地方，这种互连机制有很大的灵活性，允许在不影响引脚分配的情况下改变内部的设计。

2.3.2　Altera 公司的 CPLD

Altera 是著名的 PLD 生产厂商，产品有 CPLD、FPGA、丰富的 IP 核、HardCopy 及 Quatus II 等 EDA 集成开发工具软件和编程硬件。其 CPLD 具有高性能、高集成度和高性价比的优点，在市场上占有较大的优势。Altera 公司的 CPLD 主要有 MAX 系列产品，包括 MAX3000、MAX7000、MAX II 等产品，都是非易失性和瞬时接通的器件。MAX3000 和 MAX7000 采用基于乘积项的宏单元体系结构，本节以 MAX7000 产品为例介绍 Altera 公司基于乘积项技术的 CPLD。

1. MAX7000 系列产品

包含 MAX7000A、MAX7000B、MAX7000E 和 MAX7000S 等，主要产品的内部资源如表 2-2 所示。

表 2-2　MAX7000 系列器件内部逻辑资源

特性	EPM7032	EPM7064	EPM7128	EPM7256	EPM7512
可用门个数	600	1250	2500	5000	10000
宏单元个数	32	64	128	256	512
可用 I/O 引脚个数	36	68	100	164	212

MAX7000 系列器件采用 E^2PROM 技术编程，传输时延最小可达 3.5ns，频率最高达 303MHz，提供多个系统时钟，有可编程的速度/功耗控制，遵从 PCI 总线标准。MAX7000 器件可以工作在混合电压系统中，有多种封装形式，包括 PLCC、PGA、PQFP、TQFP 等。MAX7000 器件具有多电压 I/O 接口能力和扩展乘积项分布可配置等结构特性。

MAX7000S 是工业级产品，5V 供电，0.5μm 工艺，最高频率为 175MHz；MAX7000AE 支持 3.3V 在系统可编程 ISP 结构，0.3μm 工艺，功能和引脚兼容 MAX7000S 器件，具有 1.0mmBGA 封装，最高频率达到 227MHz，传输时延可达 4.5ns，具有快速输入建立时间，可编程电压摆率控制，漏极开路输出能力，6 个全局输出使能信号，两个全局时钟信号；MAX7000B 性能进一步提高，采用 2.5V 在系统编程结构，传输时延可达 3.5ns，频率最高达到 303MHz。

2. MAX7000 器件的内部结构

如图 2-18 所示，主要包括逻辑阵列块（Logic Array Block，LAB）、可编程连线和 I/O 控制块，每个 LAB 中包含 16 个逻辑宏单元 Macrocell，此外还有 4 个专用输入信号，分别是全局时钟信号 $GLCK_1$、全局清零信号 $GCLR_n$ 和两个输出使能信号 OE_1、OE_2，有专用连线将它们与 CPLD 中的每个宏单元相连，这些信号到每个宏单元的延时相同并且延时最短。

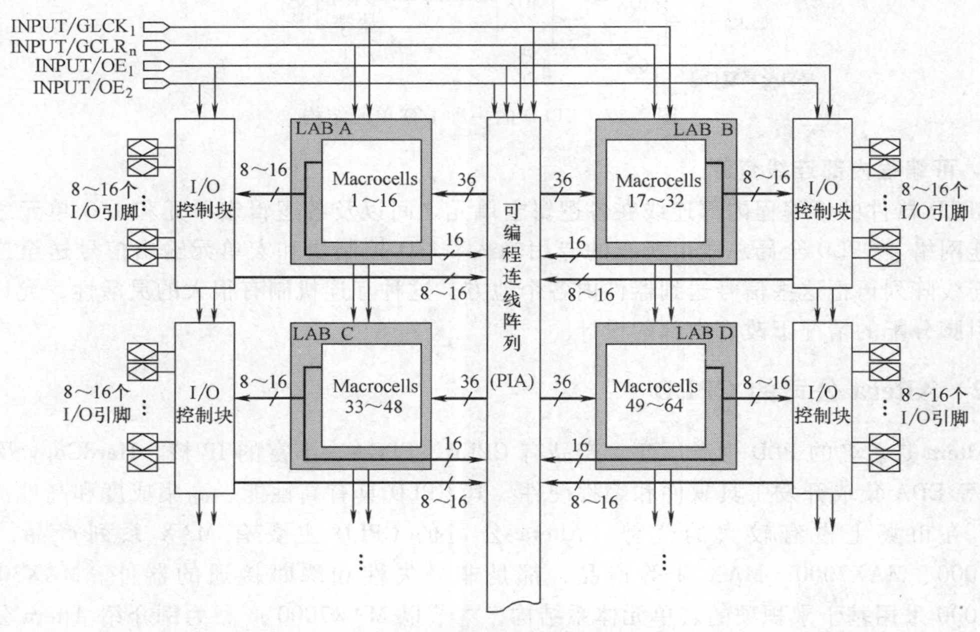

图 2-18　MAX7000 器件的内部结构

(1) 逻辑宏单元　逻辑宏单元是 CPLD 的基本结构，由它来实现基本的逻辑功能。每个逻辑阵列块 LAB 包含 16 个逻辑宏单元，接收的信号有来自可编程连线阵列（Programmable Interconnect Array，PIA）的 36 个通用逻辑输入信号、用于辅助寄存器功能的全局控制信号、I/O 引脚到寄存器的直接输入信号。逻辑宏单元的具体结构如图 2-19 所示。

图 2-19 中，左侧是乘积项阵列，也就是与-或阵列，每一个交叉点都是一个可编程熔丝，如果导通就是实现与逻辑。乘积项选择矩阵选择乘积项参加或运算，输出到或阵列，完成组合逻辑。宏单元中有一个可编程 D 触发器，时钟和清零信号输入都可以编程选择，既可以使用专用的全局清零和全局时钟，又可以使用内部逻辑（乘积项阵列）产生的时钟和

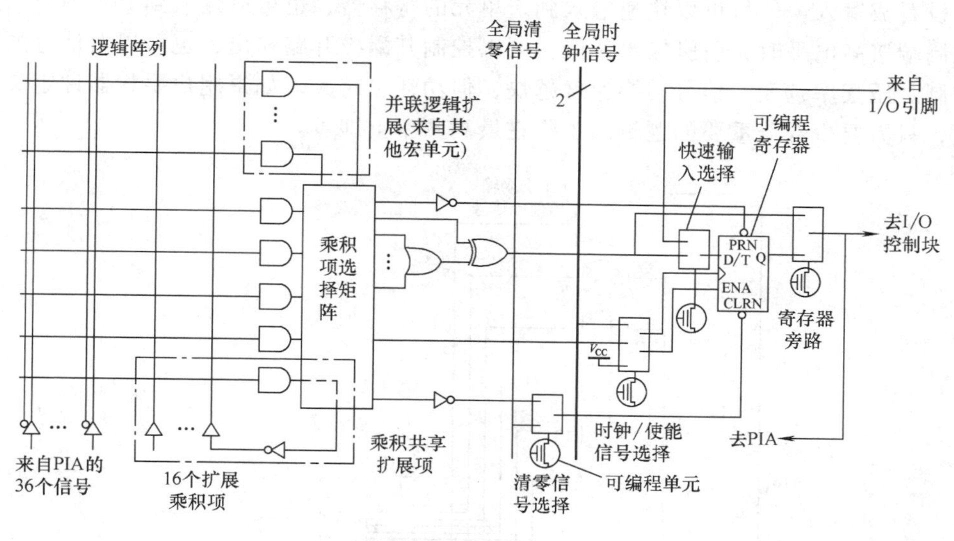

图 2-19　宏单元结构

清零。如果不需要触发器，也可以将此触发器旁路，组合逻辑信号直接输给 PIA 或输出到 I/O 引脚。

乘积共享扩展项由每个宏单元提供一个未投入使用的乘积项，将其反相后反馈到逻辑阵列中，以便于集中使用，每个共享扩展项可以被所在 LAB 内任意宏单元使用和共享，以实现复杂的逻辑功能，每个 LAB 有 16 个共享扩展项。并联扩展允许最多 20 个乘积项直接馈送到宏单元的或阵列中，其中 5 个由宏单元本身提供，其余 15 个并联扩展项由该 LAB 中邻近的宏单元提供。采用共享扩展项和并联扩展项都会增加一个时延。

(2) 可编程连线　可编程连线阵列（PIA）负责信号传递，连接所有宏单元和 I/O 控制块的全局总线，使得在器件全部范围内可以获得信号。专用输入信号、I/O 单元和逻辑宏单元的输出均送到可编程连线阵列，PIA 把各个 LAB 相互连接构成所需的逻辑，再把这些信号送到器件内的各个地方。MAX7000 器件的 PIA 具有固定的时延，因此消除了信号之间的延迟偏移，容易预测系统的时间性能。如图 2-20 所示，PIA 将信号接入 LAB。可编程的 E^2PROM单元控制 2 输入与门，从而选择来自 PIA 的信号送入 LAB。

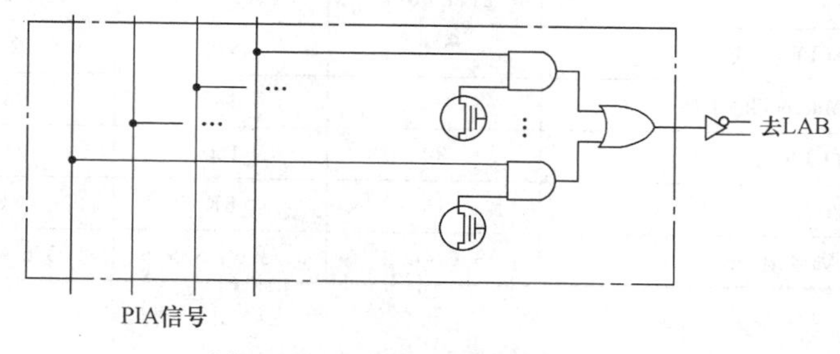

图 2-20　可编程连线阵列（PIA）

(3) I/O 控制块　I/O 控制块允许每个引脚独立地配置成输入、输出或双向工作方式。所有的 I/O 引脚都有一个三态缓冲器，如图 2-21 所示。三态缓冲器可以由全局输出使能信号控制，也可以由高电平或低电平直接控制。当三态缓冲器控制端接地时，输出成高阻态，引脚被设置成输入，信号可以快速输入到宏单元的寄存器，也可以输入到 PIA 中。当三态缓冲器控制端接高电平时，引脚输出使能，可以控制其漏极开路输出，也可以对信号的压摆率进行控制。压摆率越大，信号转换速度越快，但功耗也越大，如果用户要将器件定义为低功耗模式，只需要少部分重要的逻辑门工作在最高频率上即可。

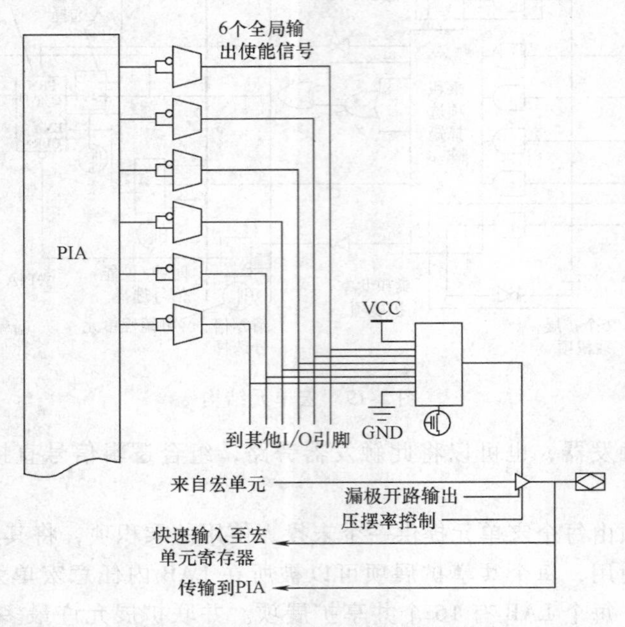

图 2-21　MAX7000 的 I/O 控制单元

3. MAX II 器件系列

MAX II 是 Altera 公司最新的 CPLD 器件，采用基于查找表的 FPGA 技术，在内部集成配置芯片，因此也是瞬时接通。与原有 MAX 系列相比，成本降低了一半，密度提高了 4 倍，功耗只有 1/10，性能提高了一倍。MAX II 的器件型号和片内资源如表 2-3 所示。具体的结构不作详细介绍。

表 2-3　MAX II 器件及内部资源

特征	MAX II 器件系列			
	EPM240/G	EPM570/G	EPM1270/G	EPM2210/G
逻辑单元（LE）个数	240	570	1270	2210
等效宏单元(Macrocell)个数	192	440	980	1700
最大用户 I/O 数	80	160	212	272
内置 Flash 大小/bit	8K	8K	8K	8K
引脚到引脚延时/ns	3.6 ~ 4.5	3.6 ~ 5.5	3.6 ~ 6.0	3.6 ~ 6.5

2.4　FPGA 的结构和工作原理

一般人们把采用查找表技术的 PLD 称为 FPGA，查找表（Look-Up-Table，LUT）本质上是一个 RAM。目前 FPGA 中多使用 4 输入的 LUT，所以每一个 LUT 都可以看成是一个有 4

位地址线的 16×1 的 RAM，如图 2-22 所示。

当用户通过原理图或 HDL 描述了一个逻辑电路以后，EDA 开发软件会自动计算逻辑电路所有可能的结果，并把结果事先写入 RAM，这样，每次输入一个信号进行逻辑运算，就等于输入一个地址进行查表，找出地址对应的内容，然后输出即可。例如设输入信号为 A、B、C、D，输出信号为 F，如果要实现 $F=\overline{A}\,\overline{B}\,\overline{C}\,\overline{D}+ABCD$ 的逻辑功能，只要在 RAM 中地址为 0000 和 1111 的单元内写入 1，其余单元写入 0，就能实现相应的逻辑功能。

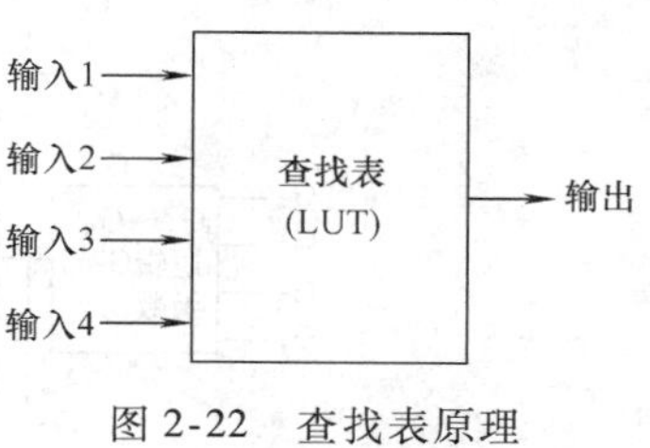

图 2-22　查找表原理

2.4.1　FPGA 的基本结构

Xilinx 公司在 1985 年首家推出了 FPGA 器件，随后 FPGA 不断向着集成度更高、速度更快、价格更低、功耗更小的方向发展。不同公司的不同 FPGA 产品具有不同的结构体系、处理工艺和编程方法。下面以 Xilinx 公司的 XC4000 系列产品为例，介绍基于查找表技术的 FPGA 基本结构。典型的 FPGA 结构如图 2-23 所示，主要由可配置逻辑功能块（Configurable Logic Blocks，CLB）、可编程输入/输出模块（Input/Output Block，IOB）、可编程内部连线资源（Interconnect Resource，IR）组成。

1. 可配置逻辑功能块

可配置逻辑功能块（CLB）是 FPGA 的基本逻辑单元，提供用户需要的逻辑功能，通常规则地排列成一个阵列，散布于整个芯片；IOB 完成芯片上内部逻辑与外部封装引脚的接口，排列在芯片的四周，可以通过编程配置为输入、输出或双向工作 3 种方式；IR 包括各种长度的连线线段和可编程连接开关，连接各个 CLB 及 IOB，构成特定功能的电路。改变 CLB 的设置或改变各 CLB 与 IOB 之间的连接就能改变芯片的功能，因此 FPGA 的功能很灵活。由于 LUT 主要适合 SRAM 工艺生产，所以目前大部分 FPGA 都是基于 SRAM 工艺的，即配置数据存放在芯片内的 SRAM，而 SRAM 工艺的芯片在掉电后信息就会丢失，一定需要外加一片专用配置芯片，如 EPROM、E^2PROM 等，在系统上电的时候，由这个专用配置芯片把数据加载到 FPGA 中，然后 FPGA 就可以正常工作，由于配置时间很短，不会影响系统正常工作。也有少数 FPGA 采用反熔丝或 Flash 工艺，对这种 FPGA 就不需要外加专用的配置芯片。

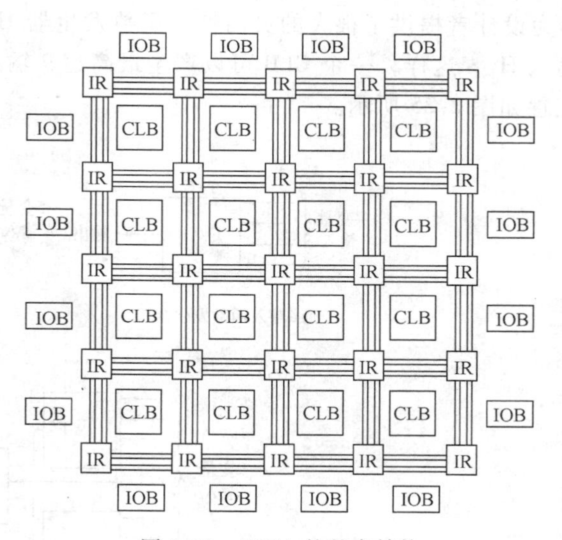

图 2-23　FPGA 的基本结构

图 2-24 所示是 XC4000 系列 FPGA 器件的可配置逻辑功能块（CLB）的基本结构。

每个 CLB 包含 3 个逻辑函数发生器，两个触发器和若干编程控制的多路开关。一个有 N 个输入信号的函数发生器可以由容量为 $2N$ 位的 SRAM 实现，输入线作为 SRAM 的地址线，SRAM 的输出就是逻辑函数值。3 个逻辑函数发生器分别以 G′、F′和 H′表示，它们的传

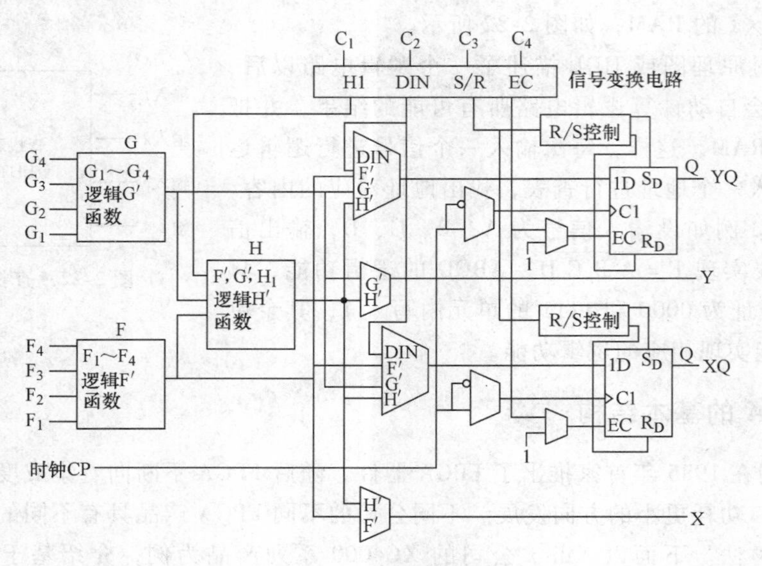

图 2-24　CLB 的基本结构

输延时与函数的复杂程度无关，每个函数发生器的结果都可以以组合逻辑或时序逻辑的方式独立输出。一般大多数组合逻辑函数的输入不多于 4 个，因此两个独立的函数发生器 G′、F′为设计者提供了很大的灵活性。函数发生器 H′的 3 个输入端分别是 G′、F′和来自外部的输入 H_1，这样，一个 CLB 可以产生最高达 9 输入的任何逻辑函数，CLB 逻辑函数发生器的配置如图 2-25 所示。

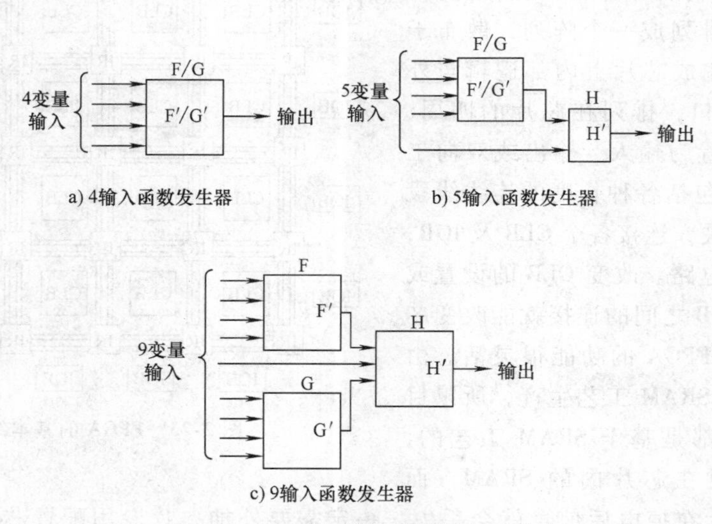

图 2-25　CLB 的逻辑函数发生器配置

2. 可编程输入/输出模块

可编程输入/输出模块（IOB）分布于 FPGA 器件的四周，可以灵活编程以实现不同的功能，每个 IOB 控制一个外部引脚，基本结构如图 2-26 所示。图中，IOB 的输出端配有两只 MOS 晶体管，构成输出专用推拉电路，它们的栅极均可编程，使 MOS 晶体管导通或截止，分别经上拉电阻或下拉电阻接通电源、地线或者不接通，用以改善输出波形和负载能力。

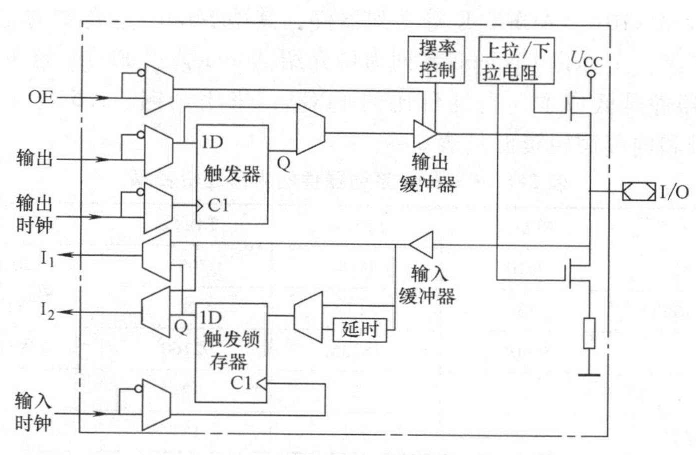

图 2-26　IOB 的基本结构

3. 可编程内部连线资源

可编程内部连线资源（IR）将 CLB 的输入、输出之间，CLB 与 CLB 之间，CLB 与 IOB 之间连接起来，布线通道由许多金属段构成，带有可编程开关，可以选择单长线或双长线连接，通过自动布线实现所需功能的电路连接。单长线是贯穿于 CLB 之间的垂直和水平金属线段，长度分别等于相邻 CLB 的行距和列距，如图 2-27 所示，提供了相邻 CLB 之间的快速互连和复杂互连的灵活性，任意两点间的连接都要通过开关矩阵。

双长线用于将两个并不相邻的 CLB 连接起来，长度是单长线的两倍，需要经过两个 CLB 之后，才能通过开关矩阵，如图 2-28 所示。

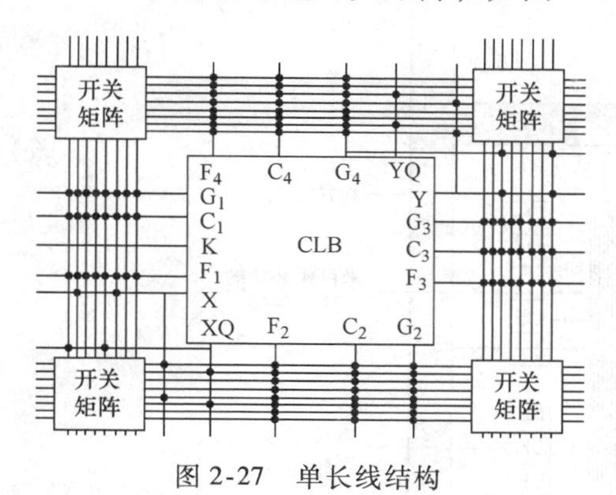

图 2-27　单长线结构

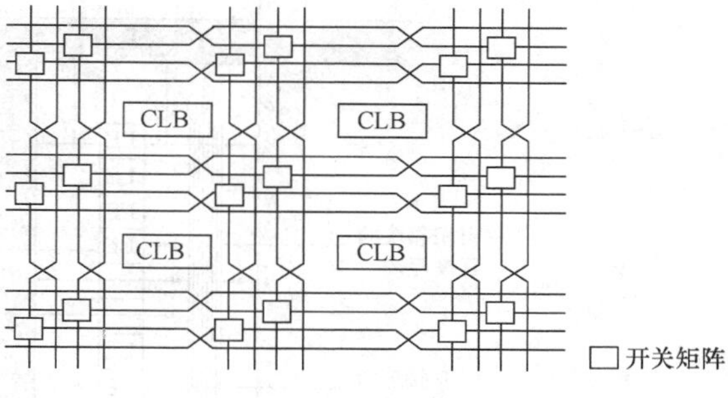

图 2-28　双长线结构

由于单长线和双长线的信号传输要经过开关矩阵，因此信号传输有延时，对于某些特别重要的信号，可以通过专用长线传输，专用长线不经过开关矩阵，长度跨越整个芯片，如图 2-29 所示。可见，FPGA 器件的内部时延与器件结构及逻辑布线等有关，信号传输时延不可确定。

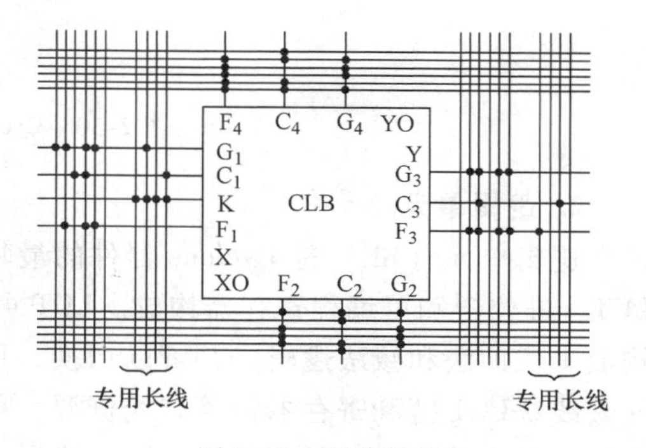

图 2-29　长线结构

2.4.2　Altera 公司的 FPGA

Altera 公司的 FPGA 器件包括 Stratix、

Cyclone、APEX、FLEX10K、ACEX1K等系列器件，其中Stratix是高端的主流器件，Cyclone是低成本的主流产品。下面以Cyclone系列为例介绍Altera公司FPGA器件的特点。

Cyclone系列器件是低成本、高性价比的FPGA，采用全铜、1.5V、130nm的SRAM工艺制作，器件型号和内部逻辑资源见表2-4。

表2-4　Cyclone系列器件的内部逻辑资源

特　　性	EP1C3	EP1C4	EP1C6	EP1C12	EP1C20
逻辑单元(LE)个数	2910	4000	5980	12060	20060
M4K RAM块(128 * 36bit)	13	17	20	52	64
RAM/bit	59904	78336	92160	239616	294912
PLL个数	1	2	2	2	2
最大可用I/O引脚数	104	301	185	249	301

Cyclone系列器件内部主要由逻辑阵列块（LAB）、嵌入式存储器、I/O单元和PLL等构成，在各个模块之间存在丰富的互连线和时钟网络。

1. 可编程资源

Cyclone器件的可编程资源主要来自LAB，每个LAB是包含多个逻辑单元（Logic Element，LE）、LE进位链、LAB控制信号、局部互连线、LUT链和寄存器链等。局部互连线在同一个LAB的LE中传递信号。LUT链把一个LE的LUT输出快速传输到相同LAB中相邻的LE中，寄存器链把一个LE的寄存器输出传输相同LAB中相邻的LE寄存器。Quartus II编译器将产生相应逻辑，使性能和面积效率最高。图2-30为Cyclone器件的LAB结构。

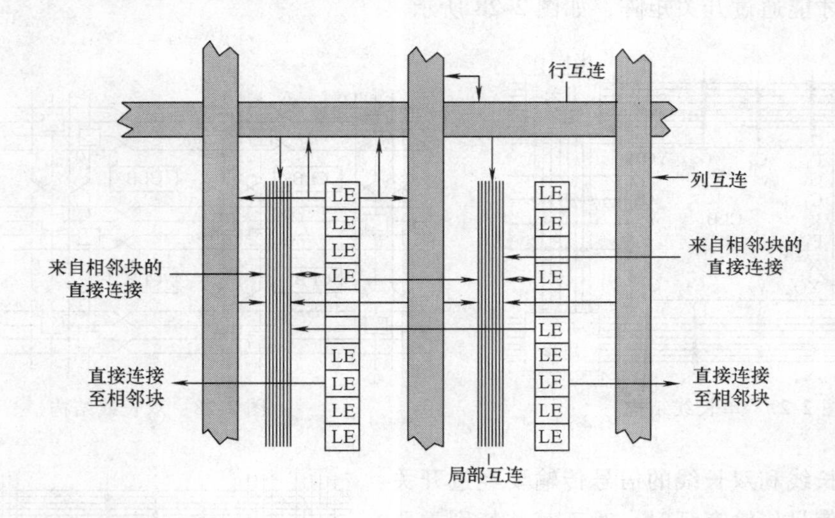

图2-30　Cyclone器件的LAB结构

2. 逻辑单元

逻辑单元（LE）是Cyclone器件的最基本单元，结构如图2-31所示。LE主要由4输入LUT、进位链和可编程寄存器构成。LUT可以完成任意4输入的组合逻辑，进位链能够灵活构成1位加法和减法逻辑，并可以切换，LE的输出可以连接到局部互连线、行、列及直接连接线、LUT链和寄存器链等布线资源。可编程寄存器可以配置成D、T、JK或SR触发器模式，具有数据、时钟及使能、同步或异步清零、预置等信号。LE中的时钟及使能选择逻辑可以灵活配置寄存器，也可以将寄存器旁路，直接将 LUT 的输出作为 LE 的输出，实现组合逻辑功能。行连线、列连线和直接连接 3 种连线方式可以分别控制 LUT 和寄存器的输出，提高 LE 的资源利用率。LE 中 LUT 链互连可以实现宽输入逻辑功能（输入量多于 4 个），LE 中的寄存器链互连可以构成移位寄存器。

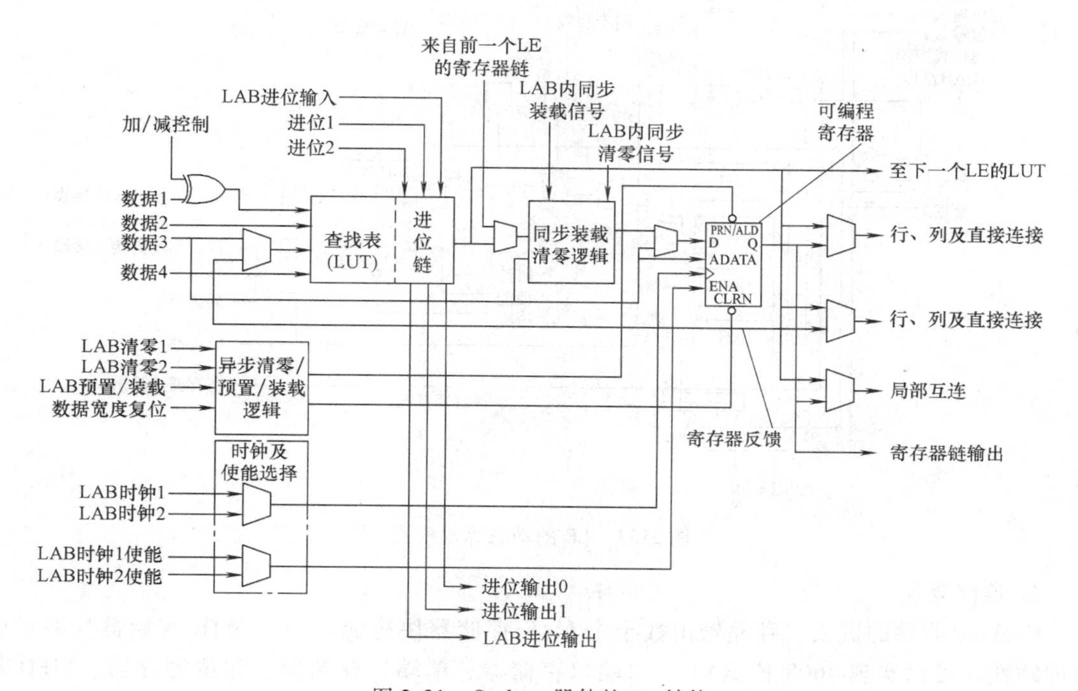

图 2-31　Cyclone 器件的 LE 结构

LE 有两种工作模式：普通模式和动态算术模式。不同模式下，LE 内部结构和 LE 之间的互连有差异。LE 在普通模式下适合通用逻辑和实现组合逻辑，可以通过 LUT 链直接连接至同一个 LAB 的下一个 LE 中，LE 的输入信号可以作为寄存器的异步装载信号。普通模式下的 LE 结构如图 2-32 所示。

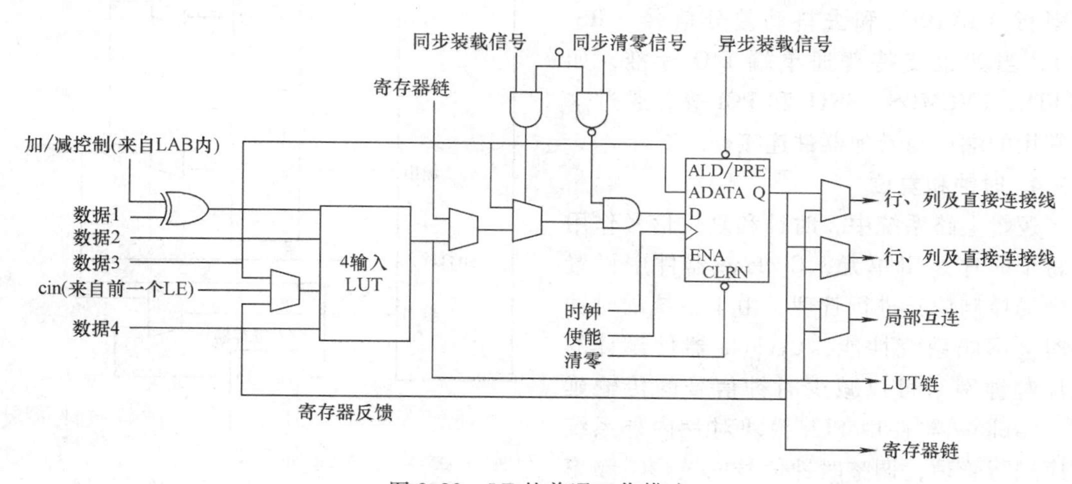

图 2-32　LE 的普通工作模式

LE 在动态算术模式下可以更好地实现加法器、计数器、累加器宽输入奇偶校验功能。单个 LE 中有 4 个 2 输入 LUT，可配置为动态的加/减法结构。动态算术模式下的 LE 结构如图 2-33 所示。

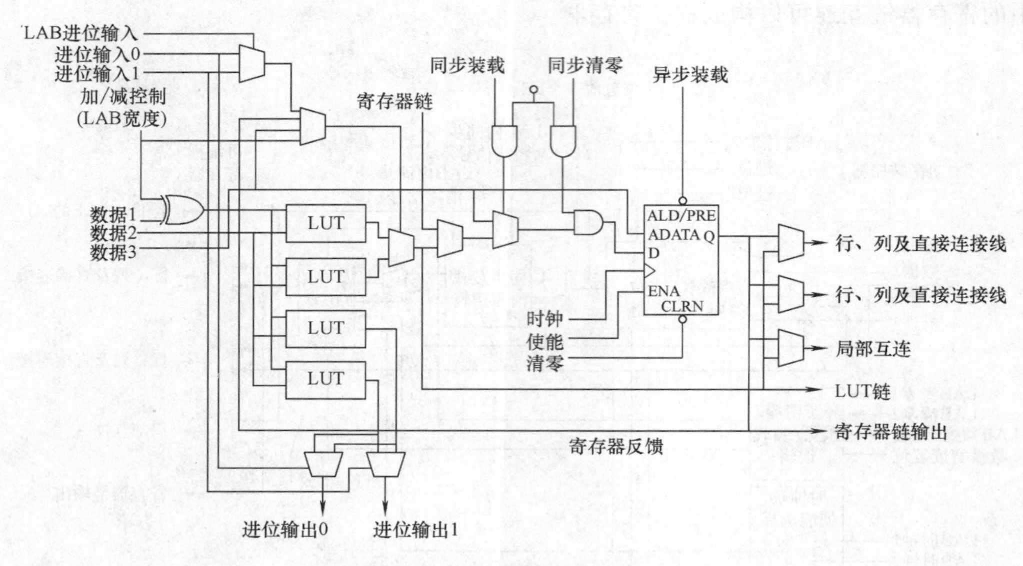

图 2-33 LE 的动态算术模式

3. 存储器块

Cyclone 器件的嵌入式存储器由数十个 M4K 存储器块构成，每个 M4K 存储器块有很强的伸缩性，可以实现 4608 位 RAM、双端口存储器、单端口存储器、移位寄存器、FIFO 和 ROM 等功能。嵌入式存储器通过多种连线与可编程资源实现连接，大大加强了 FPGA 的性能，扩大了 FPGA 的应用范围。

Cyclone 器件的 I/O 单元结构如图 2-34 所示，支持多种 I/O 接口，符合多种 I/O 标准。可以支持差分的 I/O 标准，诸如低压差分串行（LVDS）和去抖动差分信号（RSDS)，当然也支持普通单端 I/O 标准，如 LVTTL、LVCMOS、SSTL 和 PCI 等，通过这些常用的端口与其他器件连接。

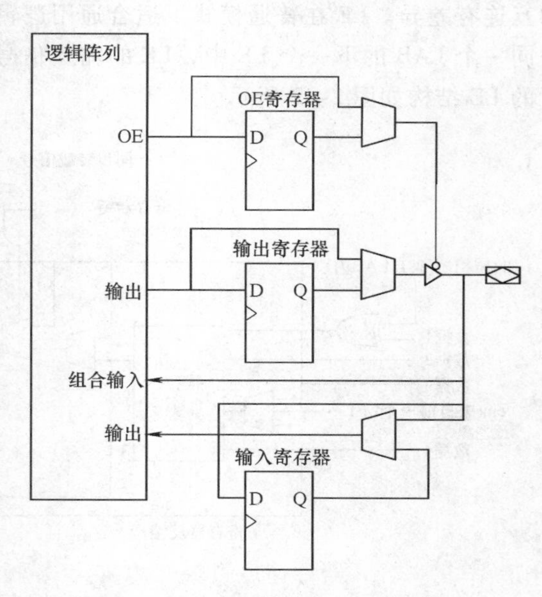

图 2-34 Cyclone 器件的 I/O 单元结构

4. 时钟和复位

逻辑电路系统中，时钟和复位信号作用于每个时序逻辑单元，Cyclone 器件中设置有全局控制信号进行管理；由于系统的时钟延时会影响系统性能，Cyclone 器件设计的全局时钟网络可以减少时钟信号的传输延迟。Cyclone 器件中 PLL 模块对片内外系统时序进行管理，调整时钟信号的波形、频率和相位等。

Cyclone 器件中 LE、嵌入式存储器、I/O 引脚之间通过 MultiTrack 结构连接，这种结构采用了直接驱动技术，保证片内所有函数可以直接连接，使用同一布线资源。MultiTrack 技术可以根据不同的走线长度进行优化，改善内部模块之间的连线。

2.5 CPLD/FPGA 的应用选型

1. FPGA 和 CPLD 两者之间的差异

尽管 FPGA 和 CPLD 都是高密度可编程逻辑器件，有很多共同特点，但由于不同的工作原理和器件结构，两者之间也有很多差异，主要有以下几点：

1）CPLD 逻辑单元比较大，比较适合完成各种算法和组合逻辑，而 FPGA 逻辑单元较小，每个单元都包含触发器，同等规模下，FPGA 更适合于完成时序逻辑。换句话说，FPGA 更适合于触发器丰富的结构，而 CPLD 更适合于触发器有限而乘积项丰富的结构。

2）CPLD 的连续式布线结构决定了它的信号时延是均匀和可预测的，而 FPGA 的分段式布线结构决定了其信号延迟的不可预测性。

3）在编程上，FPGA 比 CPLD 具有更大的灵活性，CPLD 通过修改具有固定内连电路的逻辑功能来编程，FPGA 主要通过改变内部连线的布线来编程，FPGA 可在逻辑门下编程，而 CPLD 是在逻辑块下编程。

4）CPLD 的编程采用 EEPROM 或 FLASH 技术，无须外部存储器芯片，编程次数可达 1 万次，系统断电时编程信息也不丢失，可分为在编程器上编程和在系统编程两类，使用比较简单；而 FPGA 大部分基于 SRAM 编程，编程信息在系统断电时要丢失，FPGA 的编程信息需存放在外部存储器上，每次上电时，需从器件外部将编程数据重新写入 SRAM 中，其优点是可以编程任意次，可在工作中快速编程，从而实现板级和系统级的动态配置，但使用方法较复杂。

5）由于 FPGA 是门级编程，并且 CLB 之间采用分布式互联，而 CPLD 是逻辑块级编程，并且其逻辑块之间的互联是集总式的，因此 CPLD 的速度比 FPGA 快。

6）CPLD 保密性比 FPGA 好。

7）CPLD 的功耗要比 FPGA 大，且集成度越高越明显。

2. CPLD/FPGA 的应用选型

不同厂商的产品在性能、逻辑规模、价格和封装等方面各有千秋，设计者针对不同的应用，一般从以下几个方面考虑。

（1）器件内部逻辑资源　针对具体项目，首先要考虑器件的逻辑资源是否满足目标系统的需要，实际开发中，逻辑资源主要以等效门来衡量，一般来说，FPGA 器件对应的逻辑门数比 CPLD 器件多，设计者应根据具体应用中对速度、功耗、功能等要求估算逻辑规模，当然估算逻辑资源的规模需要一定的设计经验，同时影响逻辑资源占用的因素也很多，比如描述语言和描述风格，HDL 综合器的选择、综合策略等。

（2）器件速度　随着半导体工艺水平的不断提高，可编程逻辑器件的工作速度也在不断提升，目前 Altera 和 Xilinx 公司的产品中均有超过 300MHz 的器件。速度的选择要与系统工作频率相吻合，器件速度过快会增加 PCB 板级电路设计的难度，且提高成本，因此要做好系统性能指标的设计。

（3）器件功耗　由于在系统编程的需要，CPLD 的工作电压多为 5V 或 3.3V，很多 FP-

GA 的工作电压已经达到 1.8V，就低功耗方面，FPGA 具有很大的优势。

(4) 器件封装 CPLD/FPGA 的封装形式有 PLCC、PQFP、TQFP、RQFP、VQFP、PGA、BGA 和 uBGA 等，同一型号的器件可以有多种不同的封装。PLCC 封装可以买到现成的插座，插拔方便，适合在产品研制开发阶段或实验中使用。PQFP、TQFP、RQFP、VQFP 属于贴片封装，引脚间距为零点几毫米，适合于一般规模的产品开发和生产，可手工焊接或用专用机器焊接（当引脚间距小于 0.5mm 时，难以手工焊接，批量生产需贴装机，采用表面贴装工艺 SMT 和回流焊工艺），多数大规模、多 I/O 器件都采用这种封装。PGA 封装的成本比较高，一般不直接作系统器件，可用做硬件仿真。BGA 封装的引脚属于球状引脚，较为先进，适合大规模的产品开发或生产。具有更强的抗干扰和机械抗振性能。

2.6 小结

本章内容包括可编程逻辑器件概述、CPLD/FPGA 的基本结构和工作原理、Altera 公司的 CPLD 和 FPGA、CPLD/FPGA 的应用选型。可编程逻辑器件概述介绍了可编程逻辑器件电路的表示方法和可编程逻辑器件的基本结构。可编程逻辑器件的发展经历了从简单 PLD 到高密度 PLD 的过程，其中简单 PLD 包括 PROM、PLA、PAL 和 GAL 等器件，主要由与-或阵列实现逻辑功能。高密度 PLD 主要有 CPLD 和 FPGA，CPLD 主要基于乘积项技术，FPGA 主要基于查找表技术。

CPLD 的基本结构主要由 3 部分组成：可编程逻辑块、可编程 I/O 单元和可编程内部连线资源。可编程逻辑块主要包括与阵列、或阵列、可编程触发器和多路选择器等电路，能独立地配置为组合逻辑或时序逻辑工作方式。通过乘积扩展和并联扩展、多触发器、多个时钟等技术，提高设计复杂逻辑的能力；可编程 I/O 单元可以将每个引脚单独地配置为各种输入输出结构；可编程内部连线在各逻辑宏单元之间以及各逻辑宏单元和 I/O 单元之间提供互连网络。Altera 公司的 CPLD 器件包括 MAX 系列和 MAX II 系列器件，其中最新的 MAX II 器件采用 FPGA 技术，但在芯片内部集成配置芯片，具有瞬时接通的性能。

FPGA 主要由可配置逻辑功能块（CLB）、可编程输入输出模块（IOB）、可编程内部连线资源（IR）组成。大部分 FPGA 基于 SRAM 工艺，需要外加专用配置芯片用来存放程序。由于采用分段布线技术，使信号传输时延不可确定。Cyclone 系列器件是 Altera 公司低成本的主流 FPGA 产品，主要由逻辑阵列块（LAB）、嵌入式存储器、I/O 单元和 PLL 等构成，在各个模块之间存在着丰富的互连线和时钟网络。

CPLD/FPGA 虽然结构原理不同，但使用方法基本相同。在实际使用时要了解两种器件的特点，并根据目标系统的要求，从器件内部逻辑资源、速度、功耗和封装形式等方面选择具体器件。

2.7 习题

1. 试用 PLA 器件实现组合逻辑 $F=\overline{A}\,\overline{B}+AB$。
2. 说明 GAL 的 OLMC 有什么特点。如何配置为时序电路？如何实现反变量输出？
3. 可编程逻辑器件有哪些类型？
4. CPLD 器件实现逻辑功能的基本结构是什么？CPLD 的基本组成部分包括哪些？

5. Altera 公司的主流 CPLD 器件主要有哪些？有什么特点？
6. FPGA 器件实现逻辑功能的基本结构是什么？FPGA 的基本组成部分包括哪些？
7. Altera 公司的主流 FPGA 器件主要有哪些？有什么特点？
8. CPLD 和 FPGA 器件有什么异同？

第 3 章　Quartus Ⅱ开发软件应用

Quartus Ⅱ是 Altera 公司新一代的 EDA 设计工具，由该公司早先的 MAX + PLUS Ⅱ（即 Quartus Ⅱ5.0 之前的版本）演变而来，不仅继承了 MAX + PLUS Ⅱ工具的优点，更提供了对新器件和新技术的支持，目前最新版本为 Quartus Ⅱ11.0。其实 Quartus Ⅱ7.2 以后的各版本之间差别并不大，本书中的示例均采用比较常用的 Quartus Ⅱ 8.1 版本实现。

Quartus Ⅱ设计软件是 Altera 提供的完整的多平台设计环境，它可以轻易满足特定设计的需要，为可编程芯片系统（SOPC）提供全面的设计环境。Quartus Ⅱ软件含有 FPGA 和 CPLD 设计所有阶段的解决方案。本章将对 Quartus Ⅱ软件进行全面的介绍。

3.1　Quartus Ⅱ软件设计流程

利用 Quartus Ⅱ进行 EDA 设计开发的流程如图 3-1 所示，包括以下步骤：

1. 设计输入

设计输入包括原理图输入、HDL 文本输入、EDIF 网表输入及波形输入等几种方式。

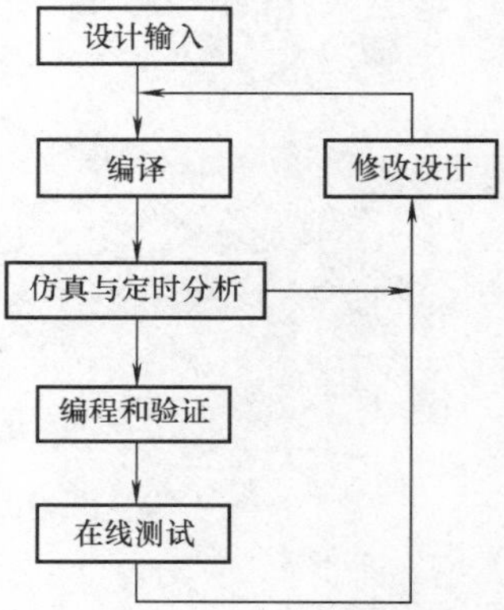

2. 编译

先根据设计要求设定编译方式和编译策略，如器件的选择、逻辑综合方式的选择等。然后根据设定的参数和策略对设计项目进行网表提取、逻辑综合、器件适配，并产生报告文件、延时信息文件及编程文件，供分析、仿真和编程使用。

设计输入
编译
修改设计
仿真与定时分析
编程和验证
在线测试

图 3-1　设计的流程图

3. 仿真与定时分析

仿真包括功能仿真、时序仿真，用以验证设计项目的逻辑功能和时序关系是否正确。

4. 编程和验证

用得到的编程文件通过编程电缆配置 PLD，加入实际激励，进行在线测试。

在设计过程中，如果出现错误，则需重新回到设计输入阶段，改正错误或调整电路后重复上述过程。

3.2　Quartus Ⅱ软件安装

1. Quartus Ⅱ软件的安装步骤

（1）运行安装程序，双击“Install. exe”，进入安装界面，弹出如图 3-2 所示的对话框。

（2）单击“Next”按钮，进入“License Agreement”界面，在“License Agreement”对话框上选中“I accept the terms of license agreement”选项，如图 3-3 所示。

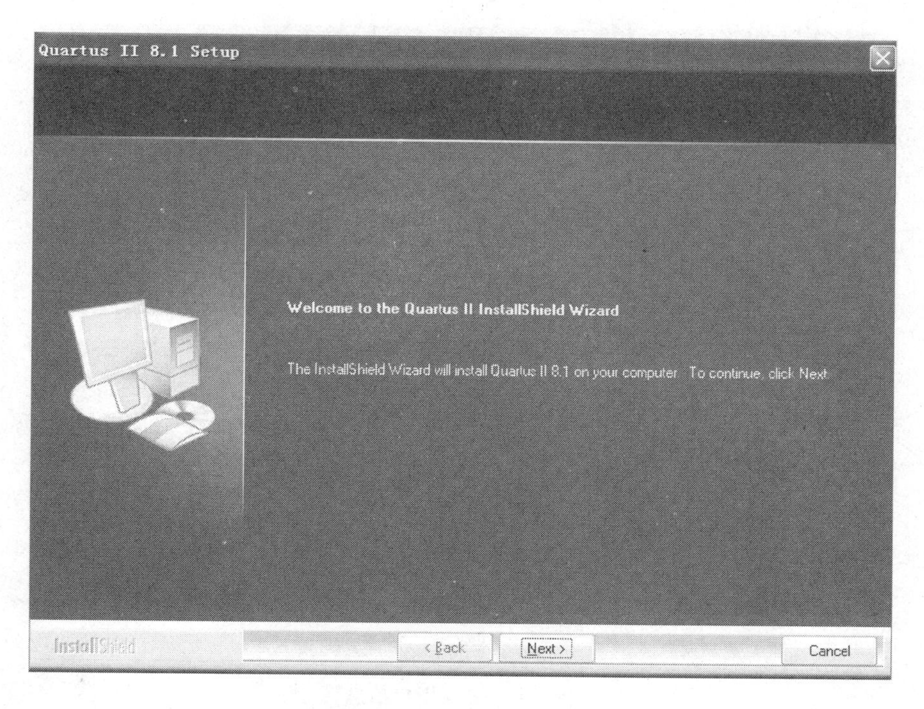

图 3-2 软件安装界面

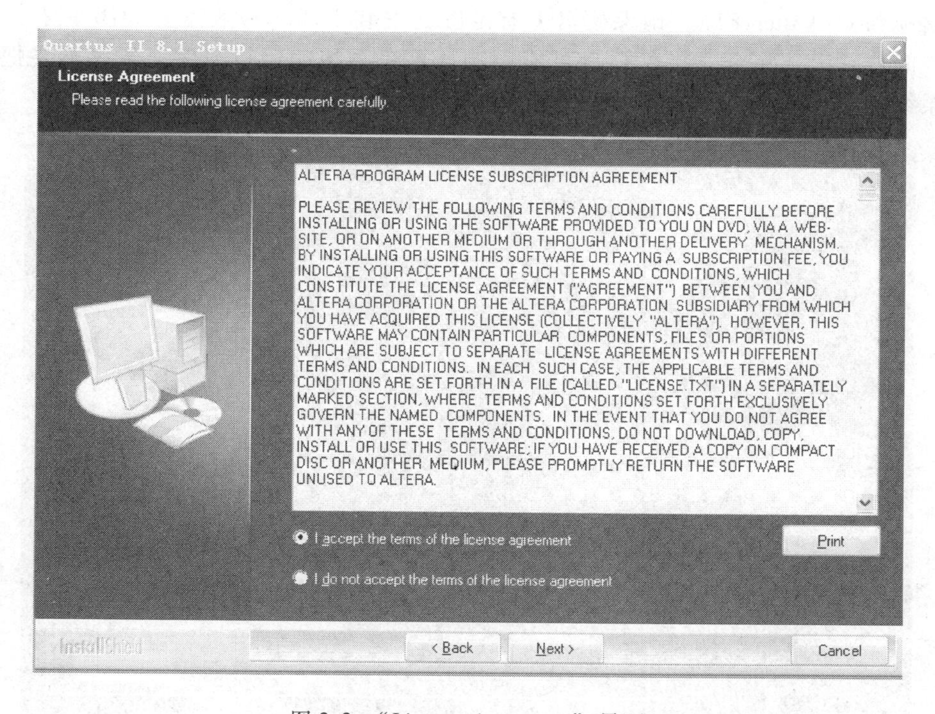

图 3-3 “License Agreement” 界面

（3）单击“Next”按钮，进入“Customer information”界面，在“Customer information”对话框中，输入用户信息，如图 3-4 所示。

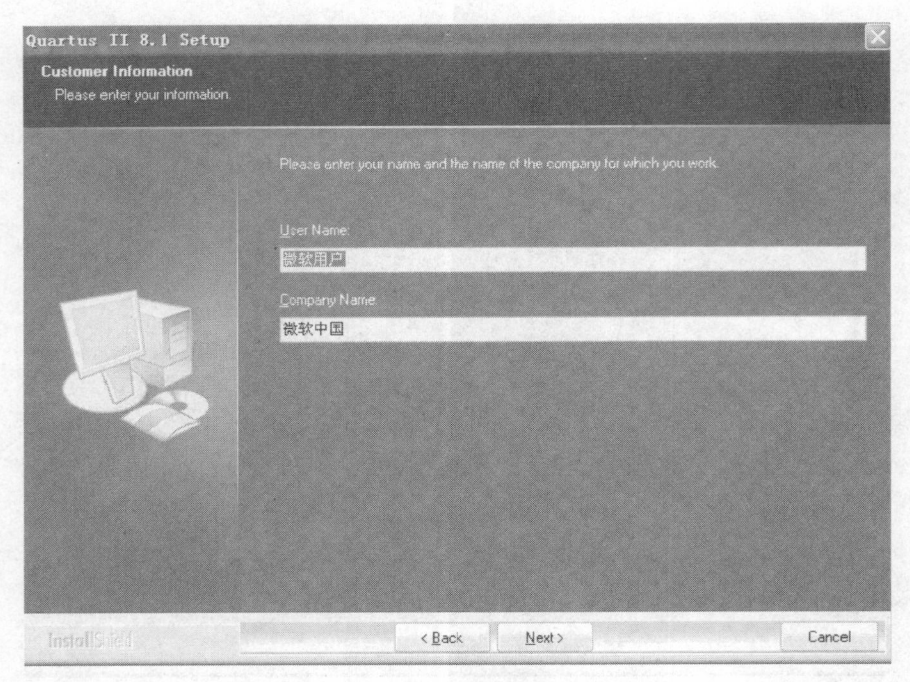

图 3-4　输入用户信息

(4) 单击 "Next" 按钮，进入 "Choose Destination Location " 界面，选择安装路径（软件默认路径为 C：\alter\81），确保硬盘上有足够的安装空间，一般需要 8GB 左右。由于软件所占空间非常大，完全安装在 C 盘可能影响计算机系统的运行速度，建议不要把此软件和操作系统安装在同一个分区内。操作界面如图 3-5、图 3-6 所示。

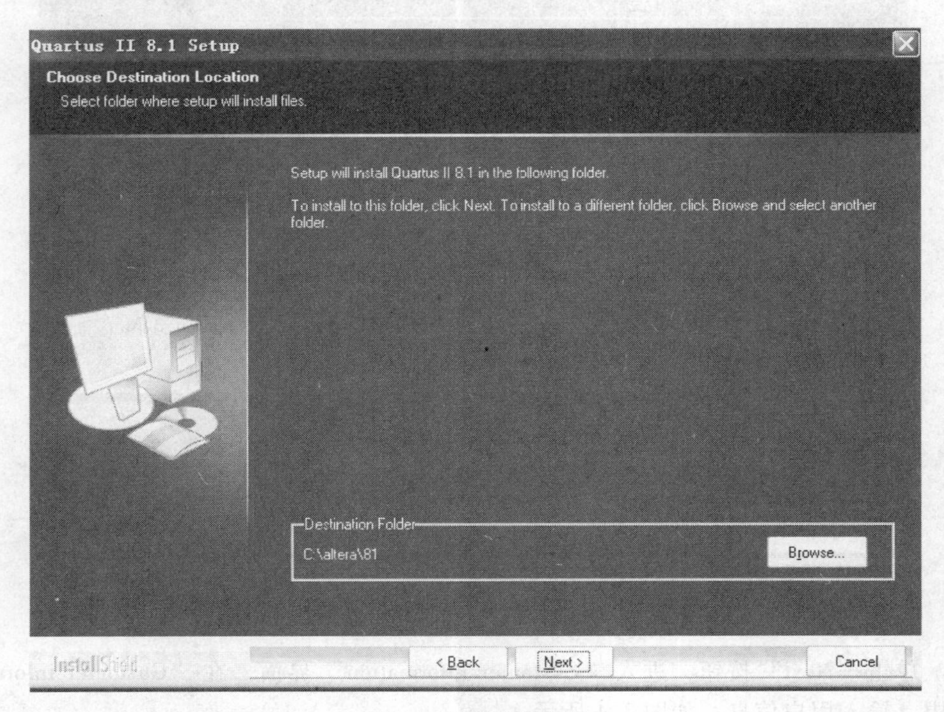

图 3-5　选择安装路径

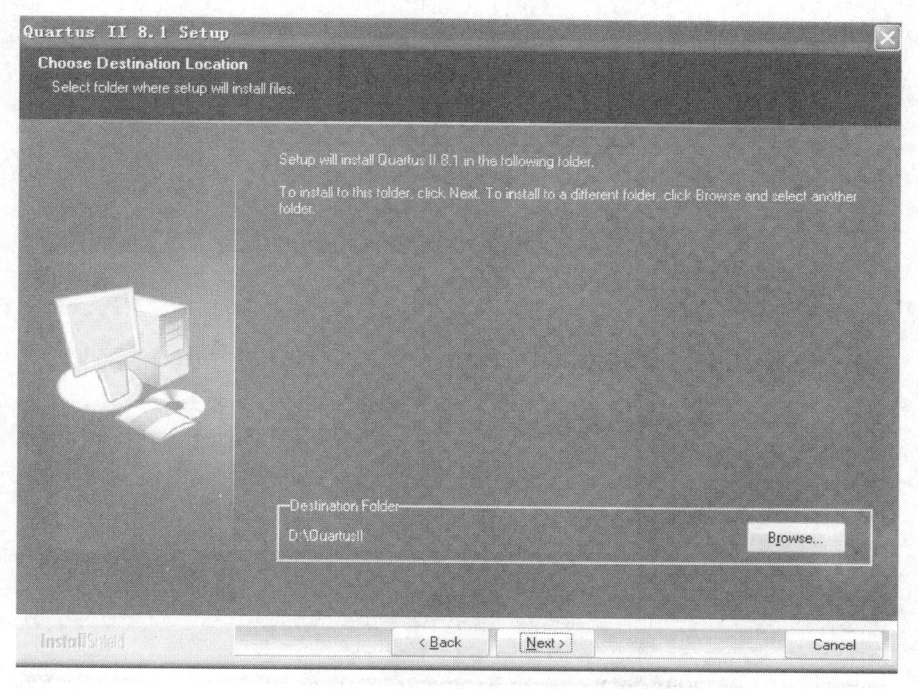

图 3-6　自定义设置安装路径

（5）单击“Next”按钮，弹出“Setup Type”对话框。安装类型分为两种：完全安装（Complete）和用户自定义安装（Custom）。通常选择“Complete”选项，如图 3-7 所示。

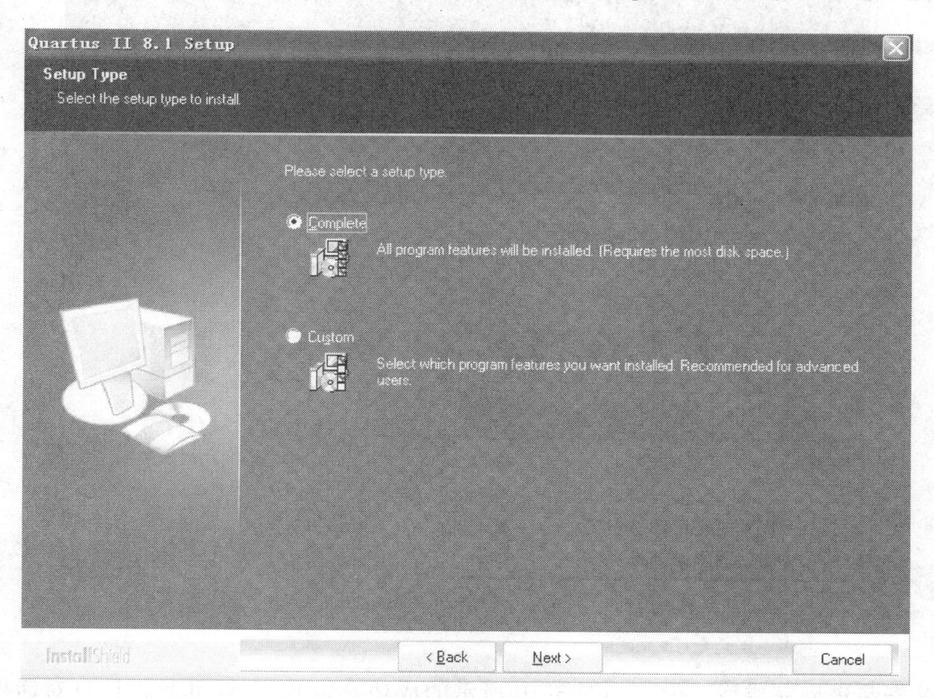

图 3-7　选择安装类型

（6）选择完全安装，单击“Next”按钮，弹出如图 3-8 所示的对话框，确认安装信息。

（7）单击“Next”按钮，进入安装进度显示对话框，如图 3-9 所示。

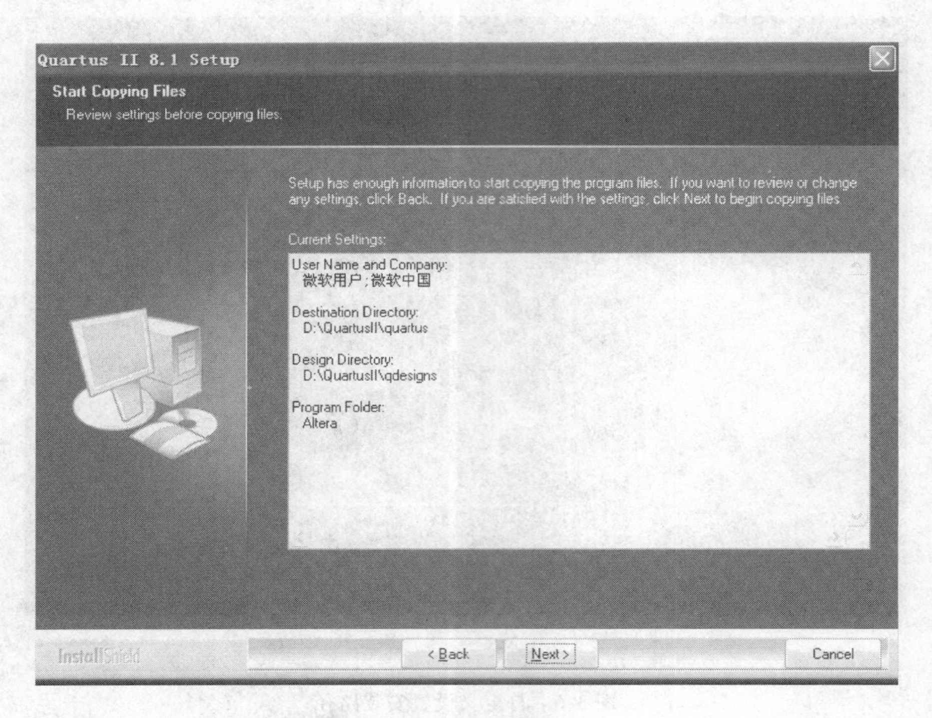

图 3-8　确认安装信息

图 3-9　显示安装进度

(8) 安装进度完成后，弹出如图 3-10 所示的成功安装 Quartus Ⅱ软件信息对话框。

(9) 单击 “Finish” 按钮，退出 Quartus Ⅱ软件的安装程序，完成软件的安装。

2. Quartus Ⅱ软件的启动及其许可文件的获取。

(1) 启动 Quartus Ⅱ软件后，如果软件检测不到有效的 ASCⅡ文本许可文件 license. dat，

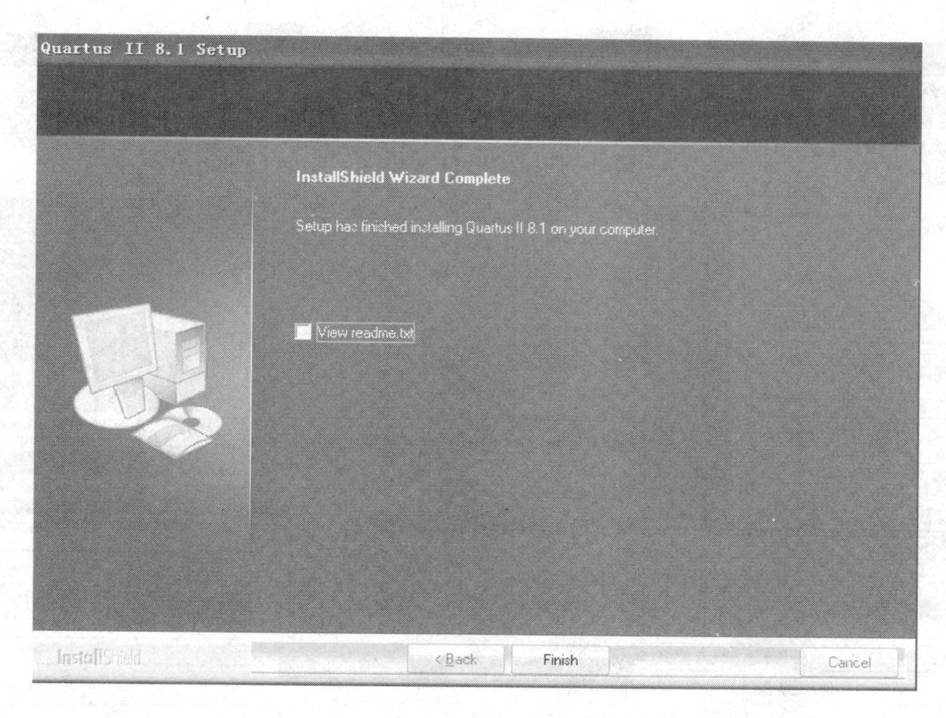

图 3-10　成功安装界面

系统将会提示以下内容：

□Enable 30-day evaluation period with no license file (no programming file support)

该选项允许无须编程文件支持，为期 30 天的 Quartus Ⅱ软件评估。30 天的过渡期过后，必须从 Altera 网站 www.altera.com/licensing 的 Licensing 上获取有效的许可文件，继续本过程的剩余步骤。

□ Perform automatic web license retrieval

选择该项目即自动从 Altera 网站请求有效许可文件。如果使用节点锁定（FIXEDPC）许可，Quartus Ⅱ软件能够从网站成功获取许可文件，则可以跳过该过程的剩余步骤。如果使用网络（多用户）许可，或者如果 Quartus Ⅱ软件不能够获取许可文件，则系统会指导用户通过许可过程。

□ Specify valid license file

如果用户具有有效许可文件，但是没有指定该许可文件的位置，可直接跳到步骤（3），继续本过程。

（2）如果在 Altera 网站的 Licensing 中请求新的许可文件，请根据自己的需求选择合适的许可类型。然后填写申请信息，进行订购。通过电子邮件收到许可文件之后，将其保存至系统的一个目录中，根据需要，可以修改许可文件。

（3）选择“Tools”菜单下的“License Setup”选项，进入“License Setup”页面，在“License file”中录入许可文件保存路径，或者使用 LM_LICENSE_FILE 变量（Use LM_LICENSE_FILE variable），确定后重启 Quartus Ⅱ软件即可，如图 3-11 和图 3-12 所示。

有关 Quartus Ⅱ软件许可文件的官方参考信息见表 3-1。

（4）Quartus Ⅱ软件正常启动后的界面及分区功能如图 3-13 所示。

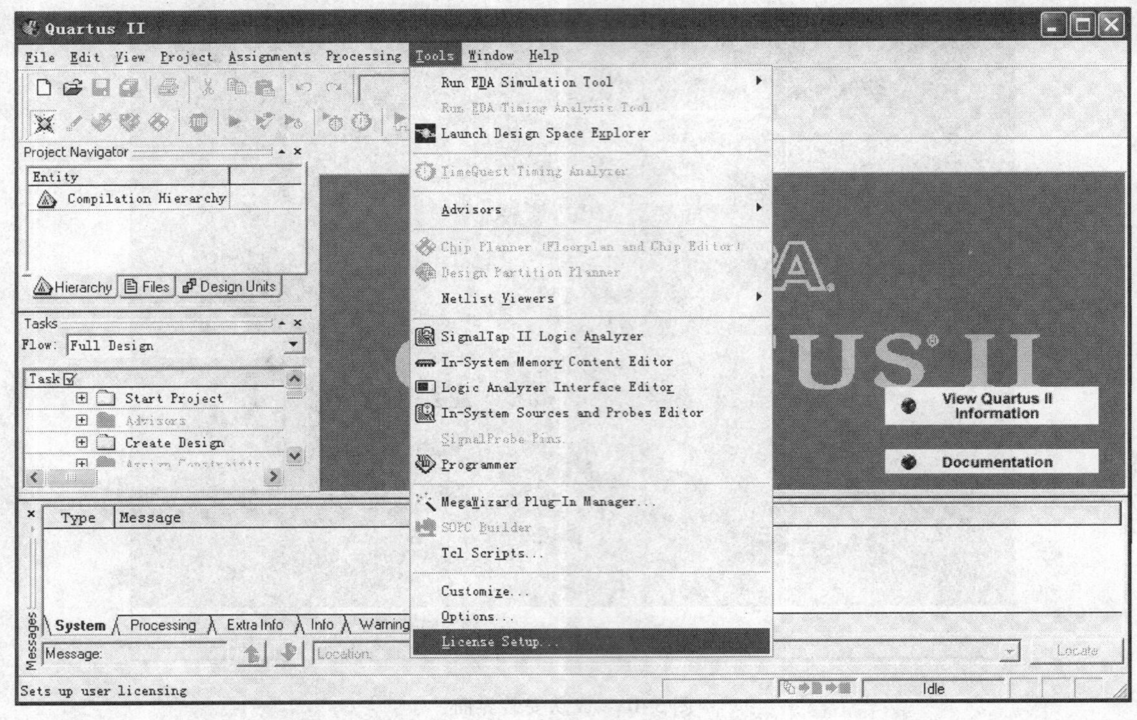

图 3-11　进入 License Setup

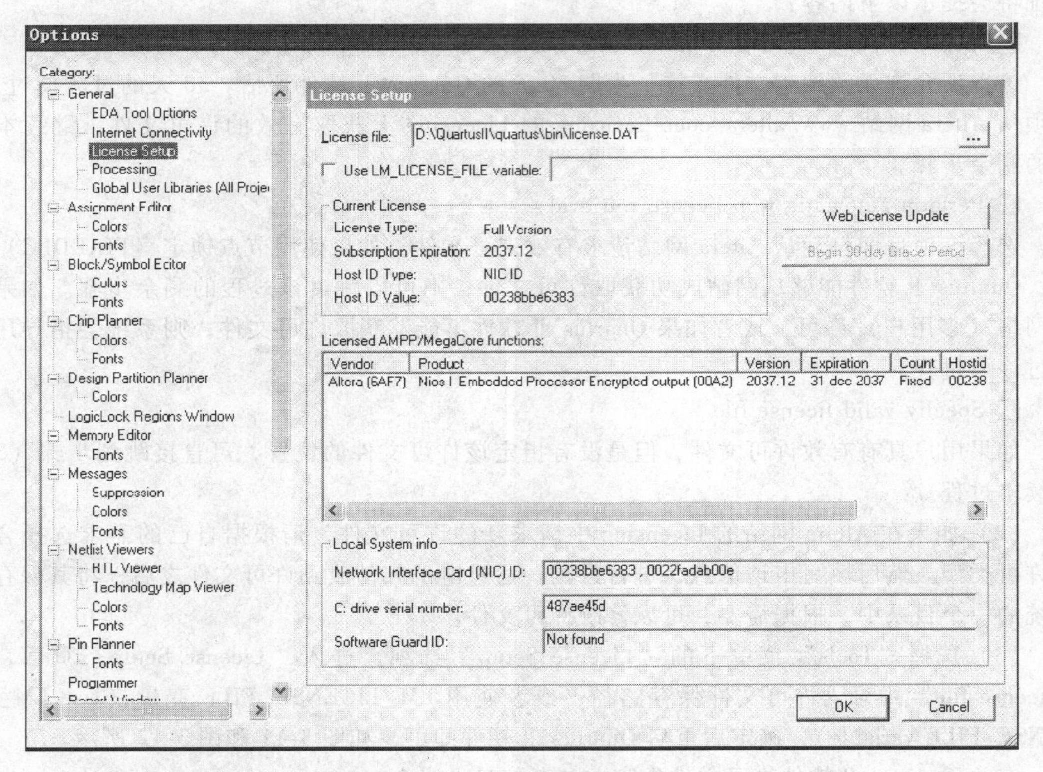

图 3-12　License file 许可文件设置

表 3-1　许可文件的官方参考信息

有关信息	参阅内容
有关 Quartus Ⅱ软件许可、修改许可文件和指定许可文件位置的详细信息	Altera 网站上的 Quartus Ⅱ Installation & Licensing for PCs 手册 Altera 网站上 Quartus Ⅱ Installation & Licensing for UNIX and Linux Workstations 手册
有关 Quartus Ⅱ许可的一般信息	Quartus Ⅱ Help 中的“Overview：Obtaining a License File”和“Specifying a License File”
Altera 软件许可	Altera 网站上的 Application Note 340（Altera Software Licensing）

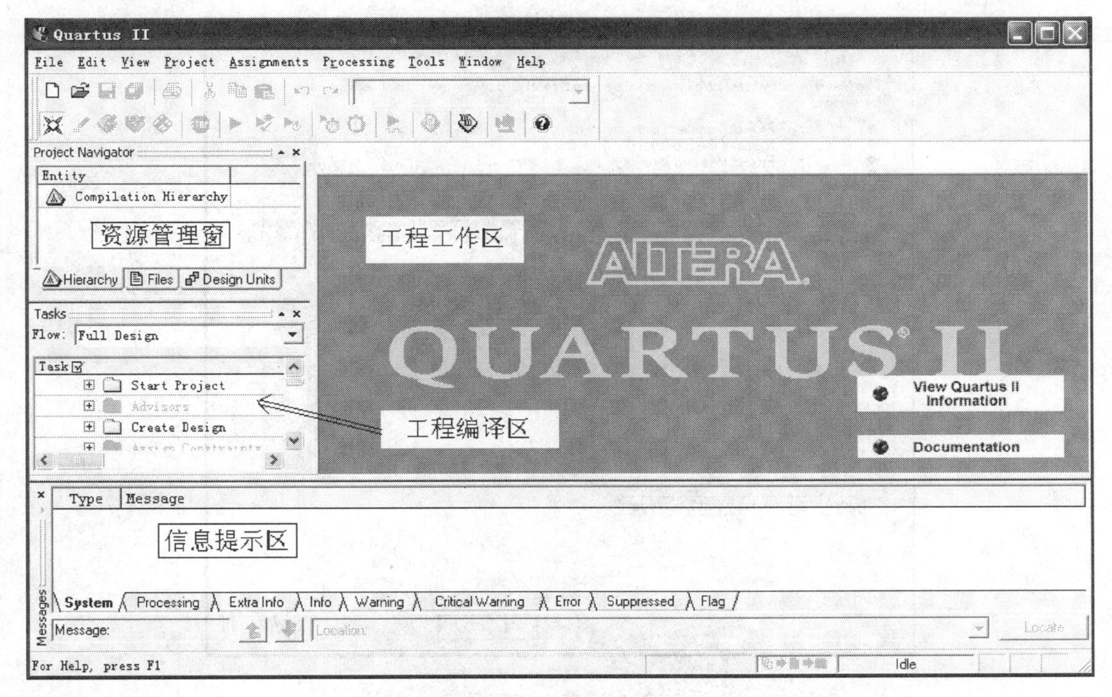

图 3-13　Quartus Ⅱ软件界面及分区功能

3.3 创建工程文件

3.3.1 建立工程

使用“File”菜单下的“New Project Wizard”或“quartus_map”可执行文件建立新工程。建立新工程时，指定工程工作目录，分配工程名称，指定顶层设计实体的名称，还可以指定在工程中实用的设计文件、其他源文件、用户库和 EDA 工具，以及目标器件（或者让 Quartus Ⅱ软件自动选择器件）。表 3-2 中列出了一个 Quartus Ⅱ工程的设置文件。

建立工程步骤如下：

（1）在“File”菜单下选中“New Project Wizard”，弹出新建工程向导对话框，如图 3-14 所示。

表 3-2　工程的设置文件

文件类型	说　明
Quartus Ⅱ Project File (. qpf)	指定用来建立工程和与工程相关修订的 Quartus Ⅱ 软件版本
Quartus Ⅱ Settings File (. qsf)	包括 Assignment Editor、Floorplan Editor、Settings 对话框（Assignment 菜单）、Tcl 脚本或者 Quartus Ⅱ 可执行文件产生的所有修订范围内或者独立的分配。工程中每个修订有一个 QSF
Quartus Ⅱ Workspace File (. qws)	包括用户偏好和其他信息，例如窗口位置，窗口中打开文件及其位置
Quartus Ⅱ Default Settings File (. qdsf)	位于\< Quartus Ⅱ system directory >\bin 目录下，包括所有全局默认工程设置。QSF 中的设置将替代这些设置

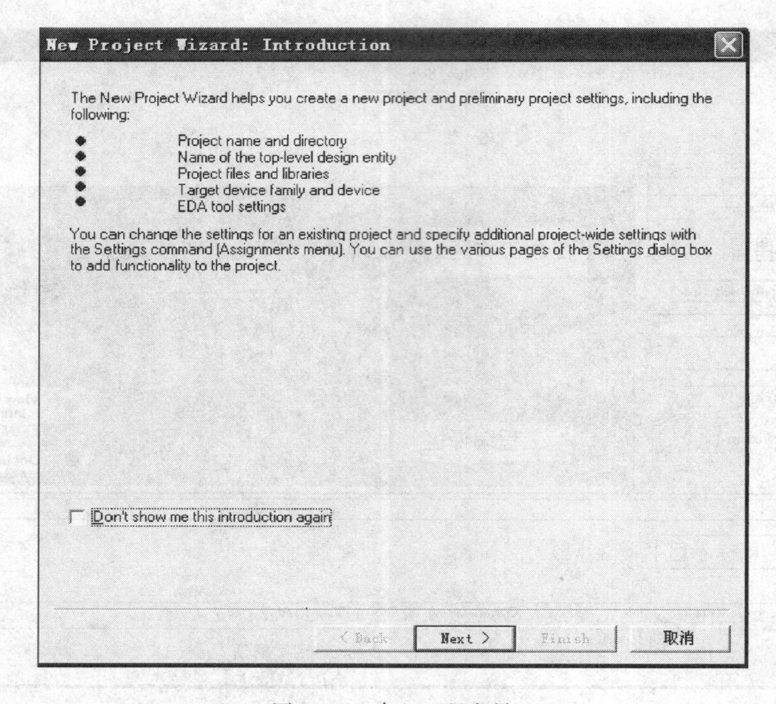

图 3-14　建立工程向导

（2）单击“Next”，进入第一步，选择工程路径名、顶层模块名。需要注意的是，命名或路径中只能由英文字母、数字和下画线组成，且只能以英文字母作开头，其中绝不能出现任何汉字形式，否则无效。界面如图 3-15 所示。

（3）单击“Next”，进入添加设计文件界面，如图 3-16 所示。

（4）单击“Next”，在选择目标器件界面选择合适的 FPGA 芯片型号，务必要与自己使用的开发板及芯片相匹配，如图 3-17 所示。

（5）单击“Next”，在此选择 EDA 综合、仿真、时序分析工具，这些工具在此后进一步的学习中会经常用到，如图 3-18 所示。

（6）最后，确认工程信息，完成工程创建，如图 3-19 所示。

建立工程后可以使用“Assignment”菜单下的“Settings”对话框修改工程设置，在工程中添加和删除设计和其他文件。在执行 Quartus Ⅱ Analysis & Synthesis 期间，Quartus Ⅱ 软件将按“Add/Remove”页中显示的顺序处理文件。工程设置对话框如图 3-20 所示。

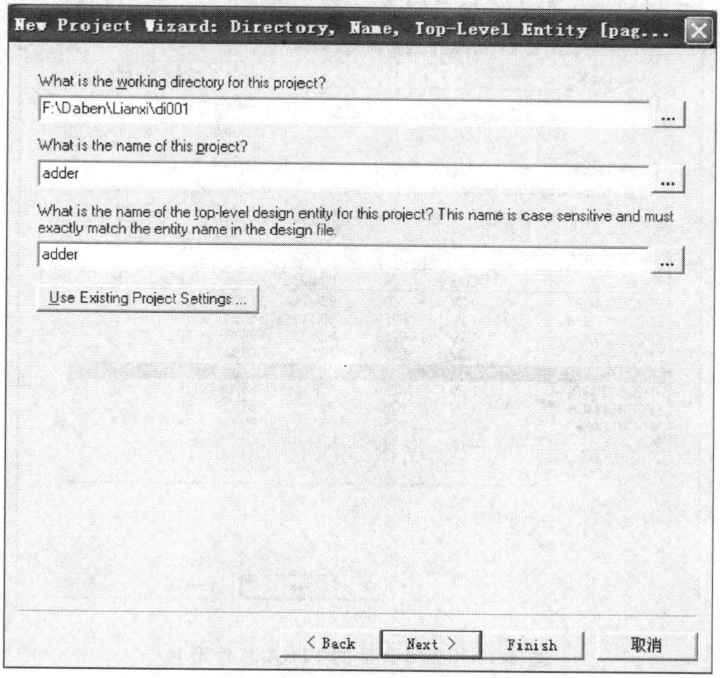

New Project Wizard: Directory, Name, Top-Level Entity [pag...

What is the working directory for this project?

F:\Daben\Lianxi\di001

What is the name of this project?

adder

What is the name of the top-level design entity for this project? This name is case sensitive and must exactly match the entity name in the design file.

adder

Use Existing Project Settings ...

< Back　Next >　Finish　取消

图 3-15　选择工程路径名、顶层模块名

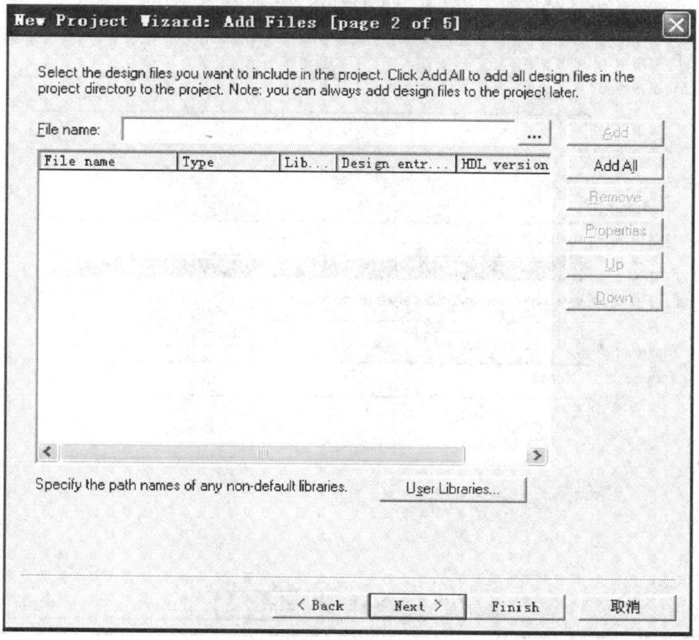

New Project Wizard: Add Files [page 2 of 5]

Select the design files you want to include in the project. Click Add All to add all design files in the project directory to the project. Note: you can always add design files to the project later.

File name:

File name	Type	Lib...	Design entr...	HDL version

Add　Add All　Remove　Properties　Up　Down

Specify the path names of any non-default libraries.　User Libraries...

< Back　Next >　Finish　取消

图 3-16　添加设计文件

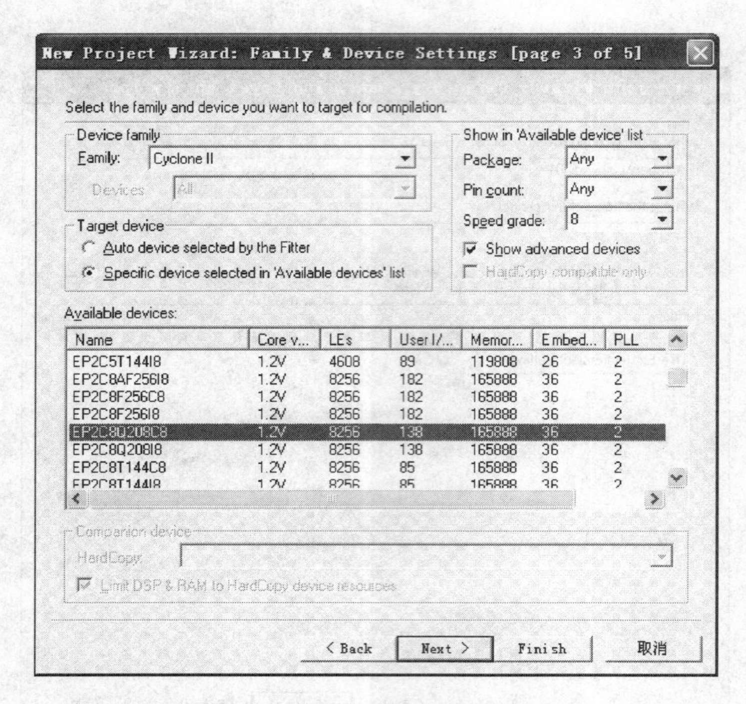

图 3-17　选择合适的 FPGA 芯片型号

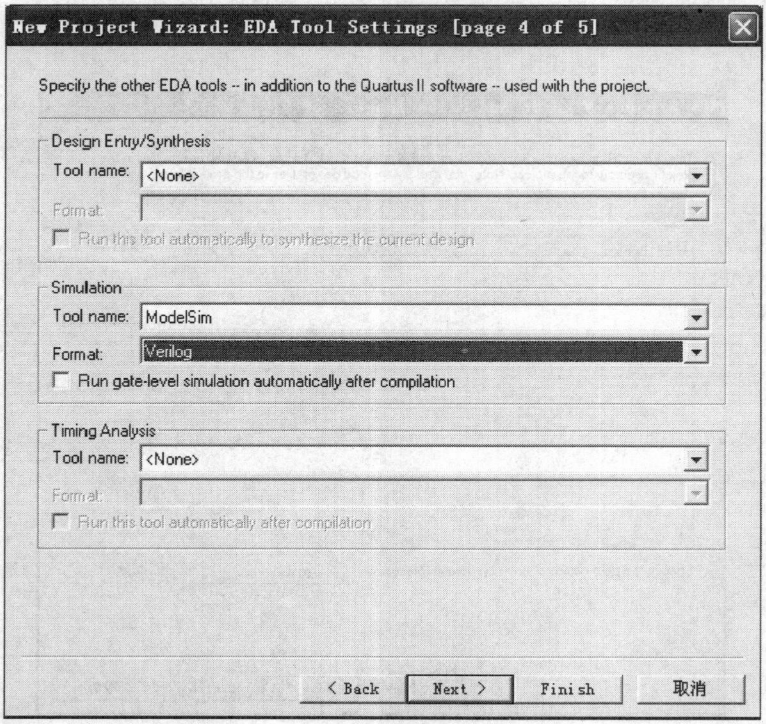

New Project Wizard: EDA Tool Settings [page 4 of 5]

Specify the other EDA tools -- in addition to the Quartus II software -- used with the project.

Design Entry/Synthesis
Tool name: <None>
Format:
Run this tool automatically to synthesize the current design

Simulation
Tool name: ModelSim
Format: Verilog
Run gate-level simulation automatically after compilation

Timing Analysis
Tool name: <None>
Format:
Run this tool automatically after compilation

< Back　Next >　Finish　取消

图 3-18　选择 EDA 综合、仿真、时序分析工具

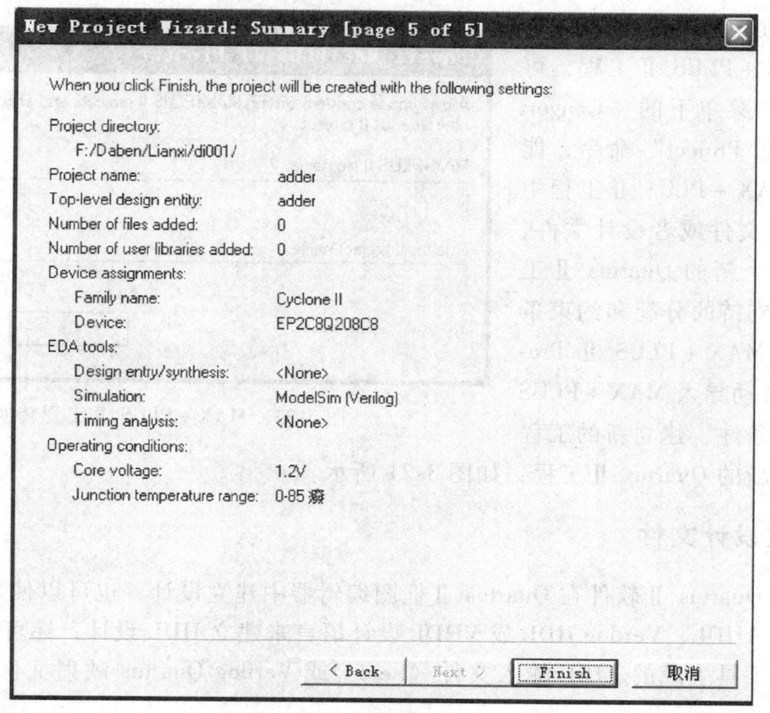

图 3-19 确认工程信息

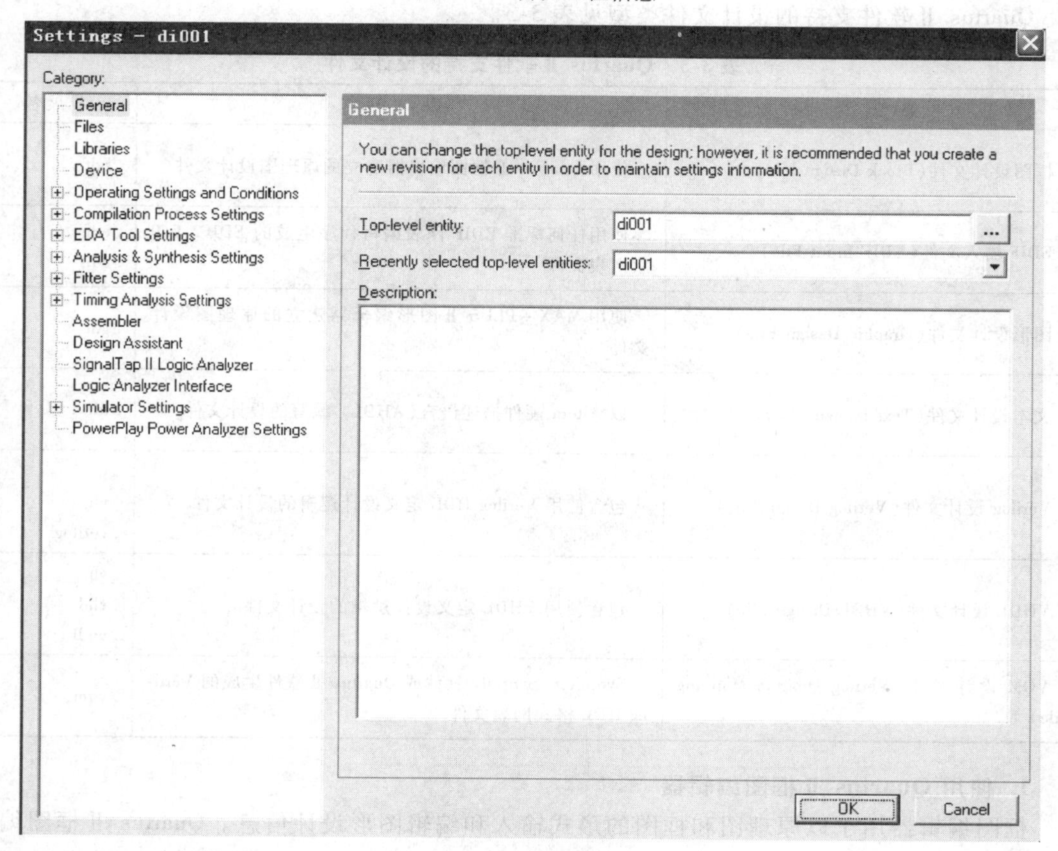

图 3-20 工程设置对话框

如果想通过 Quartus Ⅱ软件查看或编辑 MAX + PLUS Ⅱ工程，可以使用“File”菜单下的“Convert MAX + PLUS Ⅱ Project”命令，能够从原有的 MAX + PLUS Ⅱ工程中选定一个 . acf 文件或者设计文件，将其转换为一个新的 Quartus Ⅱ工程，包含所有支持的分配和约束条件。“Convert MAX + PLUS Ⅱ Project”命令会自动导入 MAX + PLUS Ⅱ分配和约束条件、建立新的工程文件，并打开新的 Quartus Ⅱ工程，如图 3-21 所示。

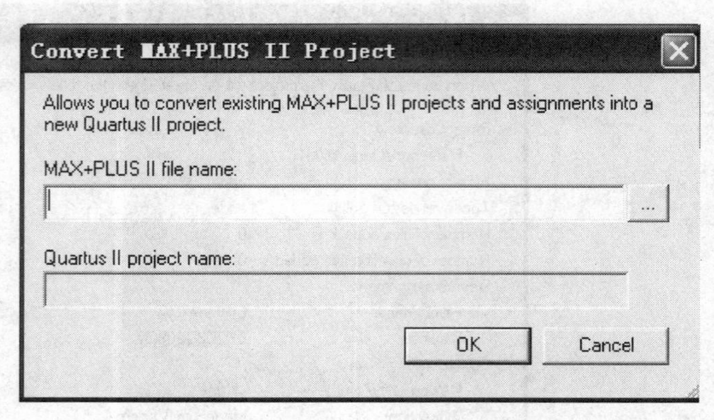

图 3-21 MAX + PLUS Ⅱ工程转换

3.3.2 建立设计文件

可以使用 Quartus Ⅱ软件在 Quartus Ⅱ框图编辑器中建立设计，也可以使用 Quartus Ⅱ文本编辑器通过 AHDL、Verilog HDL 或 VHDL 设计语言来建立 HDL 设计，还可以采用 EDA 设计输入和综合工具生成的 EDIF 输入文件（. edf）或 Verilog Quartus 映射文件（. vqm）建立的设计。

Quartus Ⅱ软件支持的设计文件类型见表 3-3。

表 3-3 Quartus Ⅱ软件支持的设计文件

类 型	说 明	扩展名
框图设计文件(Block Design File)	使用 Quartus Ⅱ框图编辑器建立的原理图设计文件	. bdf
EDIF 输入文件(EDIF Input File)	使用任何标准 EDIF 网表编写程序生成的 EDIF2. 0. 0 版网表文件	. edf . edif
图形设计文件(Graphic Design File)	使用 MAX + PLUS Ⅱ图形编辑器建立的原理图设计文件	. gdf
文本设计文件(Text Design File)	以 Altera 硬件描述语言(AHDL)编写的设计文件	. tdf
Verilog 设计文件(Verilog Design File)	包含使用 Verilog HDL 定义设计逻辑的设计文件	. v . vlg . verilog
VHDL 设计文件(VHDL Design File)	包含使用 VHDL 定义设计逻辑的设计文件	. vh . vhd . vhdl
VQM 设计文件(Verilog Quartus Mapping File)	Synplicity Synplify 软件或 Quartus Ⅱ软件生成的 Verilog HDL 格式网表文件	. vqm

1. 使用 Quartus Ⅱ框图编辑器

框图编辑器用于以原理图和框图的形式输入和编辑图形设计信息。Quartus Ⅱ框图编辑器读取并编辑框图设计文件（Block Design Files）和 MAX + PLUS Ⅱ图形设计文件（Graphic

Design Files)，可以在 Quartus Ⅱ软件中打开图形设计文件并将其另存为框图设计文件。框图编辑器替换来自 MAX + PLUS Ⅱ 软件的图形编辑器。

每一个框图设计文件包含设计中代表逻辑的框图和符号。框图编辑器将每一个框图、原理图或者符号代表的设计逻辑合并到工程中。

可以用框图设计文件中的框图建立新设计文件，在修改框图和符号时更新设计文件，也可以在框图设计文件的基础上生成框图设计文件（. bsf)，AHDL包含文件（. inc）和HDL文件。还可以在编译之前分析框图设计文件是否出错。框图编辑器提供有助于用户在框图设计文件中连接框图和基本单元（包括总线和节点连接以及信号名称映射）的一组工具。

可以更改框图编辑器的显示选项，例如根据个人偏好更改导向线和网格间距、橡皮带式生成线、颜色和像素、缩放以及不同的框图和基本单元属性。

2. 使用 Quartus Ⅱ文本编辑器

Quartus Ⅱ文本编辑器是一个灵活的工具，用于以 AHDL、VHDL 和 Verilog HDL 以及 Tcl 脚本语言输入文本型设计。还可以使用文本编辑器输入、编辑和查看其他 ASCⅡ 文本文件，包括为 Quartus Ⅱ软件或由 Quartus Ⅱ软件建立的文本文件。

3. 使用 Quartus Ⅱ符号编辑器

符号编辑器用于查看和编辑代表宏功能、宏功能模块、基本单元或设计文件的预定义符号。每个符号编辑器文件代表一个符号。对于每个符号文件，均可以从包含 Altera 宏功能模块和 LPM 功能的库中选择。可以自定义这些框图符号文件，然后将这些符号添加到使用框图编辑器建立的原理图中。符号编辑器读取并编辑框图符号文件和 MAX + PLUS Ⅱ 符号文件（. sym)，并将这两种类型的文件存储为框图符号文件。

4. 使用 Verilog HDL、VHDL 与 AHDL

可以使用 Quartus Ⅱ文本编辑器或其他文本编辑器建立文本设计文件 Verilog 和 VHDL 设计文件，并在层次化设计中将这些文件与其他类型设计文件相组合。

Verilog 和 VHDL 设计文件可以包含 Quartus Ⅱ支持构造的任意组合，还可以包含 Altera 提供的逻辑功能，如基本单元和宏功能模块以及用户自定义的逻辑功能。

在文本编辑器中，使用“Create/Update”命令（“File”菜单下）从当前的 VerilogHDL 或 VHDL 设计文件中建立框图符号文件，然后将其合并到框图设计文件中。同样，可以建立代表 Verilog HDL 或 VHDL 设计文件的 AHDL 包含文件，并将其合并到 Text Design File 中或另一个 Verilog HDL 或 VHDL 设计文件中。

对于 VHDL 设计，可以在“Settings”对话框（“Assignments”菜单下）“Files”页面中，或者 Project Navigator 的 Files 标签选项中指定 VHDL 库的名称。

AHDL 是一种完全集成到 Quartus Ⅱ系统中的高级模块化语言。AHDL 支持布尔等式、状态机、条件逻辑和解码逻辑。AHDL 还可用于建立和使用参数化功能，并全面支持 LPM 功能。AHDL 特别适合设计复杂的组合逻辑、批处理、状态机、真值表和参数化逻辑。

5. 使用 Altera 宏功能模块

Altera 宏功能模块是复杂的高级构建模块，可以在 Quartus Ⅱ设计文件中与逻辑门和触发器基本单元一起使用。Altera 提供的参数化宏功能模块和 LPM 功能均为 Altera 器件结构做了优化，必须使用宏功能模块才可以使用一些 Altera 专用器件的功能，例如，存储器、DSP 块、LVDS 驱动器、PLL 以及 SERDES（并串行与串并行转换器）和 DDIO（Double Data rate Input/Output）电路。

可以使用“MegaWizard Plug-In Manager”（“Tools”菜单下）建立Altera宏功能模块、LPM功能和IP功能，用于Quartus Ⅱ软件和EDA设计输入与综合工具中的设计。表3-4中列出了能够由MegaWizard Plug-In Manager建立的Altera提供的宏功能模块和LPM功能类型。

表3-4 宏功能模块和功能类型

类型	说明
算术组件	包括累加器、加法器、乘法器和LPM算术功能
逻辑门	包括多路复用器和LPM门功能
I/O组件	包括时钟数据恢复（CDR）、锁相环（PLL）、双数据速率（DDR）、千兆收发器块（GXB）、LVDS接收器和发送器、PLL重新配置和远程更新宏功能模块
存储器编译器	包括FIFO Partitioner、RAM和ROM宏功能模块
存储组件存储器	移位寄存器宏功能模块和LPM存储器功能

3.3.3 原理图输入方法

在软件界面选择菜单“File”→“New”，弹出新建设计文件类型对话框，并在“Design Files”项下选择“Block Diagram/Schematic File”，如图3-22所示。

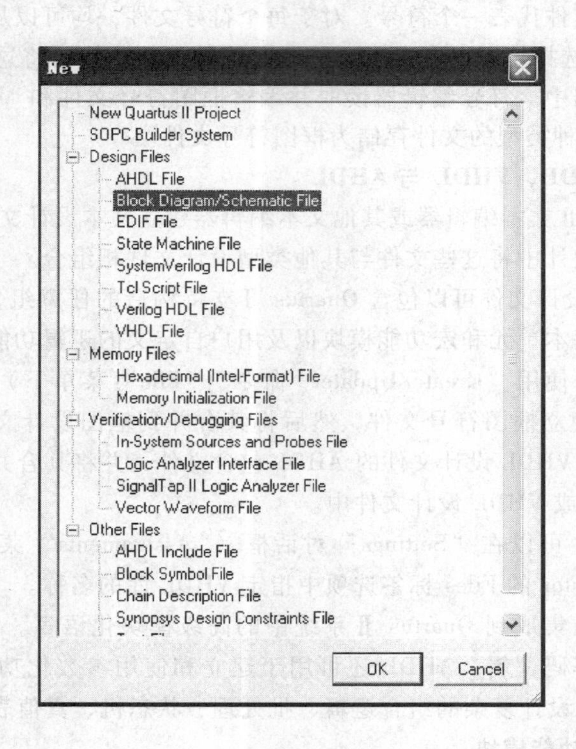

图3-22 新建原理图设计文件

在图3-23所示的原理图输入界面中输入设计的原理图。在“Edit”菜单下选择“Insert Symbol”，弹出如图3-24所示对话框，在此选择设计输入需要的各种元器件，添加进原理图。

元器件添加完毕并连接，完成原理图设计并保存，图3-25为半加器原理图。

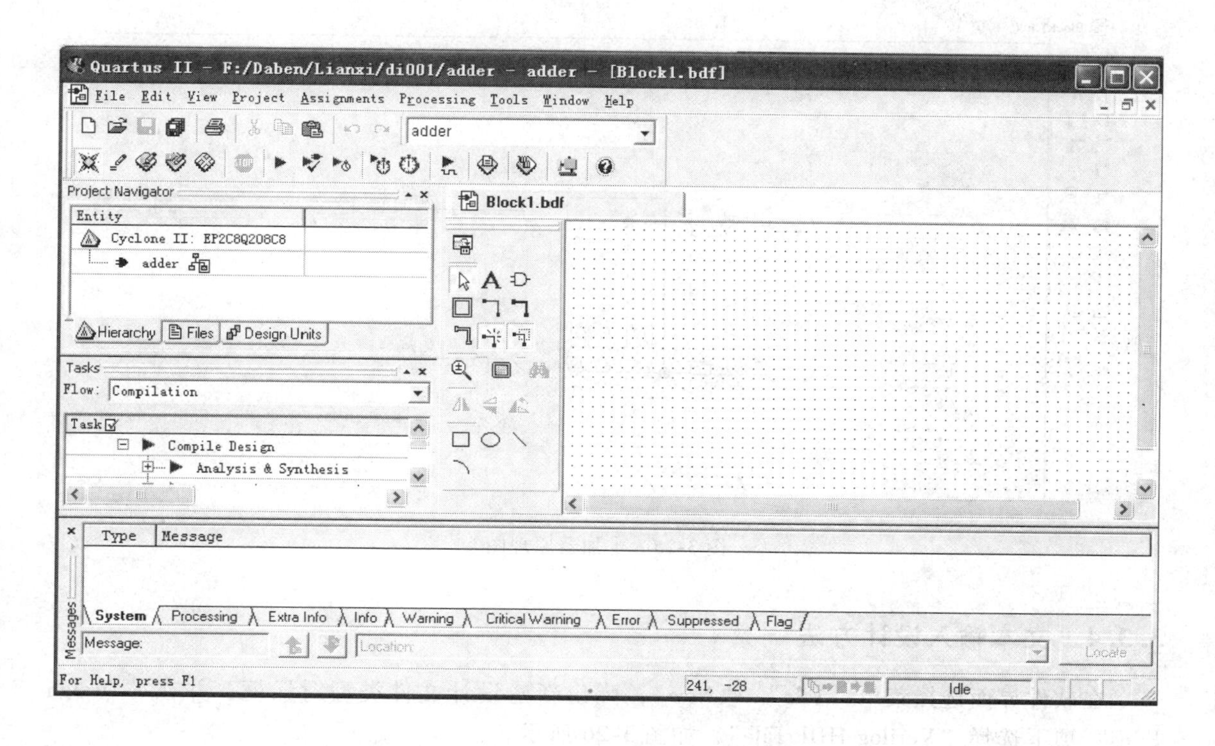

图 3-23 原理图输入界面

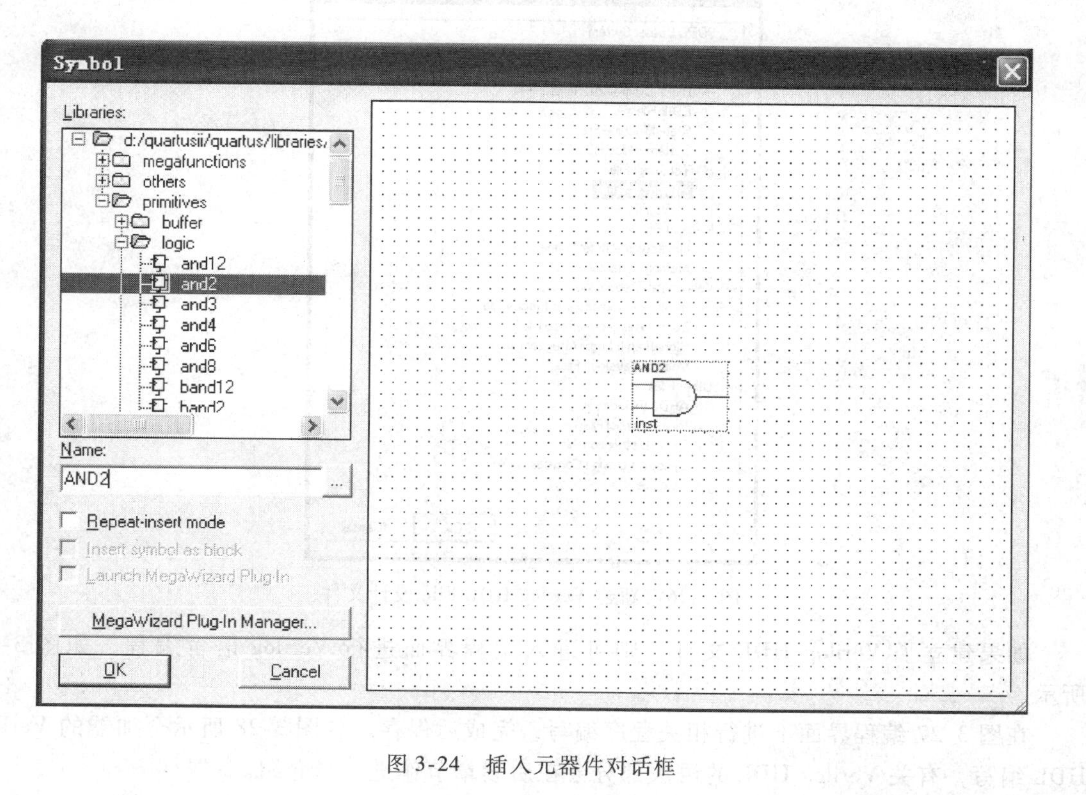

图 3-24 插入元器件对话框

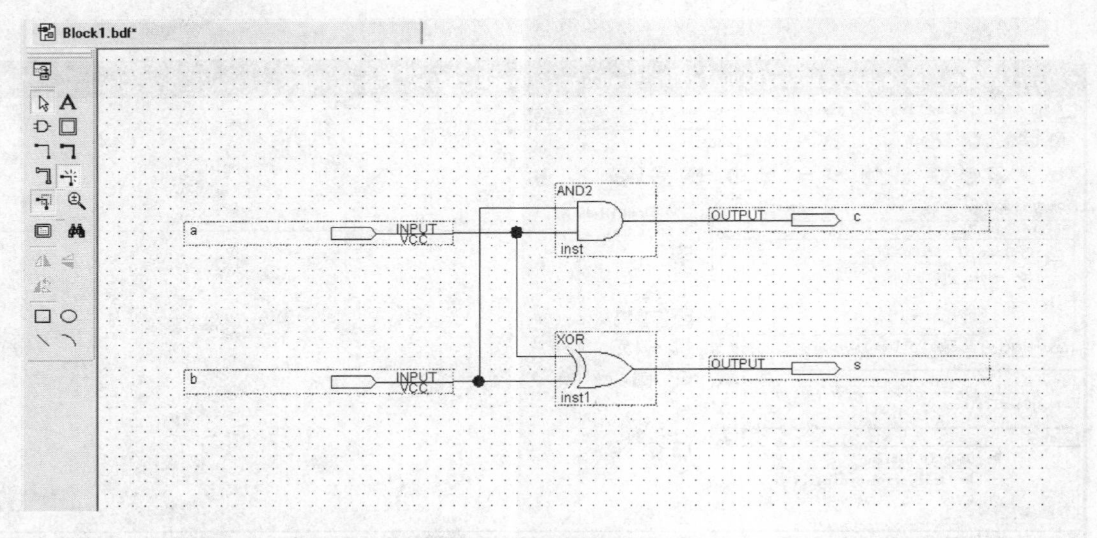

图 3-25　半加器原理图

3.3.4　文本输入设计方法

在软件界面选择菜单“File”→“New”，弹出新建设计文件类型对话框，并在“Design Files”项下选择“Verilog HDL File”，如图 3-26 所示。

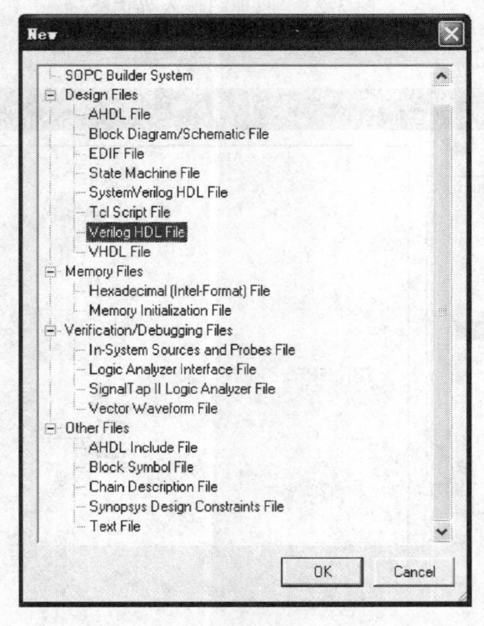

图 3-26　新建 Verilog HDL File 设计文件

如果建立了 Verilog HDL 文件，则可进入编程界面进行 Verilog 语言编程，如图 3-27 所示。

在图 3-27 编程界面下进行相关程序编写，完成后保存。如图 3-28 所示全加器的 Verilog HDL 编写，有关 Verilog HDL 的语法部分会在后续章节作进一步介绍。

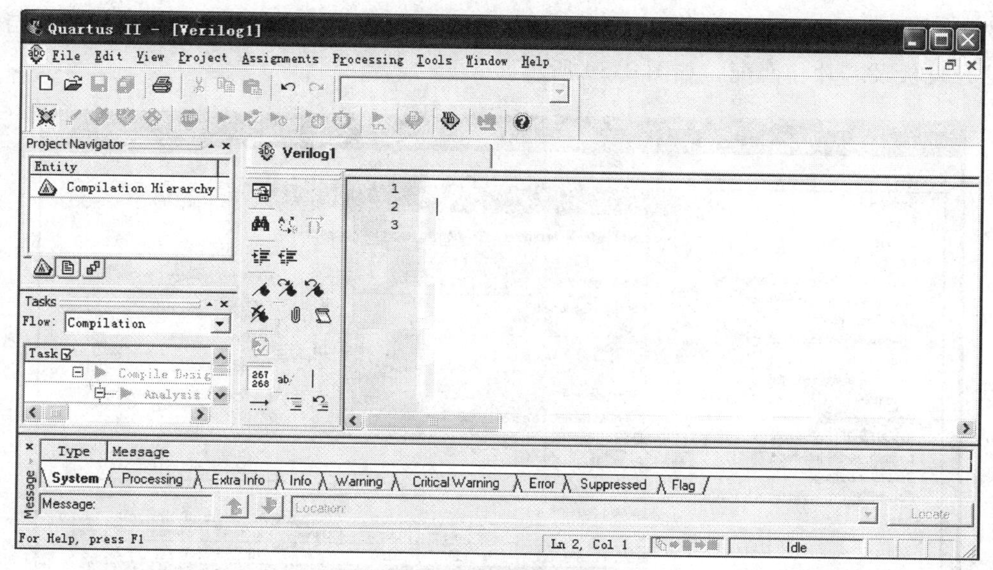

图 3-27　Verilog HDL 编程界面

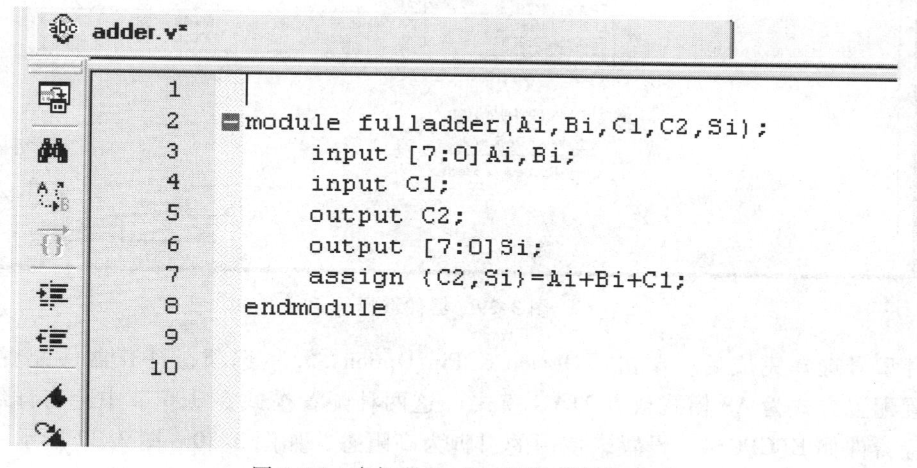

图 3-28　全加器 Verilog HDL 设计输入

3.3.5　编译

无论采用原理图输入法还是文本设计输入法，完成设计输入之后，下一步就要对设计进行编译。

选择“Processing”菜单下的“Start Compilation”选项进行全编译。

查看信息提示区的“Message”，有错误的话，改正后再进行全编译（警告信息可以不做处理），直到没有错误，编译成功并生成编译报告。

3.4　约束输入

3.4.1　器件选择

在“Assignment”菜单下选中“Device”选项，进入“Setting”界面，选择目标器件合适的 FPGA 芯片型号，如 Cyclone Ⅱ 系列 EP2C8Q208C8，速度等级为 8，所选型号要与自己使用的开发板及芯片相匹配，如图 3-29 所示。

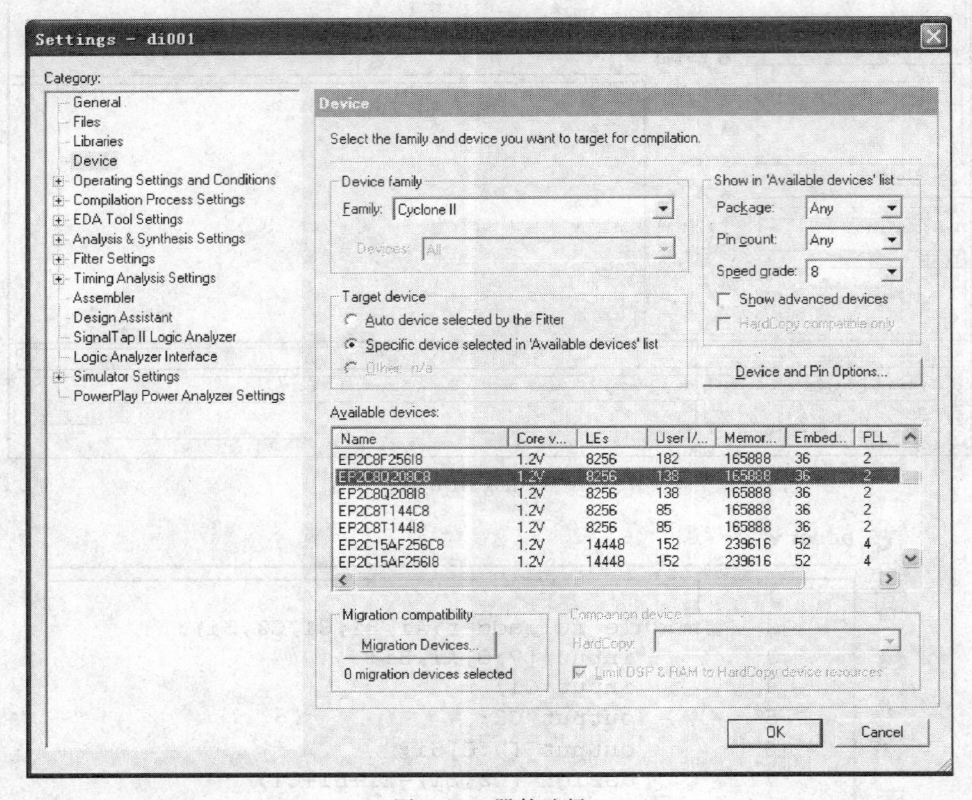

图 3-29　器件选择

器件型号选择完成后，单击 “Device & Pin Options...” 选项，打开器件配置对话框。在此设置配置方式为 AS 模式或者 JTAG 模式（这两种配置模式在 3.6 节中会有详细介绍），选择配置器件如 EPCPCS4，设置未使用的引脚为高阻态，如图 3-30 ~ 图 3-32 所示。

3.4.2　引脚分配及验证

选择好器件后，还要为设计文件分配引脚。选择 “Assignment” 菜单下的 “Pin” 选项，进入 Pin Planner 窗口。它包括器件的封装视图，以不同的颜色和符号表示不同类型的引脚，并以其他符号表示 I/O 块，还包括已分配和未分配引脚的表格。Pin Planner（引脚分配）窗口如图 3-33 所示。

验证引脚分配步骤如下：Quartus Ⅱ软件允许用户使用 “Processing” 菜单下的 “Start” → “Start I/O Assignment Analysis” 命令验证引脚分配，包括位置、I/O 块和 I/O 标准分配。可以在设计过程的任何阶段使用此命令来验证分配的准确性，更快地建立最终引出脚。使用此命令无须设计文件，并且可以在设计编译之前验证引出脚。

3.4.3　使用 “Assignment Editor” 和 “Settings” 对话框

1. 使用 “Assignment Editor” 对话框

Assignment Editor（分配编辑）界面用于在 Quartus Ⅱ 软件中建立、编辑节点和实体级别

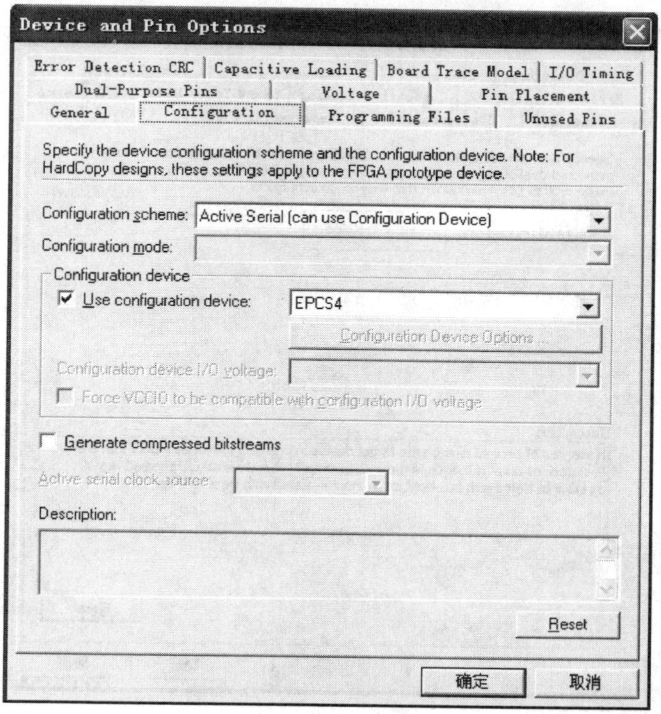

Device and Pin Options

Error Detection CRC | Capacitive Loading | Board Trace Model | I/O Timing
Dual-Purpose Pins | Voltage | Pin Placement
General | Configuration | Programming Files | Unused Pins

Specify the device configuration scheme and the configuration device. Note: For HardCopy designs, these settings apply to the FPGA prototype device.

Configuration scheme: Active Serial (can use Configuration Device)
Configuration mode:
Configuration device
Use configuration device: EPCS4
Configuration Device Options...
Configuration device I/O voltage:
Force VCCIO to be compatible with configuration I/O voltage
Generate compressed bitstreams
Active serial clock source:
Description:
Reset
确定　取消

图 3-30　选择配置器件及模式

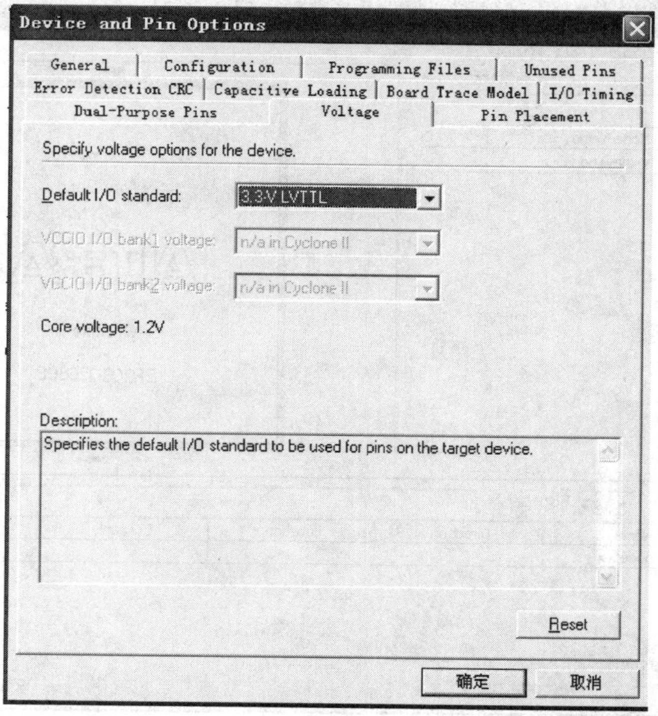

Device and Pin Options

General | Configuration | Programming Files | Unused Pins
Error Detection CRC | Capacitive Loading | Board Trace Model | I/O Timing
Dual-Purpose Pins | Voltage | Pin Placement

Specify voltage options for the device.

Default I/O standard: 3.3-V LVTTL
VCCIO I/O bank1 voltage: n/a in Cyclone II
VCCIO I/O bank2 voltage: n/a in Cyclone II
Core voltage: 1.2V
Description:
Specifies the default I/O standard to be used for pins on the target device.
Reset
确定　取消

图 3-31　电压设置

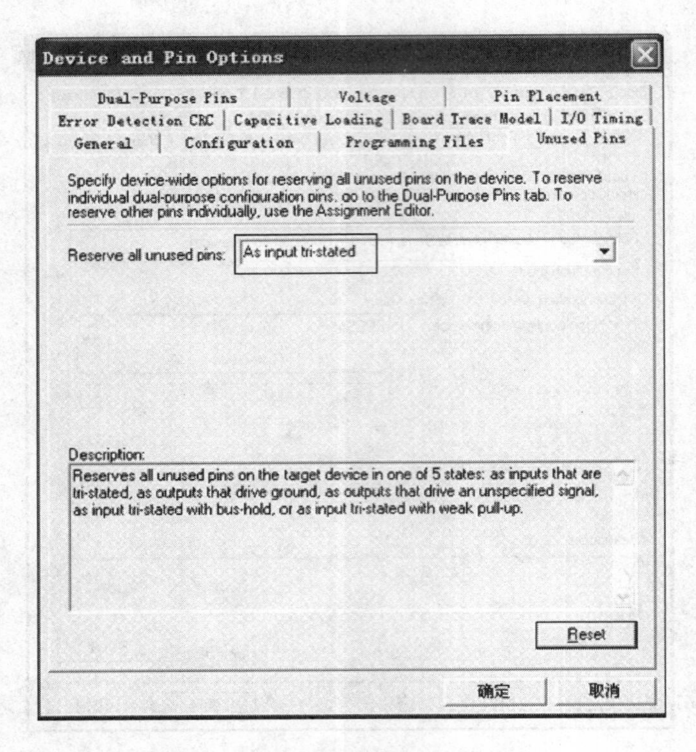

图 3-32　设置未使用管脚为高阻态

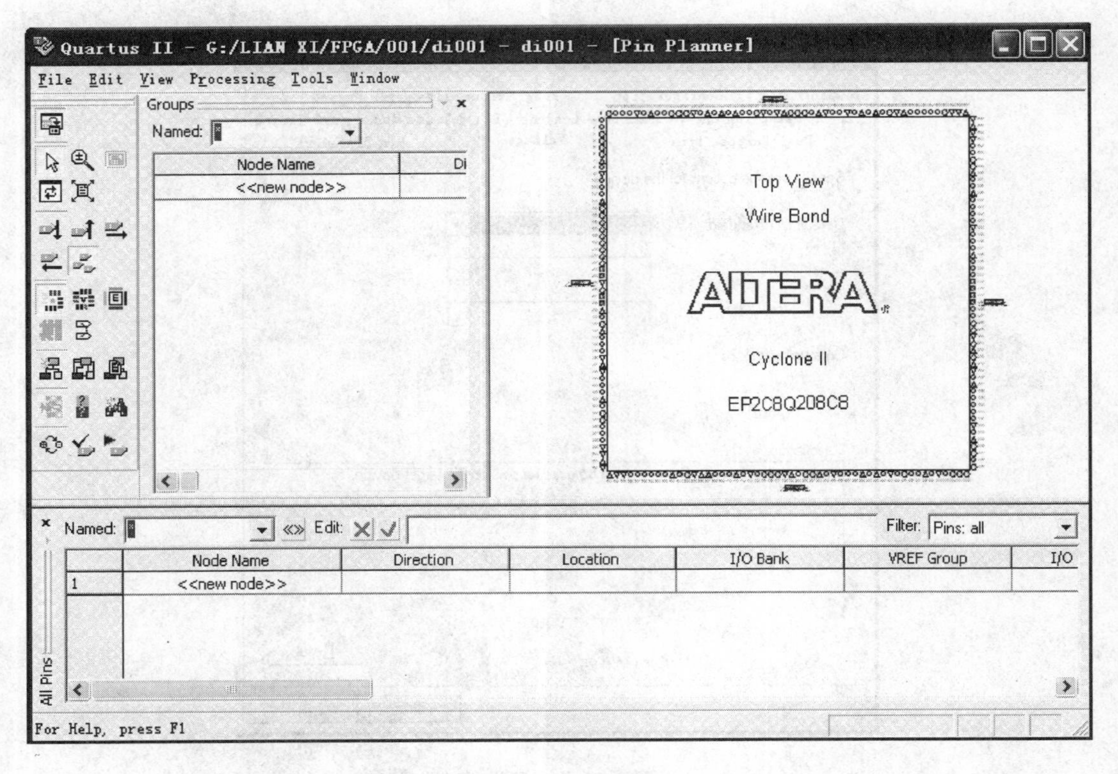

图 3-33　“Pin Planner”（引脚分配）窗口

分配。分配用于在设计中为逻辑指定各种选项和设置，包括位置、I/O 标准、时序、逻辑选项、参数、仿真和引脚分配，如图 3-34 所示。

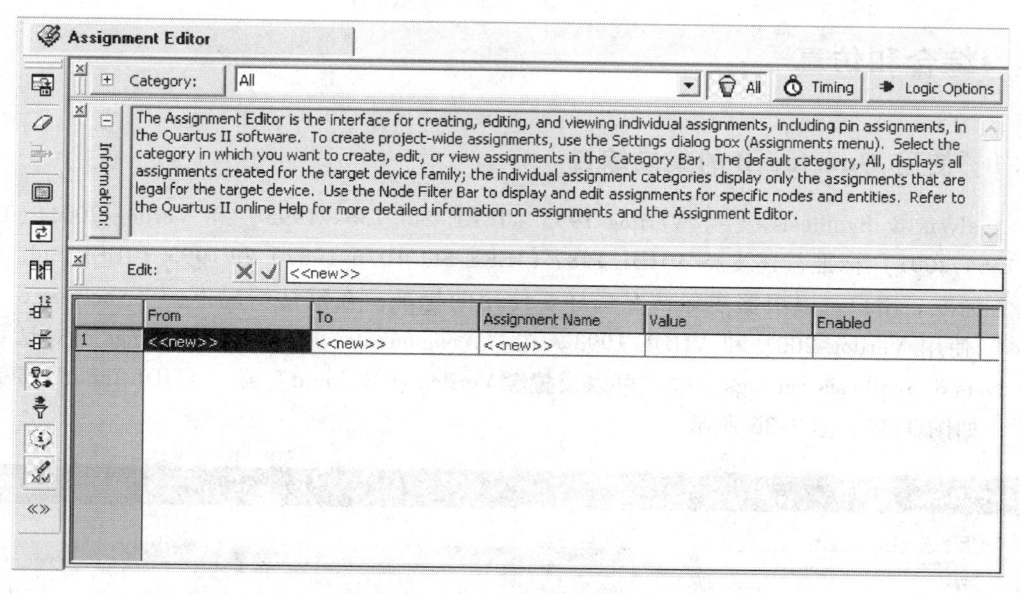

图 3-34 “Assignment Editor” 界面

使用 Assignment Editor 可以选择分配类别，使用 Quartus Ⅱ Node Finder 选择要约束的特定节点和实体，显示有关特定约束的信息，添加、编辑或删除选定节点的分配。

使用 Assignment Editor 进行分配的基本步骤如下：

1）在 “Assignments” 菜单下打开 “Assignment Editor” 对话框。

2）在 “Category” 栏中选择相应的分配类别。

3）在 “Node Filter” 栏中指定相应的节点或实体，或使用 “Node Finder” 对话框查找特定的节点或实体。

4）在显示当前设计分配的电子表格中，添加相应的分配信息。

2. 使用 “Settings” 对话框

可以使用 “Assignments” 菜单下的 “Settings” 对话框为工程指定分配，设置工程综合、适配、仿真和时序分析选项。使用 Settings 对话框部分功能如下：

1）修改工程设置：为工程和修订信息指定和查看当前顶层实体，从工程中添加和删除文件，指定自定义的用户库，器件选项，移植器件。

2）指定 EDA 工具设置：为设计输入、综合、仿真、时序分析、板级验证、正规验证、物理综合以及相关工具选项指定 EDA 工具。

3）指定 Analysis & Synthesis 设置：用于 Analysis & Synthesis、Verilog HDL 和 VHDL 输入设置、默认设计参数和综合网表优化选项工程范围内的设置。

4）指定编译选项：引脚分配、器件选择、移植器件、编译模式、布局布线、综合选项和网表优化选项等。

5）指定时序分析设置：为工程设置默认频率，定义各时钟的设置、延时要求和路径排除选项以及时序分析报告选项。

6）指定 Simulator 设置：模式（功能或时序）、源向量文件、仿真周期以及仿真检测选项。

7）指定 Design Assistant、Signal Tap Ⅱ、Signal Probe 和 Hard Copy 设置。

3.5 综合和仿真

3.5.1 使用 Quartus Ⅱ的集成综合

Analysis & Synthesis 支持 Verilog-1995（IEEE Std. 1364-1995）和 Verilog-2001（IEEE Std. 1364-2001）标准，还支持 VHDL 1987（IEEE Std. 1076-1987）和 1993（IEEE Std. 1076-1993）标准。用户可以根据实际情况选择要使用的标准，在默认情况下，“Analysis & Synthesis”使用 Verilog-2001 和 VHDL 1993。在“Assignments”菜单下“Settings”对话框的“Analysis & Synthesis Settings”中，可以设置“Verilog HDL Input”和“VHDL Input”页面的选项，如图 3-35、图 3-36 所示。

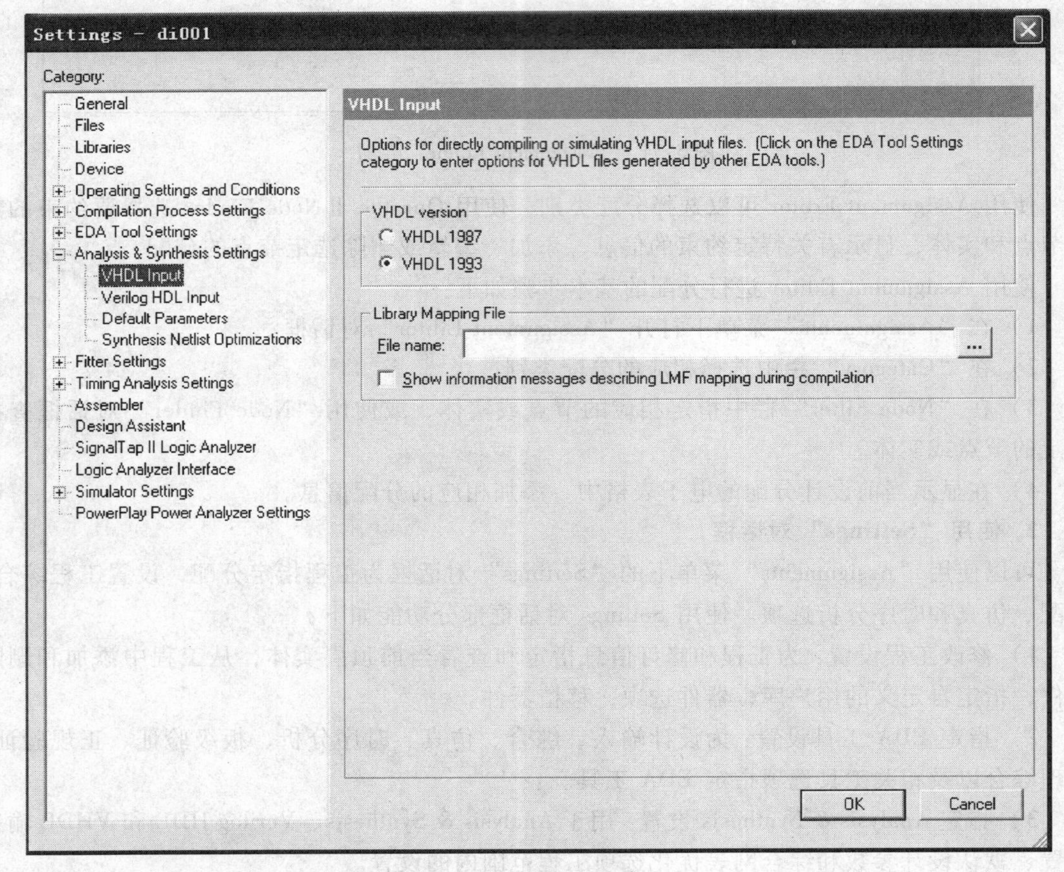

图 3-35 “Settings”对话框“VHDL Input”页面

使用“File”菜单下的“New Project Wizard”或“Settings”对话框的“Files”页面建立工程后，可以添加设计文件，或者在“Quartus Ⅱ Text Editor”中编辑文件，保存文件时，系统提示用户将其添加至当前工程中。

在将文件添加至工程中时，应按照处理这些文件的顺序来添加。此外，如果使用 VHDL

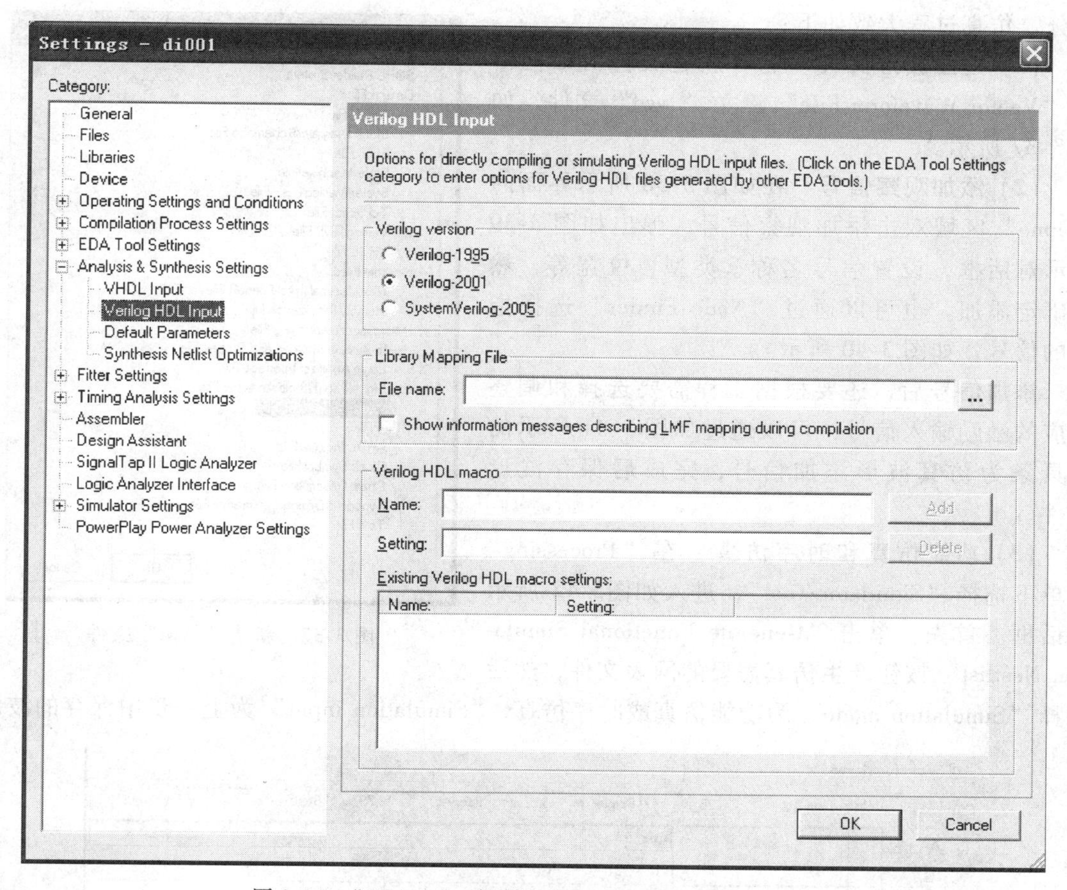

图 3-36 “Settings”对话框“Verilog HDL Input”页面

设计，可以在“Files”页面的“Propertiesd”对话框中，指定设计的 VHDL 库。如果不指定 VHDL 库，“Analysis & Synthesis”会将 VHDL 实体编译进 work 库中。

“Analysis & Synthesis”构建单个工程数据库，将所有设计文件集成在设计实体或工程层次结构中。Quartus Ⅱ软件使用该数据库处理其余工程。其他 Compiler 模块更新该数据库，直到它包含完全优化的工程为止。该数据库仅包含原始网表，它包含完全优化且适配的工程，用于为时序仿真、时序分析、器件编程等建立一个或多个文件。

3.5.2 使用 Quartus Ⅱ的仿真器进行仿真设计

在 FPGA 设计实践中，工程编译没有错误并不代表逻辑电路就是正确的，也不一定能实现用户预期的效果，此时就需要通过仿真输出来验证逻辑的正确性。这也是进行 FPGA 相关开发过程中一个必不可少的环节，只有仿真通过了，才能下载到芯片进行板级调试。而完成了一个工程就直接板级调试的做法，效率较低，还会造成一些不必要的资源浪费，显得很不专业。

因此，FPGA 相关开发过程中，仿真是必不可少的重要环节。本节主要介绍如何使用 Quartus Ⅱ的仿真器进行仿真验证，第 8 章还会进一步讲解如何利用专业的仿真软件 ModelSim 进行功能仿真和时序仿真。

通过 Quartus Ⅱ的仿真器在工程中进行仿真，可以仿真整个设计，也可以仿真设计的一部分。仿真过程大致如下：

(1) 建立波形文件　选择新建文件对话框中的“Vector Waveform File”建立“.vwf”文件，如图 3-37 所示。

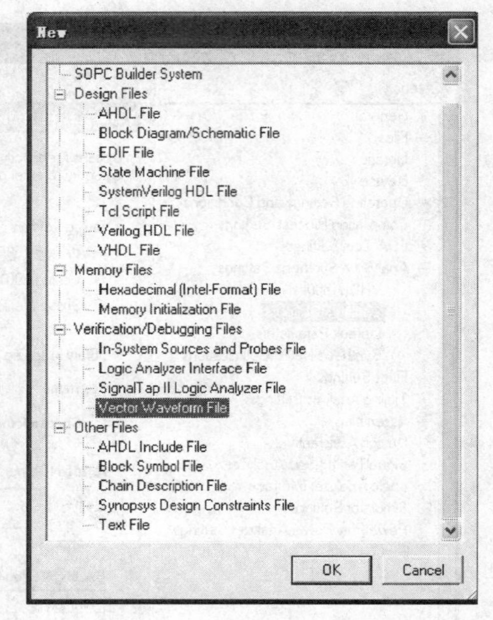

图 3-37　新建“.vwf”文件

(2) 添加观察信号　在如图 3-38 所示界面的“Name”区域双击添加观察信号，弹出如图 3-39 所示对话框，设置信号名称、类型、位宽等，然后确定添加。也可以通过“Node Finder”选择指定的信号，如图 3-40 所示。

添加信号后，还要根据工程需要选择和调整相应的激励输入信号，可以通过如图 3-41 所示的工具条为仿真波形添加信号，完成后保存波形文件。

(3) 功能仿真和时序仿真　在“Processing”菜单下选择“Simulator Tool”，进入如图3-42 所示对话框。首先，单击“Generate Functional Simulation Nestlist”按钮产生仿真需要的网表文件，然后选择“Simulation mode”为功能仿真或时序仿真，“Simulation input”为上一步中保存的波形

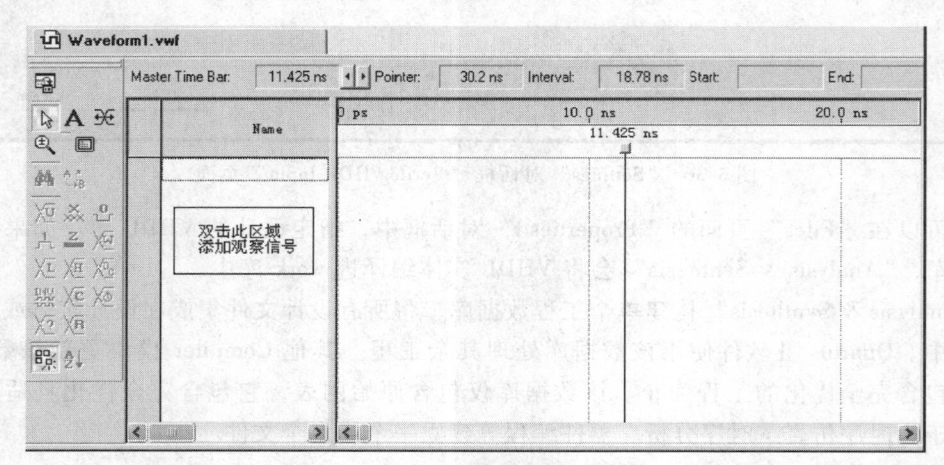

图 3-38　仿真界面添加信号界面

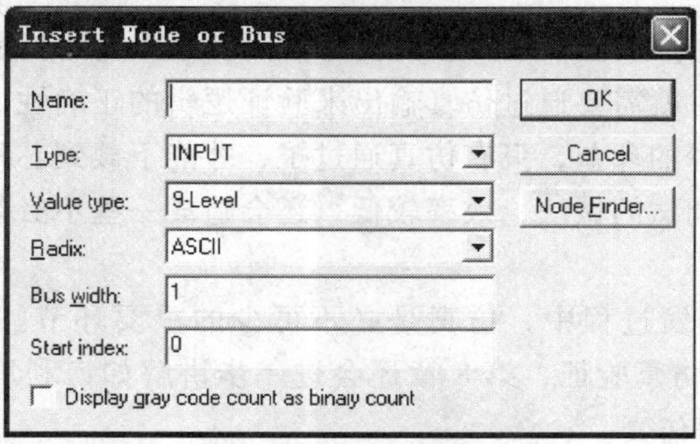

图 3-39　添加信号设置对话框

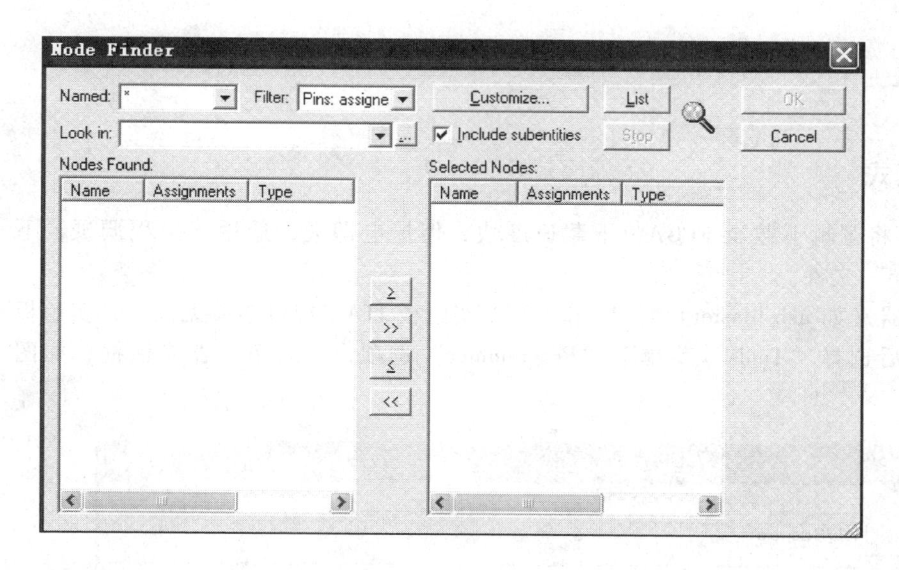

图 3-40　“Node Finder”对话框

图 3-41　添加信号工具条

图 3-42　仿真设置

文件；最后选中“Overwrite Simulation input file with simulation results”，否则不能显示仿真结果。

设置完成后，单击“Start”按钮开始仿真。仿真完成后，可以单击“Open”按钮打开仿真结果。

3.6 下载配置

3.6.1 JTAG 模式

JTAG 模式直接将逻辑下载至 FPGA，下载速度快，但掉电即失，适用于工程调试，下载文件类型为“.sof”文件。

首先确认下载器（如 usb blaster）将 PC 和 FPGA 实验板 JTAG 接口连接无误，且实验板处于上电状态。然后选择“Tools”菜单下“Programmer”选项，进入下载器对话框，如图 3-43 所示。

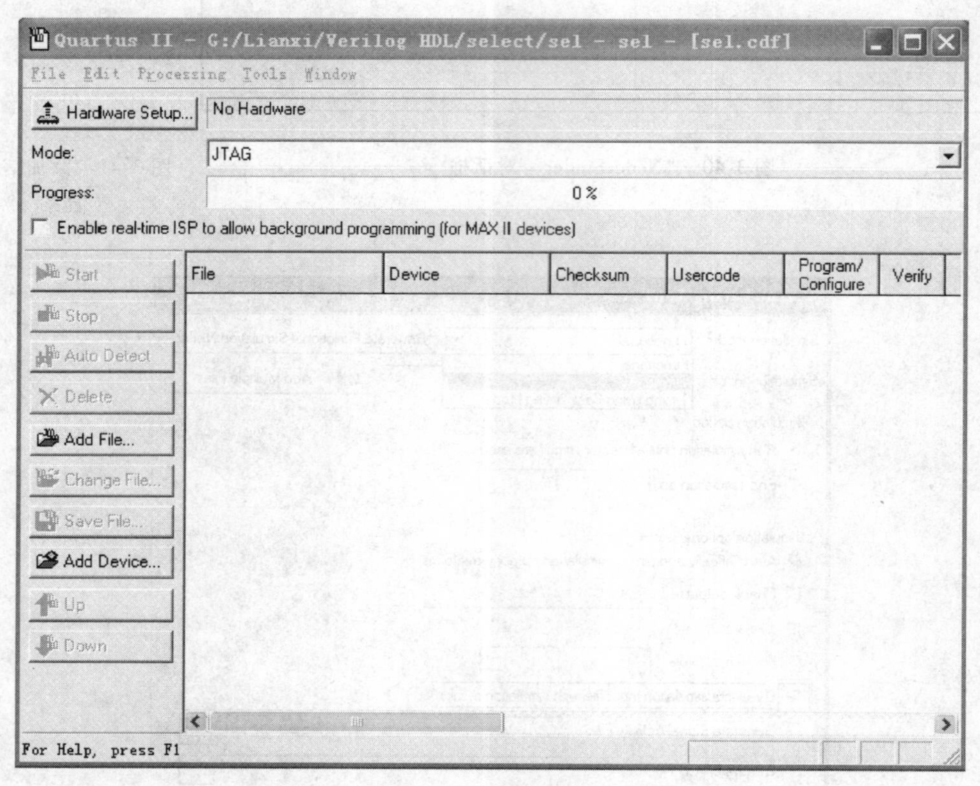

图 3-43 下载配置界面

单击“Hardware Step”选择连接的下载器类型，在“Mode”中选择 JTAG 模式，然后单击“Add File”添加下载文件“.sof”，最后单击“Start”即开始下载。

3.6.2 AS 模式

AS（Active Serial Programming）模式是指将逻辑下载到配置芯片（如 EPC1、EPC4、EPC16 等），下载速度相对较慢，但掉电不易失。下载后逻辑被固化在芯片中，下载文件为“.pof”文件。

首先确认下载器将 PC 和 FPGA 实验板 AS 接口连接无误，且实验板处于上电状态。然后选择“Tools”菜单下“Programmer”选项，进入下载器对话框，“Mode”设定为 AS 模式，其他设置与 JTAG 模式基本相同。

3.7 实例：3 线-8 线译码器设计与仿真

3.7.1 实例简介

此节将演示讲解如何利用 Quartus Ⅱ软件完成一个简单的 FPGA 实例设计——3 线-8 线译码器。该实例完整地展示了设计及仿真过程，便于读者对全章内容更深入的理解和进一步的学习。关于 3 线-8 线译码器的基本原理，读者可以参考数字电子技术的基础知识，这里不再赘述。

3.7.2 实例目的

（1）熟练应用 Quartus Ⅱ创建工程及源文件设计输入。
（2）理解并掌握 Quartus Ⅱ约束输入。
（3）理解并掌握 Quartus Ⅱ综合及仿真。
（4）熟悉 FPGA 下载配置及板级调试。

3.7.3 实例内容

1. 创建工程

创建一个名为“dec”的工程，具体步骤参见 3.3.1 节的内容。在此工程下采用文本设计输入方式，新建一个 Verilog HDL 文件，然后就可以在如图 3-44 所示编程界面输入源代码，本例比较简单，代码详见图 3-44 所示编程界面。

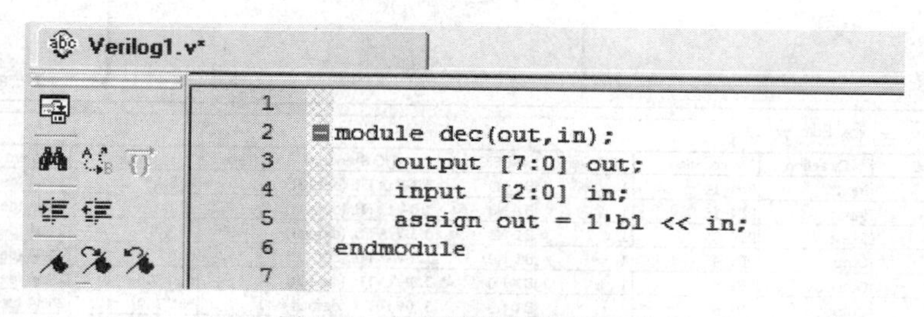

图 3-44 3-8 译码器编程界面

需要注意的是，“.v”文件及其他文件在未保存的状态下，右上角都会带有一个提示的“*”号。

编程结束后，保存“.v”文件，弹出如图 3-45 所示对话框，选择保存路径及文件名。

2. 约束条件

在“Assignments”菜单下选择“Device”，进行器件选择和相关设置，本例选择 EP2C8Q208C8，这部分内容参考 3.4.1 节即可。

在“Assignments”菜单下选择“Pin”，进入如图 3-46 所示的引脚分配界面。在“Node Name”一栏输入各个端口名，选择输入/输出类型，在“Location”一栏为各个端口分配合适的引脚，参考分配情况如图 3-46 所示。引脚分配完成后关闭该对话框即可，系统会自动保存此记录。

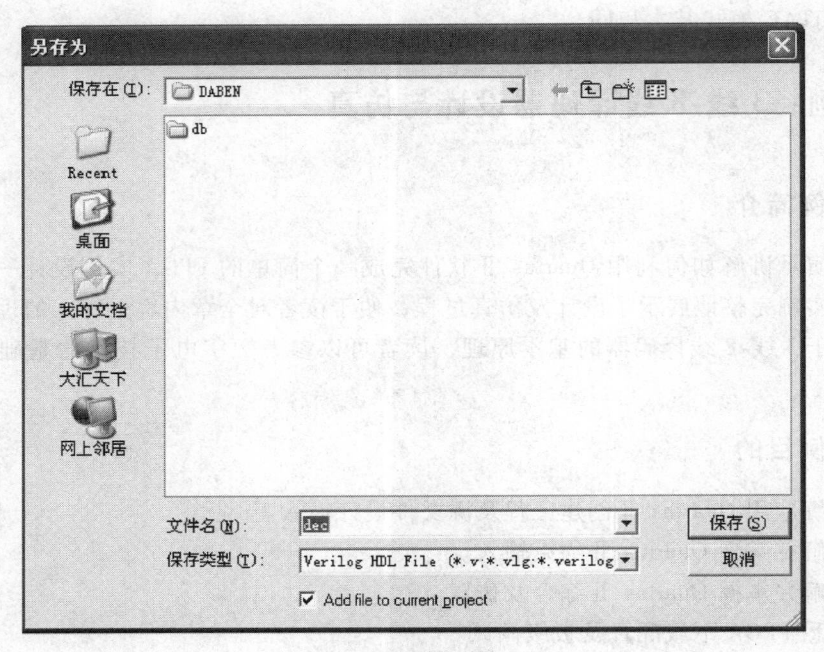

图 3-45 保存设计输入文件

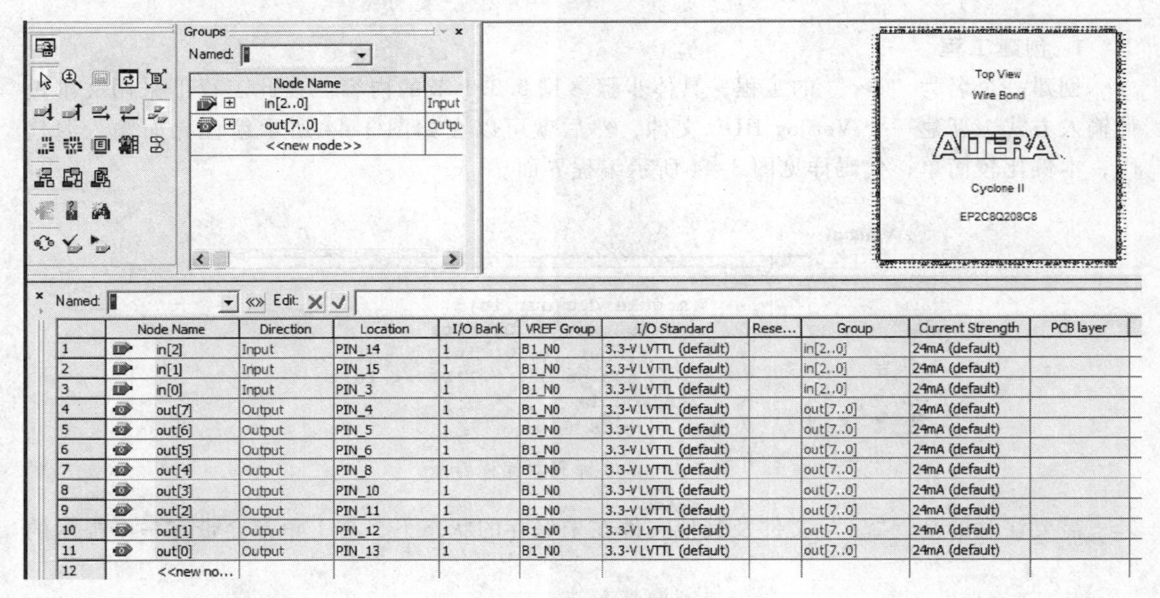

	Node Name	Direction	Location	I/O Bank	VREF Group	I/O Standard	Rese...	Group	Current Strength	PCB layer
1	in[2]	Input	PIN_14	1	B1_N0	3.3-V LVTTL (default)		in[2..0]	24mA (default)	
2	in[1]	Input	PIN_15	1	B1_N0	3.3-V LVTTL (default)		in[2..0]	24mA (default)	
3	in[0]	Input	PIN_3	1	B1_N0	3.3-V LVTTL (default)		in[2..0]	24mA (default)	
4	out[7]	Output	PIN_4	1	B1_N0	3.3-V LVTTL (default)		out[7..0]	24mA (default)	
5	out[6]	Output	PIN_5	1	B1_N0	3.3-V LVTTL (default)		out[7..0]	24mA (default)	
6	out[5]	Output	PIN_6	1	B1_N0	3.3-V LVTTL (default)		out[7..0]	24mA (default)	
7	out[4]	Output	PIN_8	1	B1_N0	3.3-V LVTTL (default)		out[7..0]	24mA (default)	
8	out[3]	Output	PIN_10	1	B1_N0	3.3-V LVTTL (default)		out[7..0]	24mA (default)	
9	out[2]	Output	PIN_11	1	B1_N0	3.3-V LVTTL (default)		out[7..0]	24mA (default)	
10	out[1]	Output	PIN_12	1	B1_N0	3.3-V LVTTL (default)		out[7..0]	24mA (default)	
11	out[0]	Output	PIN_13	1	B1_N0	3.3-V LVTTL (default)		out[7..0]	24mA (default)	
12	<<new no...									

图 3-46 参考引脚分配情况

3. 工程编译

最后单击"Processing"菜单下的"Start Compilation"进行一次全编译，如果编译成功后会弹出如图 3-47 所示的编译报告，其中显示了各种资源的使用情况，包括工程占用的逻辑资源、内部存储器资源以及使用的引脚数等。设计人员可以通过此报告核对工程所使用的芯片型号、PLL 个数等是否和设计之初一致。

此时，可以查看工程的工艺图、状态机以及 RTL 级原理图，在"Tool"菜单下的"Netlist"选项中分别选择"RTL Viewer"、"Technology Map Viewer"和"State Machine Vie-

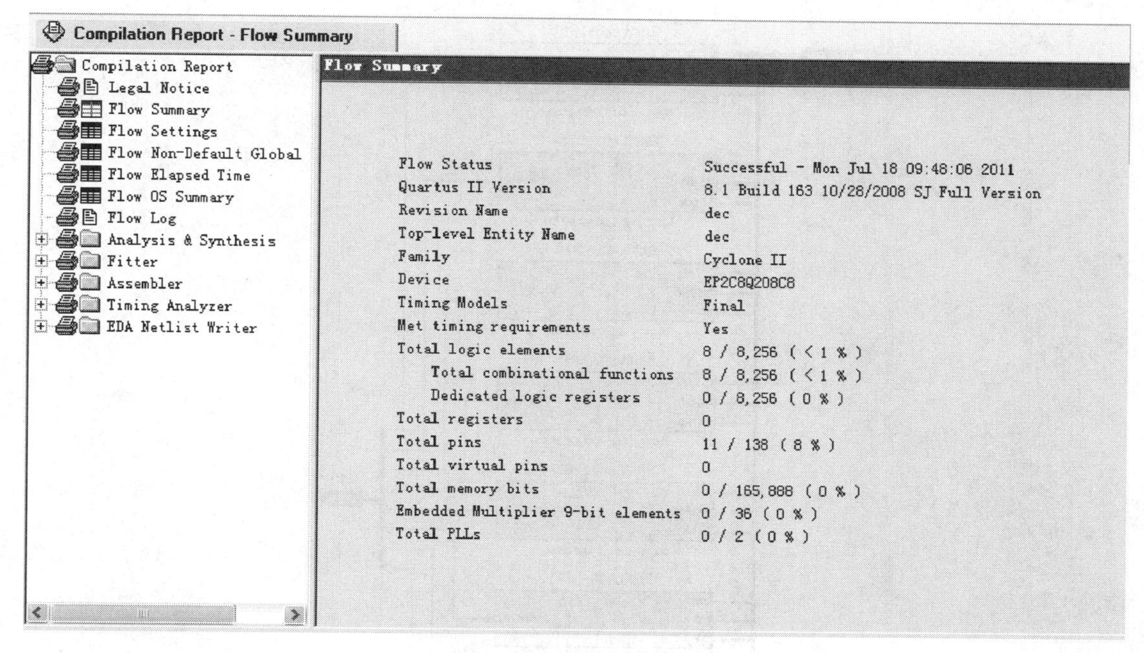

图 3-47　工程编译报告

wer”查看，如图 3-48、图 3-49 所示（本例中没有使用状态机，因此不能生成状态机原理图）。如果设计比较复杂，可进行分模块设计，此种情况下的 RTL 级视图中，各部分也会以模块形式展现，双击该模块就可以看到其底层 RTL 原理图。设计人员也可以利用这些原理图验证设计是否正确，能否达到想要的设计效果，以便于做出进一步的修正或改进。

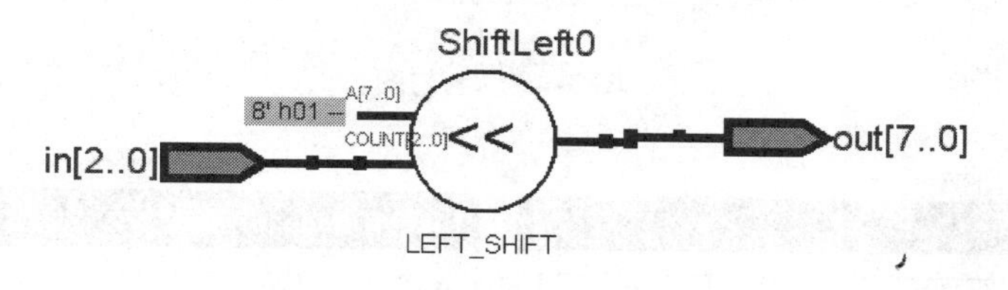

图 3-48　RTL 级原理图

4. 仿真验证

在“Insert Node or Bus”对话框，依次输入 in 和 out 两个端口信号，并作如图 3-50、图 3-51 设置。

需要注意的是，“Radix”一栏均选择为二进制形式以观察仿真结果，位宽分别设置为 3 和 8。

然后在 in 信号中选取最小信号周期（本例中为 10.0ns），双击该段，弹出如图 3-52 所示对话框，依次在每一段分别输入“000，001，010，011，100，101，110，111”8 段信号值，完成输入信号的添加。而输出信号不必做任何设置，保持未知状态，如图 3-53 所示。

最后，同样将此“.vwf”文件保存在工程目录下，再利用“Simulator Tools”生成相关网表，并进行仿真。具体操作参见 3.5.2 节内容。本例得到的仿真输出波形图如图 3-54 所示。

观察仿真波形，不难发现结果完全符合 3 线-8 线译码器的设计要求。

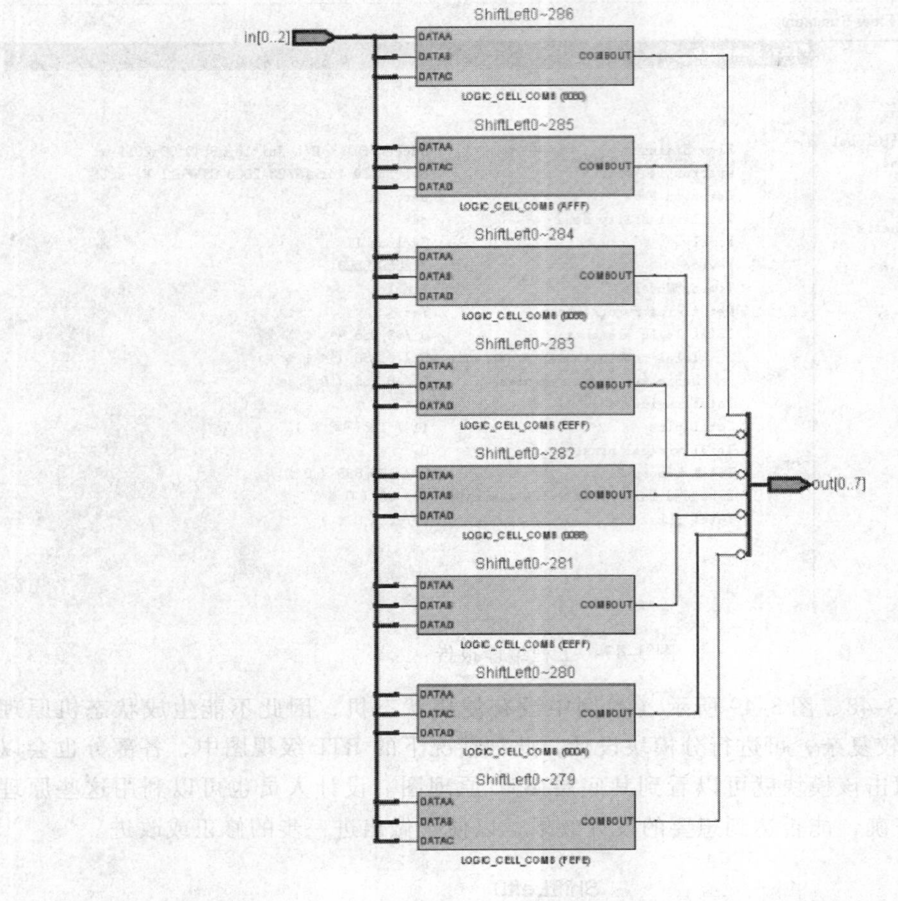

图 3-49　工艺图

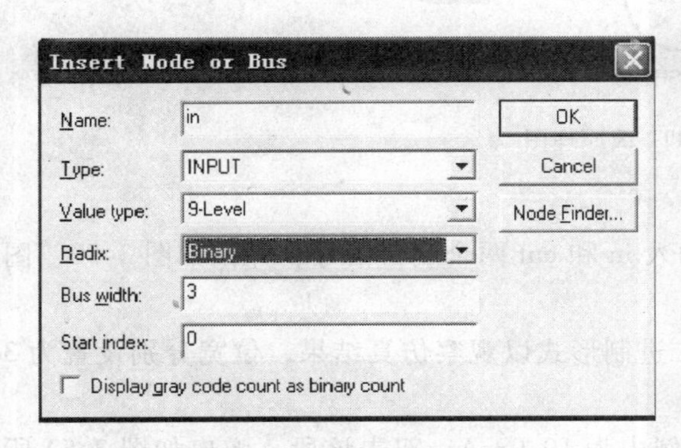

图 3-50　输入信号 in

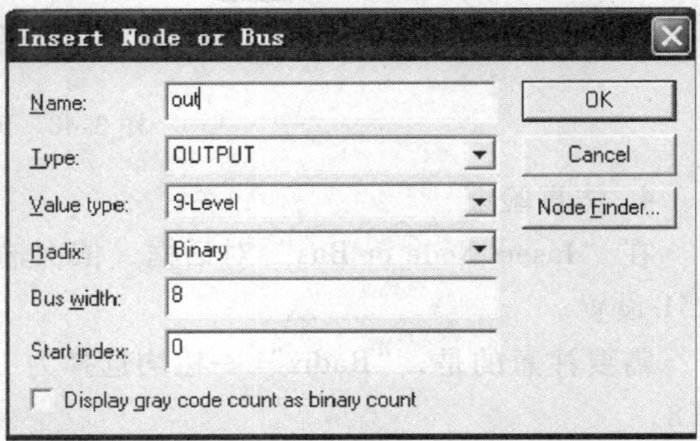

图 3-51　输出信号 out

5. 板级调试

首先可以将之前引脚分配中 3 个输入端引脚分别连接 3 个拨码开关，以高、低电平来输入 1 和 0 信号。8 个输出端分别连接 8 个 LED 灯来显示输出结果。

然后采用 JTAG 模式下载至实验开发板，调节拨码开关输入信号，即可根据 LED 灯的亮灭观察信号输出情况。

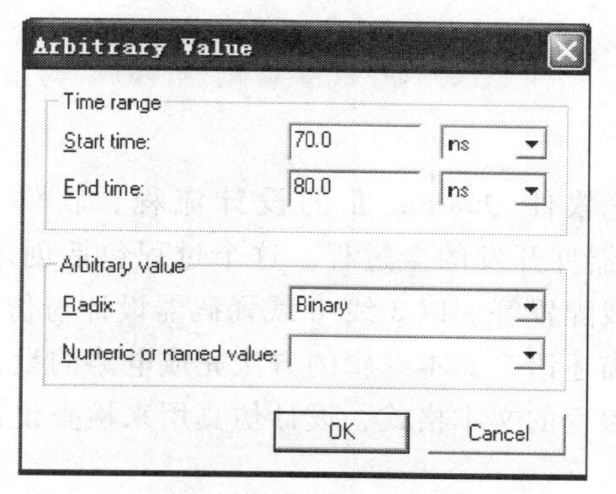

图3-52 添加输入信号值

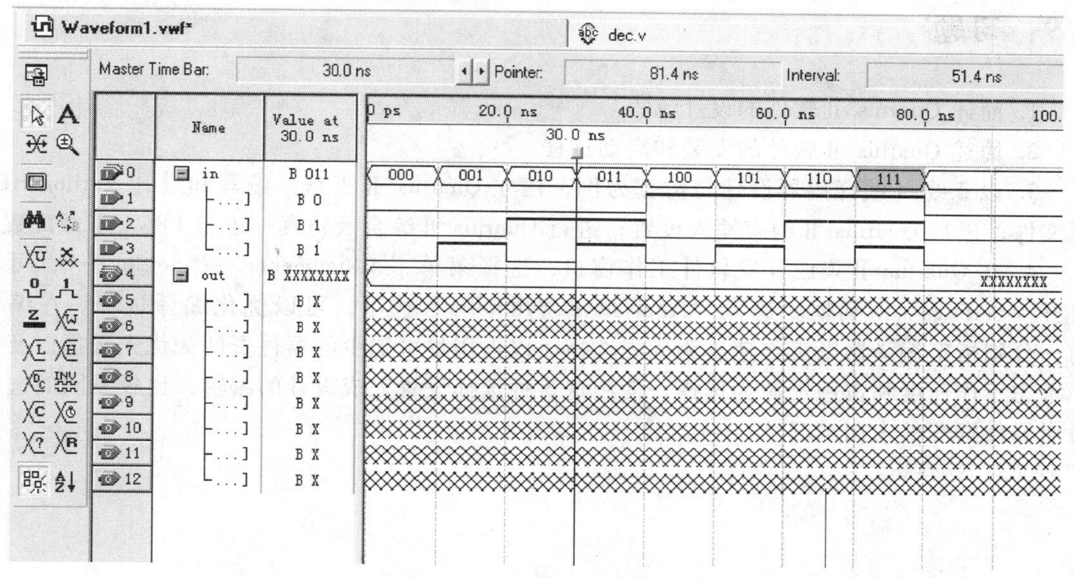

图3-53 仿真输入波形信号

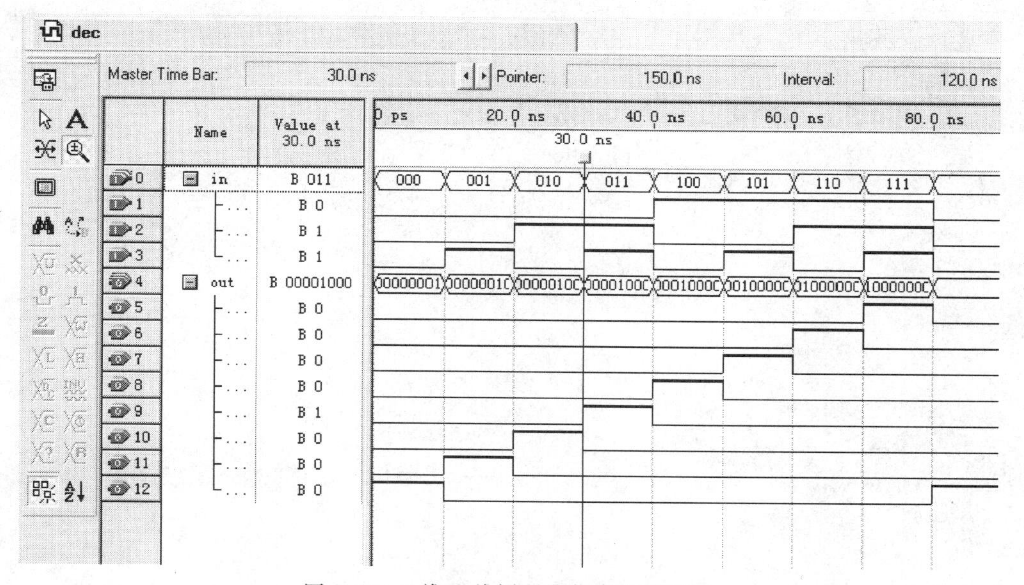

图3-54 3线-8线译码器仿真输出波形

3.8 小结

本章介绍了集成开发软件 Quartus Ⅱ 的设计流程、软件安装过程和软件的使用。Quartus Ⅱ支持可编程逻辑器件开发的全过程。这个过程包括创建工程、设计文件输入、约束输入、综合和仿真、下载配置等。以 3 线-8 线译码器设计与仿真为例对 Quartus Ⅱ开发过程进行了演示，通过硬件描述语言文本编辑的方法完成电路的设计，设计编译把设计输入转换为支持可编程逻辑器件编程的文本格式，设计仿真用来检查设计是否满足逻辑要求，最后下载到硬件电路验证设计。

3.9 习题

1. 简述 Quartus Ⅱ软件的设计流程。

2. 简述 Quartus Ⅱ软件的安装和启动过程。

3. 以 2 线-4 线译码器设计与仿真为例，建立 Quartus Ⅱ工程，编写和设计 Verilog HDL 源文件；进行 Quartus Ⅱ约束输入设置；进行 Quartus Ⅱ综合及仿真；进行 FPGA 下载配置。

4. 在 Quartus Ⅱ集成开发软件工作窗口，选择菜单“Assignments”→“Setting…”，可以打开“Settings”对话框。选择“Analysis & Synthesis”选项，可以优化编译过程。在编译前，分别指定编译器以工作速度为优先选择、以占用尽可能少的器件资源为优先选择以及折中考虑工作速度和占用资源为选择，使用这 3 种选择设置完成设计的编辑，比较不同的选择时对器件资源的占用情况。

第4章　Verilog HDL 的基本语法

本章首先介绍 Verilog HDL 的发展过程、并对 Verilog 语言和 C 语言进行了比较；通过几个简单的 Verilog 程序，让读者对 Verilog 程序的模块结构和特征有初步的了解；然后介绍 Verilog 的基本语法，包括语言要素与表达式、过程语句、块语句、条件语句、循环语句、任务和函数和预编译指令等内容。Verilog HDL 基本语法是描述复杂数字电路系统的基础。Verilog HDL 的语法规则和 C 语言十分相似，但有些地方是完全不同的。在学习中要注意不同点，通过理解其物理意义，掌握 Verilog 的语法。

4.1　Verilog 简介

硬件描述语言（Hardware Description Language，HDL）是电子系统硬件行为描述、结构描述、数据流描述的一种语言。数字电路系统的设计者通过这种语言可以从上层到下层，从抽象到具体，逐层次地描述自己的设计思想，用一系列分层次的模块来表示极其复杂的数字系统，然后利用模块组合经由自动综合工具转换到门级电路网表，再用自动布局布线工具把网表转换为具体电路进行布局布线后，下载到专用集成电路（ASIC）或现场可编程逻辑器件。

目前最主要的硬件描述语言有 VHDL 和 Verilog HDL。VHDL（Very-High-Speed Integrated Circuit HardwareDescription Language）诞生于 1982 年，源于 Ada 编程语言，1987 年年底被 IEEE 和美国国防部确认为标准硬件描述语言，其语法较为严格。Verilog HDL 始于 1983 年，是在 C 语言的基础上发展起来的一种硬件描述语言，1995 年 12 月成为 IEEE 标准，其语法较自由。目前亚洲地区和北美地区的 ASIC 与现场可编程逻辑器件多数使用 Verilog 硬件描述语言进行设计。

4.1.1　Verilog HDL 的发展过程

Verilog HDL 是于 1983 年由 Gateway Design Automation 公司为其模拟器产品开发的硬件建模语言。那时它只是一种专用语言，由于该公司的模拟、仿真器产品的广泛使用，Verilog HDL 作为一种便于使用且实用的语言逐渐为众多设计者所接受。在一次努力增加语言普及性的活动中，Verilog HDL 于 1990 年被推向公众领域。Open Verilog International（OVI）是促进 Verilog 发展的国际性组织。1992 年，OVI 决定致力于推广 Verilog OVI 标准成为 IEEE 标准。这一努力最后获得成功，Verilog 语言于 1995 年成为 IEEE 标准，称为 IEEE Std. 1364-1995；2001 年又发布了 Verilog HDL1363-2001 标准；随即在 2005 年又发布了 System Verilog 1800-2005 标准，这一系列标准的制定使得 Verilog 语言在综合、仿真、验证及 IP 重用等方面有很大幅度的提高。

Verilog HDL 是 System Verilog 语言的基础。System Verilog 是 Verilog HDL 的后续版本，是 IEEE 1364 Verilog-2001 标准的扩展增强，兼容 Verilog-2001，将成为下一代硬件设计和验证的语言。SystemVerilog 结合了来自 Verilog、VHDL、C + + 的概念，它将硬件描述语言（HDL）与现代的高层级验证语言结合了起来。System Verilog 加入了一些 C + + 的元素，例

如允许创建类、允许类的继承等，这些元素丰富了硬件描述语言的内容，使工程师们能够更加灵活地设计数字电路系统。在不久的将来，它将取代 Verilog HDL 现在的位置，现在使用 Verilog HDL 进行数字电路系统设计的工程师可以很容易过渡到使用 System Verilog 进行设计。

近年来，国内 Verilog 的应用率显著增加，国内绝大多数 IC 设计公司都采用 Verilog HDL。Verilog 作为学习 HDL 设计方法的入门是比较合适的，并且对于 ASIC 设计专业人员而言，也是必须掌握的基本技术。学习 Verilog 不仅可以对数字电路技术有更进一步的了解，而且可为以后学习高级的行为综合、物理综合、IP 设计和复杂系统设计打下坚实的基础。

4.1.2 Verilog HDL 与 C 语言的比较

Verilog HDL 是一种硬件描述语言，用于从系统级、算法级、RTL 级、门级到开关级的多种抽象设计层次的数字系统建模。被建模的数字系统对象的复杂性可以介于简单的门和完整的电子数字系统之间。数字系统能够按层次描述，并可在相同描述中显式地进行时序建模。

Verilog HDL 源于 C 语言，两者的语法有很多相同点。表 4-1、表 4-2 是常用 C 语言与 Verilog HDL 关键字与控制描述对照、运算符对照。

表 4-1 C 语言与 Verilog HDL 关键字与控制描述对照表

C 语言	Verilog HDL
sub-function	module, function, task
if-then-else	if-then-else
case	case
{,}	begin, end
for	for
while	while
break	disable
define	define
int	int
printf	monitor, display

表 4-2 C 语言与 Verilog HDL 运算符对照表

C 语言	Verilog HDL	功 能
*	*	乘
/	/	除
+	+	加
-	-	减
%	%	取余
!	!	逻辑非
&&	&&	逻辑与
||	||	逻辑或

（续）

C 语言	Verilog HDL	功　能
>	>	大于
<	<	小于
> =	> =	大于等于
< =	< =	小于等于
= =	= =	等于
! =	! =	不等于
~	~	按位非
&	&	按位与
|	|	按位或
^	^	按位异或
~^	~^	按位异或非
> >	> >	逻辑右移
< <	< <	逻辑左移
?:	?:	条件运算符

C 语言与 Verilog HDL 运算符基本相同。C 语言是一种在硬件上运行的语言，而 Verilog 是描述硬件的语言，要受到具体硬件电路的限制，它们的区别如下：

1）在 Verilog HDL 中不能使用 C 语言中很多抽象的表示方法，如迭代表示法、指针（C 语言最具特点的语法）、不确定的循环及动态声明等。

2）C 语言是一行一行地执行，按顺序执行；而 Verilog HDL 描述的是硬件，可以在同一时间内有很多硬件电路一起并行执行，两者之间有区别。Verilog 仿真器也是顺序执行的软件，在时序关系的处理上，对编程人员会有思考上的死角。

3）C 语言的输入/输出函数丰富，而 Verilog HDL 能用的输入/输出函数很少，在程序的修改过程中会遇到输入/输出的困难。

4）C 语言无时间延迟的指定，而 Verilog HDL 可以指定时间延迟。

5）C 语言中函数的调用是唯一的，每一个都是相同的，可以无限制调用。而 Verilog HDL 对模块的每一次调用都必须赋予一个不同的别名，虽然调用的是同一模块实例，但不同的别名代表不同的模块，即生成了新的硬件电路模块。因此 Verilog HDL 中模块的调用次数受硬件资源的限制，不能无限次调用。这一点与 C 语言有较大区别。

6）与 C 语言相比，Verilog HDL 描述语法较死板，限制较多，能用的判断叙述有限。

7）与 C 语言相比，Verilog HDL 仿真速度慢，调试工具差，错误信息不完整。

8）Verilog HDL 提供程序界面的仿真工具软件，通常都是价格昂贵，而且可靠性不明确。

9）Verilog HDL 中的延时语句只能用于仿真，不能被综合工具所综合。

Verilog HDL 作为一种高级的硬件描述语言，与 C 语言的风格有许多类似之处。其中有许多语句，如 if 语句、case 语句和 C 语言中的对应语句十分相似。如果读者已经掌握 C 语言编程的基础，那么学习 Verilog 并不困难，只要对 Verilog 某些语句的特殊方面重点加以理解，并通过上机练习就能很好地掌握它。下面将通过实例对 Verilog 中的基本语法加以初步介绍。

4.2　Verilog HDL 设计举例

在详细学习 Verilog HDL 语言之前，先来看几个简单的 Verilog HDL 程序。通过这几个程序，可对 Verilog 模块的结构和特性有一个初步的了解。

1. 1 位比较器的 3 种不同风格 Verilog HDL 程序设计

【例 4-1】 1 位比较器的 Verilog HDL 程序。通过对输入信号 A、B 的比较，把比较的结果反映到 m、L、e 端口。

具体程序如下：

```
module comparator(A,B,m,L,e); //comparator 是模块名称,A、B、m、L、e 是端口
input A,B;              //端口类型,A、B 为输入信号名
output m,L,e;           //端口类型,m、L、e 为输出信号名
reg m,L,e;              //定义内部变量 m、L、e
//行为描述
always@(A or B)         //触发条件,当 A、B 的电平发生变化时,执行以下语句
  if(A>B)               //逻辑功能描述,如果 A>B 成立,m 端口输出为"1"
     {m,L,e}=3'b100;
  else if(A<B)          //如果 A<B 成立,L 端口输出为"1"
     {m,L,e}=3'b010;
  else                  //如果 A=B 成立,e 端口输出为"1"
     {m,L,e}=3'b001;
endmodule
```

通过例 4-1 可以看出，1 位比较器是一个 2 输入、3 输出的组合逻辑块。1 位比较器电路图如图 4-1 所示。

always@（A or B）表示，当输入端 A 或 B 任一或者全部变化时，执行下面的语句。由于没有定义端口的位数，因此所有端口的位宽均默认为 1 位。当 A=1、B=0，即 A>B 时，m 输出为 1，L、e 输出均为 0；当 A=0、B=1，即 A<B 时，L 输出为 1，m、e 输出均为 0；当 A=0、B=0 或 A=1、B=1，即 A=B 时，e 输出为 1，m、L 输出均为 0。

图 4-1　1 位比较器电路图

从例 4-1 可以看出，它并没有指出 1 位比较器的具体电路结构，而是通过描述逻辑功能实现的 1 位比较器。这说明 Verilog 语法支持这种逻辑行为的描述。除逻辑行为描述外，同样可以使用布尔表达式来描述。在 Verilog 语言中，可以使用“&”、“|”、“~”操作符分别表示布尔运算中“与”、“或”、“非”的运算操作。所以例 4-1 的 comparator 模块所实现的逻辑功能也能用下面的代码表示。

【例 4-2】 使用布尔表达式来描述例 4-1 所实现逻辑功能的 Verilog HDL 程序。

```
module comparator2(A,B,m,L,e);  //comparator2 是模块名称,A、B、m、L、e 是端口
input A,B;                      //端口类型,A、B 为输入信号名
```

```
output m,L,e;                    //端口类型,m、L、e 为输出信号名
wire sl;                         //sl 为中间信号
assign sl = ~ (A&B);             //信号 A 与 B 先按位与运算,后求非
assign m = A&sl;                 //A 与 sl 按位与运算
assign L = B&sl;                 //B 与 sl 按位与运算
assign e = ~ (m |L);             //信号 m 与 L 先按位或运算,后求非
endmodule
```

通过数字电路中学习过的知识，很容易得出 1 位比较器中输出 m、e、L 的布尔表达式，布尔表达式的逻辑如图 4-2 所示。

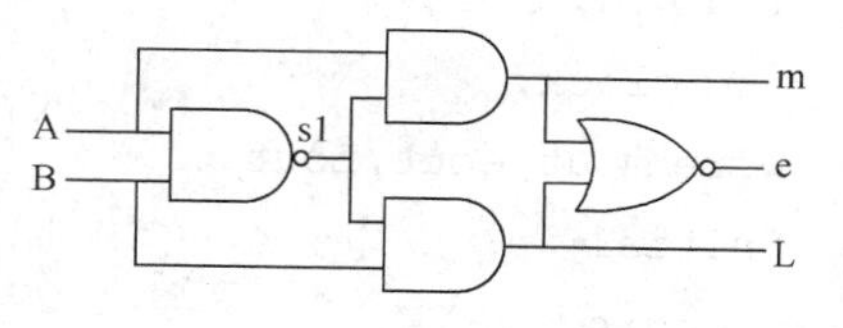

图 4-2　1 位数值比较器逻辑图

【例 4-3】　引用了基元门的 1 位比较器 Verilog HDL 的程序。

```
module comparator3(A,B,m,L,e);   //comparator3 是模块名称,A、B、m、L、e 是端口
input A,B;                       //端口类型,输入信号名
output m,l,e;                    //端口类型,输出信号名
wire sl;                         ////中间信号
nand u1(sl,A,B);                 //与非门
and u2(m,sl,A);                  //与门
and u3(L,sl,B);                  //与门
nor u4(e,m,L);                   //或非门
endmodule
```

例 4-3 同样也是一个 1 位比较器。它的逻辑功能与例 4-1 和例 4-2 中的完全一致。在这个例子中，模块包含了门的实例引用语句，也就是说，模块中实例引用了 Verilog 语言内建的 nand、and、nor 基元门。nand、and、nor 是 Verilog 语言的保留字，是内建门级原语。如图 4-3 所示，u1、u2、u3、u4 是实例名称。紧跟在每个门后的信息列表是门的互联；列表中第一个信号是门的输出，其余的都是门的输入。

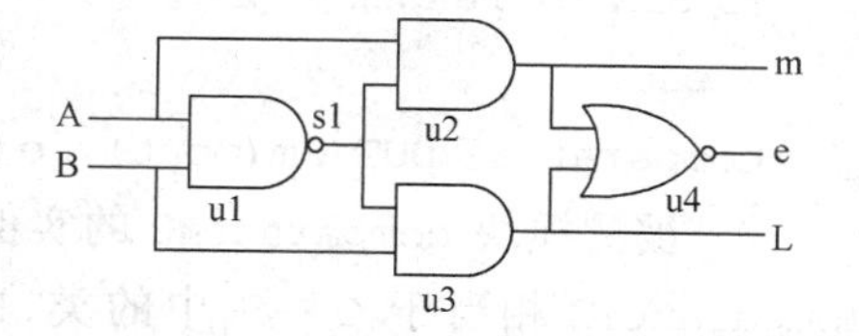

图 4-3　1 位的数值比较器逻辑图

例如，在语句 nand u1（sl，A，B）中，nand 是保留字，表示与非门，sl 被连接到与非门实例 u1 的输出，A、B 被连接到与非门实例 u1 的输入。这样一种风格的描述属于结构风格描述。

2. 测试模块例子

芯片设计工程中，必须考虑如何验证设计的正确性。Verilog HDL 用于模块测试的示意图如图 4-4 所示。Verilog HDL 可以用来描述变化的测试信号，它给出模块的输入信号，通过观测被测试模块是否符合要求，可以调试和验证逻辑系统设计和结构的正确性，并能发现问题及时修改。

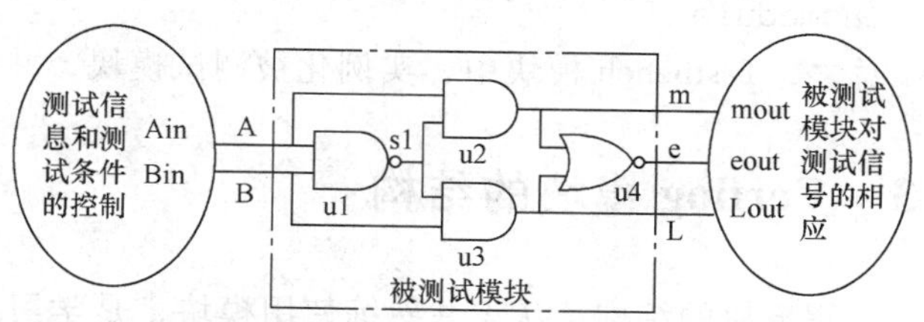

图 4-4　Verilog HDL 用于模块测试的示意图

一个典型的测试模块Testbench包括模块名（module_test），变量声明（reg，wire），行为语句（initial，always），实例化被测模型（DUT）等，其中变量声明用于定义被测模块输入/输出变量类型，行为语句应用产生测试信号。

【例4-4】 一个Verilog HDL的测试模块举例。

```
'include "comparator2.v"
module module_test;                  //模块名
reg Ain, Bin ;                       //变量声明
reg clock;
wire mout,eout,Lout ;
initial                              //行为语句,把寄存器变量初始化为一确定值
  begin
    Ain=0;
    Bin=0;
    clock=0;
  end

always #50 clock= ~clock;            //行为语句,产生一个不断重复的、周期为100
                                     //个单位时间的时钟信号
always @ (posedge clock)
  begin
  Ain={$random}% 2;                  //{$random}为系统任务,它会产生一个随机数,
                                     //% 为模2运算,信号流Ain有时为1,有时为0
#3 Bin={$random}% 2;                 //#3为延时3个时间单位
  end
comparator2 DUT(.m(mout),.e(eout),.L(Lout),.A(Ain),.B(Bin));
```

/* 被测模块comparator2的实例引用,并加入测试信号流,以观察模块的输出。其中:comparator2相当于C++中的类,DUT相当于由comparator2类产生的对象。DUT有与comparator2对应的输入/输出端口,即DUT(mout,eout,Lout,Ain,Bin)。(.m(mout),.e(eout),.L(Lout),.A(Ain),.B(Bin))表示把comparator2与DUT对应的输入/输出口连接起来。*/

```
endmodule
```

总之，Testbench模块中，实例化被测试模块，并把测试信号自动加载于测试模块。

4.3 Verilog模块的结构

了解模块的结构，认识并熟练使用模块，是学习Verilog语言的前提。Verilog HDL中的基本描述单位是模块。可以说，每一项工程是由大量功能各异的模块组合而成的。模块描述某个设计的功能或者结构，并包括该模块与其他外部模块进行通信的端口。模块可以进行层次嵌套，将大型的数字电路设计分割成不同的小模块来实现特定的功能，最后通过顶层模块调用子模块来实现整体功能。Verilog HDL中的模块相当于C++语言中类的概念，引用一

个已有的模块就相当于由类生成一个对象。

模块是由两部分组成的，一部分是接口描述，另一部分是逻辑功能描述，即定义输入是如何影响输出的。一个模块由模块名（module_name）、端口列表（port_list）、变量声明（reg、wire、parameter）、端口声明（input、output、inout）、行为描述语言（initial、always）、赋值语句（continuous assignment）、其他子模块（module instantiation、UDP instantiation）、任务及函数（task、function）等组成。

模块的基本结构如下所示：

```
module  module_name(port_list);  //module_name 是模块名,port_list 是端口列表

        reg,wire,parameter,          //变量声明
        input,output,inout...        //端口说明

        initial statement            //行为描述,功能定义
        always statement
        continuous assignment        //赋值语句

        module instantiation         //模块例化
        UDP instantiation            //用户自定义模块例化

endmodule
```

总之、Verilog 模块以 module 开始，以 endmodule 结尾。每个 Verilog 程序都包括端口定义，I/O 说明，内部信号声明和功能定义 4 个主要部分。

1. 模块的端口定义和实例引用

（1）端口定义 模块的端口声明了模块的输入/输出口。

其格式如下：

module 模块名（端口1，端口2，端口3，…）

模块的端口定义是对该模块中与其他外部模块进行通信端口的说明，表示模块的输入和输出口名。

（2）实例引用 模块之间是可以相互引用的，端口是不同模块之间相互联系的标志。在引用过程中，有些信号要输入到引用的模块中，有些信号要从被引用的模块中取出来，在引用时，可以严格按照模块定义时的端口顺序连接，不需要标明原模块定义时规定的端口名称；也可以使用“.”符号，标明原模块定义时的端口名。具体来看下面这个例子。

【例 4-5】 B1 引用已有模块 My_Block。其中 My_Block 输入端口为 rst、data、clk，B1 对应输入端口名为 RstIn、DataIn、ClkIn。My_Block 模块如图 4-5 所示。

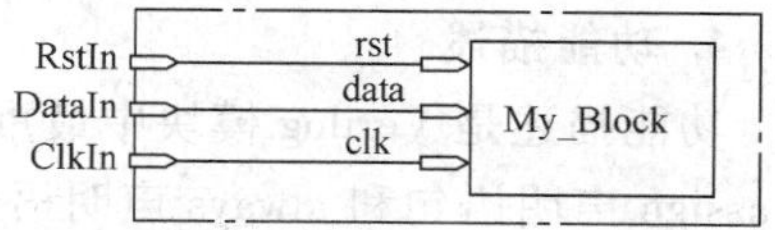

图 4-5 B1 引用 My_Block 模块示意图

B1 可以使用两种方式引用 My_Block 模块。

① 按顺序连接端口

My_Block B1（RstIn，DataIn，ClkIn）；

② 使用“.”符号，标明端口名

My_Block B1（. rst（RstIn），. data（DataIn），. clk（ClkIn））;

My_Block 是在另一个模块中定义好的，有 rst、data、clk3 个输入端口的模块。RstIn、DataIn、ClkIn 是 B1 与调用模块输入端口连接的输入信号名。后一种方法的好处在于可以用端口名与被引用的端口名相对应，一目了然，不需要严格按照引用模块在定义阶段所定义的端口顺序进行连接。这句话同样可以写成

My_Block B1（. data（DataIn），. rst（RstIn），. clk（ClkIn））;

My_Block B1（. data（DataIn），. clk（ClkIn），. rst（RstIn））;

这样便提高了可读性和可移植性。

2. I/O 说明

常见 I/O 口类型有输入口（input）、输出口（output）和双向口（inout），分别表示数据流的方向是输入、输出或双向的。

I/O 的说明格式如下：

1）定义位宽：

I/O 口类型 ；信号位宽 -1：0］端口名 1，端口名 2，端口名 3，…；

如果没有定义信号位宽，则默认信号位宽为 1。

2）I/O 说明也可以在端口声明语句中：

module name（I/O 口类型 端口名 1，I/O 口类型 端口名 2，…）;

```
例如：inout ;31:0]   sign;                         //32 位双向口 sign
output;7:0]   data_1, data_2;                     //两个 8 位输出口 data_1, data_2
input   clk;                                      //1 位时钟输入口 clk
module mux (output dat_out, input a, input b, input cs); //定义多路器 mux，一个输出
                                                           口 dat_out，3 个输入口 a、
                                                           b、cs
```

3. 内部信号声明

内部信号声明格式与 I/O 说明格式类似：

信号类型 ；信号位宽 -1：0］ 变量 1，变量 2，变量 3，…

在 Verilog 中数据类型有两个大类，分别为线网类型（Net Type）和变量类型（Variable Type）。线网类型表示结构实体之间的物理连接；变量类型表示一个抽象的数据存储单元。

```
例如：reg   ;7:0]   reg_number;      //8 位变量 reg_numbe
wire   data, clk;                   //1 位线网类型信号 data, clk
wire   ; 31: 0]   paralleldata;     //32 位线网类型信号 paralleldata
```

4. 功能描述

功能描述是 Verilog 模块中最重要的部分，它决定模块的逻辑功能。这部分最常用到的是 assign 声明语句和 always 声明语句。

1）assign 声明语句：通常用来描述组合逻辑。assign 声明语句很简单，只需要写一个“assign”（赋值），后面再加一个方程式即可，多用在输出信号可以和输入信号建立某种直接联系的情况下，这种联系通常可以用逻辑表达式或算术表达式描述。需要注意的是，assign 只能用来描述组合逻辑电路，而不能用于描述时序逻辑电路。

例如：assign s = a & b & c;

该语句描述了一个 3 输入的与门，这是一个组合逻辑。

2）always 声明语句：既可以用来描述组合逻辑，也可以用来描述时序逻辑。

从字面上理解，always 的意思是“总是，永远”。在 Verilog HDL 中，只要指定的事件发生，由 always 指定的内容将不断地重复运行，不论该事件已经发生了多少次。这恰恰反映了实际电路的特征，即在通电的情况下电路将不断运行。最常用的两种事件是电平触发和边沿触发。电平触发是指当某个信号的电平发生变化时，执行 always 指定的内容；边沿触发是指当某个信号的上升沿或下降沿到来时，执行 always 指定的内容。电平触发的写法是在“@”后面直接写触发信号的名称；边沿触发的写法是在“@”后面写“posedge 信号名”或者“negedge 信号名”，posedge 代表信号的上升沿，negedge 则代表信号的下降沿。

例如：always @（ a or b or c）

s = a&b&c;

该语句描述的是一个 3 输入的与门，是组合逻辑。always 语句同样可以描述时序逻辑。

例如：always@（posedge clr or posedge clk)//触发条件是 clr、clk 为上升沿

```
        begin
          if(clr) q< =0;   //clr 为高电平
          else q< =d;
        end
```

这里描述了一个带有异步清零端的 D 触发器，clr 为清零端、clk 为时钟信号。

在 Verilog 模块中的所有过程块（如：initial、always)、连续赋值语句、实例引用都是并行的，在同一个模块中它们出现的先后次序没有关系。

5. 模块调用

在 Verilog HDL 程序中，高层模块常常通过调用低层模块来构成复杂系统。如图 4-6 所示，通过调用 1 位全加器构建一个 4 位全加器。

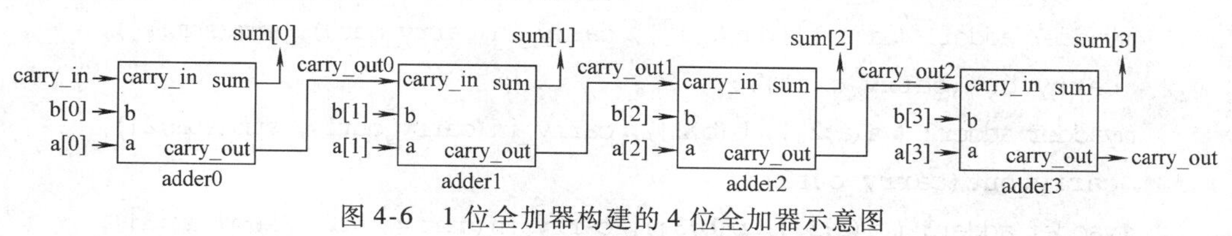

图 4-6　1 位全加器构建的 4 位全加器示意图

adder0、adder1、adder2 和 adder3 是 4 个 1 位全加器，通过将低位的进位 carry_out 连接到高位的 carry_in 就组成了一个 4 位的串行全加器。

【例 4-6】　4 位串行全加器的 Verilog HDL 程序。

① 1 位全加器模块

```
module myadder(a,b,carry_in,sum,carry_out);  // myadder 是模块名称
    //端口类型列表
    input  a,b,carry_in;          //1 位加数 a 和 b，从低位传入的进位 carry_in
    output  sum, carry_out;       //1 位和，向高位的进位 carry_out
    wire  a,b,carry_in;           //线网
    wire  sum, carry_out;         //线网
    // 逻辑功能描述
    assign{ carry_out ,sum} = a + b + carry_in;
```

```
endmodule
```

② 通过调用1位全加器模块构建4位全加器。

```
'include "myadder"  //文件包含语句,在编译时,这一行将被 myadder 模块替代
module adder4(a,b,carry_in,sum,carry_out);  //adder4 是模块名称
    //端口类型列表
    input ;3:0] a,b;                        //4 位加数
    input    carry_in;                      //从低位传入的进位
    output ;3:0]  sum;                      //和
    output    carry_out;                    //向高位的进位
    wire ;3:0] a,b;                         //线网
    wire    carry_in;
    wire ;3:0]  sum;
    wire   carry_out;
    reg ;3:0]  sum;                         //寄存器
    reg    carry_out;
    //定义内部变量
    wire  carry_out0;
    wire  carry_out1;
    wire  carry_out2;
    // 逻辑功能描述部分
    //创建 4 个 1 位全加器模块实例,构建 1 个 4 位全加器
    myadder adder0 (.a(a;0]),.b(b;0]),.carry_in(carry_in),.sum(sum;0]),
    .carry_out(carry_out0));
    myadder adder1 (.a(a;1]),.b(b;1]),.carry_in(carry_out0),.sum(sum;1]),
    .carry_out(carry_out1));
    myadder adder2 (.a(a;2]),.b(b;2]),.carry_in(carry_out1),.sum(sum;2]),
    .carry_out(carry_out2));
    myadder adder3 (.a(a;3]),.b(b;3]),.carry_in(carry_out2),.sum(sum;3]),
    .carry_out(carry_out));
endmodule
```

对于由4个1位全加器模块实例，构建1个4位全加器语句，myadder是要调用的模块名称，随后的adder0~3是在调用myadder模块时创建的实例名称。在Verilog HDL中要调用某个模块就要创建一个该模块的实例。这和面向对象语言中创建某个类的对象一样，模块myadder就相当于类，而adder0~3就相当于创建的对象。一共创建了4个myadder模块的实例，分别是adder0、adder1、adder2和adder3。随后的括号内列出了myadder模块的端口列表和adder0~3实例端口的连接方式。

4.4 Verilog HDL 的要素与表达式

在本节将介绍Verilog语法中的注释、常量、变量、操作符、字符串、关键字和标识符

等基本语法要素。

4.4.1　注释

在代码中插入注释可以有效地增加程序的可读性，也便于文档管理。Verilog HDL 允许单行注释和多行注释。单行注释以“//”开始，直到行末结束；多行注释以“/*”开始，以“*/”结束。这两种注释的方法和 C++的注释方式相同。

【例 4-7】 两个 8 位二进制数求和运算的 Verilog HDL 程序注释。

```
/ * 模块名称:adder8
模块功能:完成两个 8 位二进制数求和运算
端口说明:a、b 为两个加数,均为 8 位输入;sum 为和,9 位输出
版本说明:版本信息和修改要点,便于追踪
作者:标明设计人* /
module adder8(
          a,  //8 位输入,加数
          b,  //8 位输入,加数
          sum,  //9 位输出,和
          );
      //端口声明
      input ;7:0]  a;
      input ;7:0]  b;
      output ;8:0]  sum;
      wire ;7:0]  a,b;
      wire ;8:0]  sum;//求和运算
      assign  sum=a+b;
endmodule
```

4.4.2　常量

Verilog 语言中也有常量和变量之分，在程序运行过程中，值不能被改变的量称之为常量。在这里主要介绍数字常量和参数两种类型的常量。

1. 数字

(1) 整数　有以下 4 种进制表示形式：二进制整数（b 或 B）、十进制整数（d 或 D）、十六进制整数（h 或 H）和八进制整数（o 或 O）。

数字电路系统是以二进制为基础的逻辑，只包括高电平和低电平。Verilog HDL 是用于描述数字电路系统，因而从根本上说它的数字也应由 0 和 1 构成，所以在 Verilog HDL 中大于 1 的数必须和其位宽联系起来。数字表达方式主要有 3 个部分：位宽、进制和数字。位宽指数字常量的二进制宽度，进制表示数字的类型。

数字表达方式一共有 3 种：

①；位宽]'；进制]；数字]，这种方式描述数字最为完整。

②'；进制]；数字]，这种描述方式省略了位宽，在这种情况下，数字的位宽采用系统默认位宽（由系统决定，至少是 32 位）。

③；数字]，这种描述方式省略了位宽和进制信息，采用默认的位宽和进制（十进制）。

例如：8'b00101000　　//位宽为8的二进制表示,'b表示二进制

16'h08fe　　//位宽为16的十六进制表示,'h表示十六进制

（2）负数　数字同样也可以定义为负数，只需要在位宽表达式前面加一个减号。这里需要注意的是，减号必须写在数字定义表达式的最前面。

例如：-4'b0010；　//合法格式

8'd-4　　//非法格式

4-'b0010；　//非法格式

（3）x和z值　Verilog语法中，有x和z两种特殊值。在数字电路中，x代表不定值，z代表高阻值。在不同进制中，x和z表示的不定值或高阻值的位数不同。一个x或z可以用来定义十六进制的4位、八进制的3位、二进制的1位为不定值或高阻值。在使用case语句的时候通常也用？代替z以提高程序的可读性。

例如：4'bx1x0　　//位宽为4的二进制数从低位数起的第2位和第4位为不定值

4'b11z0　　//位宽为4位的二进制数从低位数起第2位为高阻值

8'h3x　　//位宽为8位的十六进制数,其低4位为不定值

（4）下画线　为了提高程序的可读性，尤其在使用二进制表示较长的数字常量的时候，可以使用下画线将数字分隔开来。

例如：16 ' b0010_0100_1101_0001　　//合法格式

2. 参数声明

在Verilog HDL中用parameter来定义常量，即用parameter来定义一个标识符代表一个常量，称为符号常量，即标识符形式常量，采用标识符代表一个常量可以提高程序的可读性和可维护性。

参数的声明格式：

parameter　参数名1=常数表达式1，参数名2=常数表达式2，…；

其中，parameter是参数型数据的确认符。后面跟着的是一个用逗号分隔开的赋值语句表。每个赋值语句的右边是一个常数表达式。

例如：parameter　ALL_X=16'bx；　//定义参数ALL_X为常数16'bx

```
parameter  state0 = 2'b00,          //定义参数state0为常数2'b00
           state1 = 2'b01,
           state2 = 2'b10,
           state3 = 2'b11;
```

ALL_X的宽度为16位。state0、state1、state2、state3分别为两位的状态值。

参数型常数经常用于指定延时时间和变量宽度。在模块或实例引用时，可通过参数传递来改变在被引用模块或实例中已定义的参数。参数是局部的，只在其定义的模块内部起作用。

4.4.3　变量

变量是在程序运行过程中其值可以改变的量，在Verilog中变量有很多种类型，这里只对常用的几种进行介绍。

1. 线网类型

线网类型可以理解为实际电路中的导线，通常用于表示结构实体之间的物理连接。既然是导线，就不可以存储任何值，并且一定要受到驱动器的驱动才有效，所以线网类型的变量不能存储数值，其值由驱动元件（如 assign 赋值语句）的值决定，如果没有驱动元件连接到线网类型变量上，则该变量为高阻态，其值为 z。

在线网类型的分类中，有许多不同种类的线网，如 wire、trior、trireg、tri、wand、tril、wor、triand、tri0、supply0、supply1。

线网的声明格式为

线网类型；signed]；最高位：最低位] 线网名 1，线网名 2，线网名 3，…；

其中，；signed] 表示数值为有符号数（以二进制补码形式保存），默认情况下为无符号数。

例如：wire link_lin;　　　　　//定义一个 1 位 wire 型数据

wire ;3:0] Bus_a , Bus_b;　//定义两个 4 位 wire 型数据

wire signed ;7:0] flag;　　　//定义一个 8 位 wire 型有符号数据

如果要表示线网类型变量中的某一位，可以采用“线网名；第几位数]”来表示。

Bus_a;2]　　//表示名为 Bus_a 的 wire 型变量从低到高的第 3 位

wire 是用于连接电路元件最常见的线网类型。wire 类型的值与驱动信号的值相一致，若 wire/tri 类型的线网由多个源驱动，则线网的值可以按照表 4-3 真值表得出，这里假设两个驱动源的强度是一致的。

表 4-3　wire/tri 类型多驱动源真值表

wire/tri	0	1	x	z
0	0	x	x	0
1	x	1	x	1
x	x	x	x	x
z	0	1	x	z

假设上面例子中提到的两个 wire 型线网 Bus_a、Bus_b 的值分别为 1x0、01z，使

```
assign Bus_c = Bus_a;
assign Bus_c = Bus_b;
```

Bus_c 有 Bus_a、Bus_b 两个驱动源，通过表 4-3 真值表可得出 Bus_c 值为 xx0。

线网由位数不同可以分为标量线网（1 位）和向量线网（多位），两种线网均可以用于表达式。

```
wire ;3:0] gpi_port;        //gpi_port 是一个 4 位的向量线网
wire intr;                  //intr 是标量线网
```

2. 寄存器变量类型

寄存器变量类型主要有以下 6 种：reg 型、integer 型、time 型、real 型、realtime 型和 memory 型。

(1) reg 型变量　寄存器是数据存储单元的抽象，寄存器数据类型的关键字是 reg。通过赋值语句可以改变寄存器存储的值，其作用与改变触发器存储的值相当。reg 类型数据的默认初始值为不定值 x，它只能在 always 或者 initial 中赋值。reg 类型数据变量是最常用的数

据变量。reg 型变量定义格式如下：

reg ；signed］；最高位：最低位］寄存器名 1，寄存器名 2，…，寄存器名 N；

其中，；signed］表示数值为有符号数（以二进制补码形式保存），默认情况下为无符号数。最高位和最低位指定了数据的位宽，位宽定义是可选的，如果没有范围定义，默认设置为 1 位的 reg 变量。

```
例如：reg ;3:0] bus;          //定义了一个 4 位的名为 bus 的 reg 型变量
      reg   dat_8;            //定义了一个 1 位的名为 dat_8 的 reg 型变量
```

如果要表示寄存器中的某一位可以采用“寄存器名；第几位数］”来表示。

```
bus; 2]      //表示名为 bus 的 reg 型变量从低到高的第 3 位
```

reg 型数据常用来表示“always”模块内的指定信号。通常，在设计中要由“always”模块通过使用行为描述语句来表达逻辑关系。在“always”模块内被赋值的每一个信号都必须定义成 reg 型。对于 reg 型数据，其赋值语句的作用就如同改变一组触发器的存储单元的值。

总之，wire 表示直通，即只要输入有变化，输出马上无条件地变化；reg 一定要有触发，输出才会反映输入。wire 只能被 assign 连续赋值，reg 只能在 initial 和 always 中赋值。wire 使用在连续赋值语句中，而 reg 使用在过程赋值语句中。

（2）变量的位宽　使用 integer、real、time 关键字定义寄存器变量和使用 reg 进行定义并没有本质上的区别，仅仅是为了使程序的表述更加清晰明了。integer、real、time 型变量的位宽是固定的，integer 型变量的位宽为 32，real 型变量的位宽为 64，time real 型变量的位宽为 64，它们已经是矢量，因此在定义变量时不可以加入位宽。如：

```
integer   a1,b1;          //定义 a1、b1 为 32 位整型变量
real   a2,b2;             //定义 a2、b2 为 64 位实型变量
time   a3,b3;             //定义 a3、b3 为 64 位时间型变量
```

（3）memory 型数据　可以通过 reg 型变量建立数组来对存储器建模，可以描述 RAM 型存储器、ROM 存储器和 reg 文件。数组中的每一个单元通过一个数组索引进行寻址。memory 型变量定义格式如下：

reg ；最高位：最低位］存储器名 ；最高位：最低位］；

下面举例说明：

```
reg ; 7: 0] mema ; 0: 255];
```

这个例子定义了一个名为 mema 的存储器，该存储器有 256 个 8 位的存储单元。该存储器的地址范围是 0 ~ 255。

如果想对 memory 中的存储单元进行读写操作，必须指定该单元在存储器中的地址。如：

```
mema;3] =0;     //给 memory 中的第 4 个存储单元赋值为 0
```

4.4.4　操作符

Verilog HDL 的操作符按照所需操作数的个数分为单目操作符、双目操作符和三目操作符。同 C 语言一样，Verilog HDL 的不同操作符有着不同的优先级，表 4-4 按照优先级的高低列出了 Verilog HDL 的常用操作符（0 为最高优先级）。

Verilog HDL 运算符可以分为算术运算符、位运算符、逻辑运算符、关系运算符、等式运算符、移位运算符、缩减运算符、位拼接运算符和条件运算符 9 个类别。

表 4-4　Verilog HDL 操作符

操作符	名　称	功 能 说 明	优先级
-	取反	对有符号数取反,单目操作符	0
!	逻辑取反	将非 0(ture)变 0,将 0(false)变非 0,单目操作符	0
~	按位取反	将操作数的每一位取反,单目操作符	0
&	缩减与	对操作数的各位求与,单目操作符	0
~&	缩减与非	对操作数的各位求与非,单目操作符	0
|	缩减或	对操作数的各位求或,单目操作符	0
~|	缩减或非	对操作数的各位求或非,单目操作符	0
^	缩减异或	对操作数的各位求异或,单目操作符	0
~^	缩减同或	对操作数的各位求同或,单目操作符	0
*	乘号	计算两个操作数的积,双目操作符	1
/	除号	计算两个操作数的商,双目操作符	1
%	取模	计算两个操作数的余数,双目操作符	1
+	加号	计算两个操作数的和,双目操作符	2
-	减号	计算两个操作数的差,双目操作符	2
< <	左移操作	左侧为需要移位的操作数,右侧操作数表示移动的位数,空出的位用 0 补足,双目操作符	3
> >	右移操作	左侧为需要移位的操作数,右侧操作数表示移动的位数,空出的位用 0 补足,双目操作符	3
<	小于	计算关系值,双目操作符	4
< =	小于等于	计算关系值,双目操作符	4
> =	大于等于	计算关系值,双目操作符	4
>	大于	计算关系值,双目操作符	4
= =	逻辑等	比较两个操作数是否相等,如果某一位是不确定的,结果也是不确定的,双目操作符	5
! =	逻辑不等	比较两个操作数是否不等,如果某一位是不确定的,结果也是不确定的,双目操作符	5
= = =	case 等	比较两个操作数是否严格相等,按位比较包括值为 z 或 x 的位,双目操作符	5
! = =	case 不等	比较两个操作数是否不为严格相等,按位比较包括值为 z 或 x 的位,双目操作符	5
&	按位与	对两个操作数按位求与,双目操作符	6
~&	按位与非	对两个操作数按位求与非,双目操作符	6
^	按位异或	对两个操作数按位求异或,双目操作符	6
~^	按位同或	对两个操作数按位求同或,双目操作符	6
|	按位或	对两个操作数按位求或,双目操作符	7
~|	按位或非	对两个操作数按位求或非,双目操作符	7
&&	逻辑与	逻辑连接符,对两个逻辑值求与,双目操作符	8
‖	逻辑或	逻辑连接符,对两个逻辑值求或,双目操作符	9
?:	条件	根据“?”前表达式的真假选择“:”前后的哪个值作为返回值,三目操作符	10

Verilog HDL表达式中运算符按照执行优先级从高到低执行，除条件操作符从右至左执行外，其余所有操作符均为从左至右执行。

小括号可以用来改变优先级的执行顺序，表达式

~a && b

其执行顺序为先对a按位求反，再与b进行逻辑与。而如果使用小括号，表达式

~（a &&b）

先执行小括号中a和b逻辑与，再将结果按位取反。

1. 算术运算符

算术运算符有“+”（加法符号，正值符号）、“-”（减法符号，负值符号）、“*”（乘）、“/”（除）、“%”（取模）、“**”（指数幂）6种。

整数除法只留运算结果的整数部分，略去小数部分；取模运算结果值的符号位采用取模运算式里第一个操作符的符号位。

例如：
```
reg1 + reg2        “+”为加法符号
-num               “-”为负值符号
9/4                9除以4结果为2
-5%2               -5模以2结果为-1,取第一个操作数的符号值
2**4               2的4次方
```

算术运算中任意一个操作符中含有一位或多位不确定值x或z，则整个运算结果为x。

例如：4'b10x0+4'b0001，结果为4'bxxxx。

算术表达式运算结果位宽由最大操作数位宽决定。在赋值语句中，算术运算结果由操作数和赋值等号左边目标变量中的最大位宽决定。如果运算式中有多个中间结果，每个中间结果的位宽取最大操作数位宽。

例如：
```
reg;3:0]  sum_4bit,add1,add2;
reg;4:0]  sum_5bit;
sum_4bit = add1 + add2;
sum_5bit = add1 + add2;
```

两个加法运算式运算结果的位宽均由等号左右3个变量中的最大位宽决定。在第一个加法运算式中，操作数和目标变量位宽都是4，所以结果位宽为4；第二个加法运算式中，由于目标变量sum_ 5bit位宽为5，是最大位宽，所以结果的位宽为5。应当注意的是，在第一个加法运算式中，可能产生溢出。当add1与add2的值分别为4'b0001和4'b1111时，sum_4bit的值为4'b0000，而sum_5bit的值为5'b10000。

2. 位运算符

Verilog作为一种硬件描述语言，是针对硬件电路而言的。硬件电路中信号有1、0、x、z。在硬件电路中信号进行与、或、非时，反映在Verilog中则是相应的操作数的位运算。Verilog位运算符有~（取反）、&（按位与）、|（按位或）、^（按位异或）、~^和^~（按位同或）5种。

对于仅包含0、1的二值逻辑，这些操作符的含义都很好理解，但Verilog HDL中除0、1以外，还包括x和z两种取值，x代表不定值，z代表高阻值。当有x或z参与运算时，输出的结果也有可能不再是确定值了。当有x或z参与到运算中的时候（z被视为x），将x和z的所有可能取值分别带到运算中去，得到的结果如果为同一个值则输出此值，否则输出x。

位运算相当于对操作数中每一位进行与、或、非、异或、同或逻辑运算，运算结果是每一位的逻辑运算结果组成的向量，除取反运算“～”只有一个操作数之外，其余 4 种位运算符均是双目运算符。位运算符的运算规则见表 4-5～表 4-9。

表 4-5　取反（～）运算符的运算规则

原值	1	0	x
取反	0	1	x

对于按位与操作符，设 a、b 为两个 1 位的操作数，c = a&b。当 a = 0、b = x 时，首先将 b = 0 代入 c = a&b，得到 c = 0，然后再将 b = 1 代入 c = a&b，也得到 c = 0，也就是说无论 b 取何值，c 的值都是 0，那么此时输出的结果等于 0。当 a = x、b = x 时，第一次将 a = 0、b = 0 代入 c = a&b，得到 c = 0；第二次将 a = 0、b = 1 代入 c = a&b，得到 c = 0；第三次将 a = 1、b = 0 代入 c = a&b，得到 c = 0；但第四次将 a = 1、b = 1 代入 c = a&b，得到 c = 1。也就是说，在 a、b 的值取不同组合时，输出结果得到了不同的值，那么此时输出的结果为不定态 x。其他的结果与此类似。

表 4-6　与（&）运算符的运算规则

&	0	1	x	z
0	0	0	0	0
1	0	1	x	z
x	0	x	x	x
z	0	x	x	x

表 4-7　异或（^）运算符的运算规则

^	0	1	x	z
0	0	1	x	x
1	1	0	x	x
x	x	x	x	x
z	x	x	x	x

表 4-8　或（|）运算符的运算规则

|	0	1	x	z
0	0	1	x	x
1	1	1	1	1
x	x	1	x	x
z	x	1	x	x

表 4-9　同或（^～）运算符的运算规则

^～	0	1	x	z
0	1	0	x	x
1	0	1	x	x
x	x	x	x	x
z	x	x	x	x

例如：reg_a = 4'b1010；reg_b = 4'b1110；

则运算式

```
~reg_a;                //结果为4'b0101
reg_a&reg_b            //结果为4'b1010
reg_a|reg_b            //结果为4'b1110
reg_a^ reg_b           //结果为4'b0100
reg_a^~reg_b           //结果为4'b1011
```

不同长度的数据进行位运算，较短操作数高位用0补齐。

3. 逻辑运算符

Verilog中逻辑运算符有“&&”（逻辑与）、“‖”（逻辑或）、“!”（逻辑非）3种。

逻辑运算符只对逻辑0（定义为假）、1（定义为真）或者x（逻辑关系不明确，未知）进行操作，操作产生的结果通常也只为0或1。3种逻辑运算符的真值表见表4-10。

表4-10 逻辑运算符真值表

x	y	! x	! y	x&&y	x ‖ y
1	1	0	0	1	1
1	0	0	1	0	1
0	1	1	0	0	1
0	0	1	1	0	0

在同一表达式中出现不同逻辑运算符时，执行顺序要遵循“!”（逻辑非）优于“&&”（逻辑与）优于“‖”（逻辑或）的优先级顺序。

例如：a ‖ b && ! c;　　等价于　a ‖ (b &&(! c));

若操作数中出现x或z，如果结果未定，则运算结果为未知x。

例如：'b1 ‖ 'bx　　　　结果为1

　　　'b0 ‖ 'bx　　　　结果为x

　　　! x　　　　　　　结果为x

如果表达式中同时出现逻辑运算符和关系运算符时，逻辑运算“&&”和“‖”的优先级低于关系运算符，逻辑运算“!”高于关系运算符。

4. 关系运算符

关系运算符共有“>”（大于）、“<”（小于）、“>=”（大于等于）、“<=”（小于等于）4种。

关系操作符的结果如果为真（ture），则返回值为1；结果如果为假（false），则返回值为0；如果操作数中有一个或多个含有不定值x和z，则逻辑为模糊，返回值为x。

例如：15 < 33　　　　　　结果为真，返回值为1。

　　　4'b0100 > = 4'hx　　结果逻辑为模糊，返回x。

当操作数位数不同，且均为无符号整数时，则位宽较小的操作数向左添0，与较大操作数的位宽一致，然后再进行关系运算。

例如：4'b0101 > 5'b10011

先将运算符左侧操作数补0，得出

5'b00101 > 5'b10011

再进行关系运算，结果为 false，返回 0；

当操作数位数不同，若操作数均为有符号，则位宽较小操作数用符号位向左补齐。

例如：4'sb1001 < 5'sb01101

等价于

5'sb11001 < 5'sb01101

结果为 ture，返回 1。

所有的关系运算符有着相同的优先级别。关系运算符的优先级别低于算术运算符的优先级别。

5. 等式运算符

等式运算符有“= =”（等于）、“！ =”（不等于）、“= = =”（全等于）、“！ = =”（不全等于）4 种。

在全等比较（“= = =”、“！ = =”）中，不考虑实际物理意义，把 1、0、x、z 均当做数值来进行比较，若全等结果为 1，否则结果为 0，它们常用于 case 表达式的判别，所以又称为“case 等式运算符”；而在逻辑比较（“= =”，“！ = =”）中，若操作数中出现 x 或 z，则结果很可能是不确定值 x。等式运算符的真值见表 4-11、表 4-12，这两个表可以帮助理解两者的区别。

表 4-11　全等比较真值表

= = =	0	1	x	z
0	1	0	0	0
1	0	1	0	0
x	0	0	1	0
z	0	0	0	1

表 4-12　逻辑比较真值表

= =	0	1	x	z
0	1	0	x	x
1	0	1	x	x
x	x	x	x	x
z	x	x	x	x

例如：com_data1 = 4'b101x；

com_data2 = 4'b101x；则

com_data1 = = com_data2

等式运算结果为 x（未知）。因为无法确定末尾 x 是否相同。

而有一种特殊情况，例如：

com_num1 = 4'b101x；

com_num2 = 4'b001x；

运算式

com_num1！ = com_num2；

虽然两个操作符中都含有未知量 x，但由于比较是从左向右进行的，在比较第一位时，发现不相等，从而得出结论两个操作符不相等，并将后面位的比较舍弃，返回值为1。

若操作数位宽不等，则位宽较小的操作数左侧用0补齐。

例如：4'b0010 = = 2'b10；

表达式等价于

4'b0010 = = 4'b0010；

比较结果为 true，返回值1。

6. 移位运算符

移位操作符有“< <”（逻辑左移运算符）、“> >”（逻辑右移运算符）、“< < <”（算术左移运算符）、“> > >”（算术右移运算符）4种。

移位操作符有两个操作数，例如 y < < x。移位操作将 y 向左移动 x 位。右侧操作数总被认为是一个无符号数。

对逻辑运算而言，由移位产生的空位总是填0；对于算术运算在右移过程中产生高位空位，如操作数为无符号数，以0填补，如操作数为有符号数，以符号位填补。

例如：reg_u = 8'b00001010；

reg_s = 8'sb10001010；

则

```
reg_u < <2          //左移2位,结果为'b00101000
reg_s > > >2        //右移2位,结果8'sb11100010
```

7. 位拼接运算符

位拼接运算符可以把两个或多个信号的某些位拼接起来，其使用方法如下：

{expr1，expr2，expr3，…，exprN}

拼接运算符是把位于大括号“{}”中的两个或两个以上用逗号“，”分隔的小表达式按位连接在一起，形成一个大的表达式。

例如：
```
wire;3:0]a,b;
wire;7:0]x;
assignx = {a,b};      //将a赋值给x的高4位,b赋值给x的低4位
```

位拼接可以用重复法来简化表达式，如

```
{4{a}}          //这等同于{a,a,a,a}
```

还可以用嵌套的方式来表达，如

```
{b,{3{a,b}}}          //这等同于{b,a,b,a,b,a,b}
```

8. 缩减运算符

缩减运算符的操作数只有一个，并且只产生1位数据结果。缩减运算符运算有“&”（缩减与）、“|”（缩减或）、“~&”（缩减与非）、“~|”（缩减或非）、“^”（缩减异或）、“~^”（缩减同或）6种。

缩减运算符是对单个操作数进行与、或、非递推运算，最后的运算结果是1位二进制数。缩减运算的具体运算过程是：先将操作数的第1位与第2位进行与、或、非运算；然后将运算结果与第3位进行与、或、非运算，以此类推，直到最后1位。

1）&（缩减与）：如果操作数某一位的值为0，那么结果为0；如果操作数某位的值为x或z，那么结果为x；否则结果为1。

2）|（缩减或）：如果操作数的某一位的值为 1，那么结果为 1；如果操作数的某一位的值为 x 或 z，那么结果为 x；否则结果为 0。

3）~&（缩减与非）：缩减与操作结果的取反。

4）~|（缩减或非）：缩减或操作结果的取反。

5）^（缩减异或）：如果操作数的某一位的值为 x 或 z，那么结果为 x；如果操作数中偶数个 1，那么结果为 0；否则结果为 1。

6）~^（缩减同或）：缩减异或操作结果的取反。

例如：
```
A ='b0101;
B ='b0100;
|B        操作数中有 1,所以结果为 1;
&A        操作数中有 0,所以结果为 0;
^A        操作数中有偶数个 1,所以结果为 0。
```

9. 条件运算符

条件运算符是一个三目运算符，其格式如下：

条件表达式？表达式 1：表达式 2

条件运算符根据条件表达式的值从两个表达式中选择一个表达式，若条件表达式为 1，则执行表达式 1；若条件表达式为 0，则执行表达式 2。

例如：给 abus 赋值
```
abus = cnt >20? dat_a:dat_b;
```
当 cnt >20 条件成立，即为真时，将 dat_ a 的值赋值给 abus，否则，将 dat_ b 的值赋值给 abus。

4.4.5　字符串、关键字、标识符

1. 字符串

字符串是用双引号括起来的字符序列，一个字符串必须在一行内写完，不可以分为多行。例如“Hello”是一个合法的字符串。

2. 关键字

关键字是 Verilog HDL 预留的定义语言结构的特殊标识，全部由小写字母定义。Verilog HDL 是一种区分大小写的语言，因此在书写代码时需要特别注意区分大小写，以免出错。有关 Verilog HDL 关键字可以参考 Verilog HDL 语法手册。

3. 标识符

标识符是模块、变量、端口、实例、块结构、函数等对象的名称，程序通过标识符访问相应的对象。Verilog HDL 中标识符由字母、数字以及下画线任意排列而成，但必须注意：

1）标识符的长度不能超过 1024 个字符。

2）标识符第一个字符不能为数字。

3）标识符是区分大小写的，因此在编写代码时应保持大小写的风格一致，避免出现错误。

4.5　赋值语句

赋值语句是使用频率最高、最重要的语句。Verilog HDL 有两种为变量赋值的方法，一

种叫做连续赋值（Continuous Assignment），另一种叫做过程赋值（Procedural Assignment）。过程赋值又分为阻塞赋值（Blocking Assignment）和非阻塞赋值（Nonblocking Assignment）。

4.5.1 连续赋值

连续赋值是为线网型的变量提供驱动的一种方法，它只能为线网型变量赋值，并且线网型变量也必须用连续赋值的方法赋值。可以把线网型变量理解为实际电路中的导线，连续赋值语句负责把导线连到驱动源上。连续赋值语句常常被用来建立数据流的行为模型，所以建立组合逻辑电路行为模型的最好方法是使用连续赋值语句。连续赋值语句最基本的格式如下：

assign #;延时量]线网型变量名 = 赋值表达式；

从以上格式可以看出，连续赋值的表达方式是以关键字 assign 开头，后面跟用“=”赋值的语句。

例如：//线网声明

```
wire flag_tag;
wire;7:0] Data_byte;
//连续赋值语句
assign   flag_tag = &Data_byte;
```

连续赋值语句被赋值的目标是 flag_tag，右侧的表达式是 &Data_byte，即将 Data_byte 按位与的结果赋值给 flag_tag。连续赋值语句中，只要右侧表达式中的操作数有事件发生（操作数改变），就会计算右侧表达式，并且如果结果与原值不同，则把新的结果赋值给左侧被赋值的目标，如上面例子中，如果 Data_byte 发生了变化，就开始计算右侧表达式 &Data_byte 的值，若发生了变化，将计算出来的值赋值给线网 flag_tag。

连续赋值语句中被赋值的目标也可以是多个线网的拼接，下面的例子中，被赋值的目标是两个标量线网和一个向量线网的拼接体。

```
wire  header,frame_end;
wire;7:0]  frame;
wire{9:0}  getch_data;
//连续赋值语句
assign{header,frame,frame_end} = getch_data;
```

左侧位宽为10位（header，frame_end 均1位，frame 为8位），该语句将10位输入数据的首位赋值给 header，末尾赋值给 frame_end，中间8位赋给 frame。

如果在连续赋值语句中没有定义时延，如前面的例子，则右端表达式的值立即赋给左端表达式，时延为0。而有一些连续赋值语句有时延，如下：

```
assign   #5A_rst   = gate_a&gate_b;
```

该连续赋值语句中定义时延为5个单位时间。当右端表达式计算结果有变化时，需要经过5个单位时间的时延，A_rst 才会被赋予新值。图4-7举例说明了连续赋值语句中的传输时延，A_rst'是右端表达式的传输前的

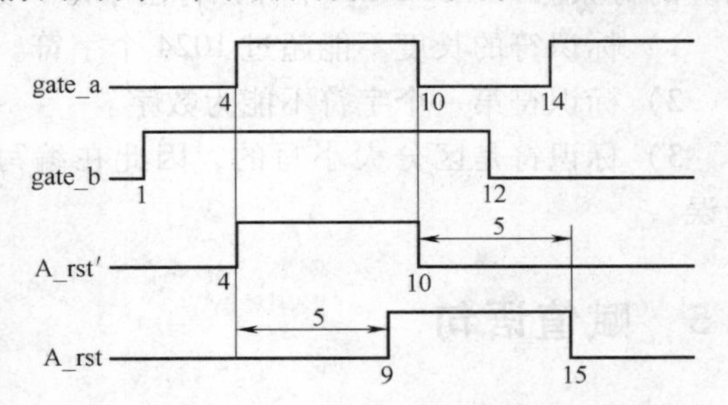

图4-7 连续赋值语句中的传输时延

计算值。

最后强调一下，连续赋值只可以对线网型变量进行赋值，对寄存器型变量赋值需要使用过程赋值。assign 与 assign 之间、always 与 assign 以及模块实例之间都是同时发生的。因此，assign、always 和模块实例在程序中出现的顺序可以随意排列。

4.5.2　过程赋值

过程赋值提供了为寄存器型变量赋值的方法，出现的位置是在各种块结构中，例如 always 块、initial 块等。过程赋值又分为阻塞赋值和非阻塞赋值两种。在 Verilog 中，它们都是基本和常用的部分，但是又比较引起人们的困惑，不太容易区分使用。

1. 阻塞赋值

阻塞赋值使用“ = ”为变量赋值，如 a = b；在赋值结束以前不可以进行其他操作，在赋值结束后才继续后面的操作。这个过程好像阻断了程序的运行，因而被称为阻塞赋值。显然，连续的阻塞赋值操作是顺序完成的。

【例 4-8】　阻塞赋值举例。

```
always @  (posedge clk)
begin
    b = a;
    c = b;
end
```

在 always 块中用了阻塞赋值方式，定义了两个 reg 型信号 b 和 c。clk 信号的上升沿到来时，b 马上取 a 的值，c 马上取 b 的值（即 c 等于 a），生成的电路中只有一个触发器来寄存 a 的值，同时把 a 的值输出给 b 和 c。

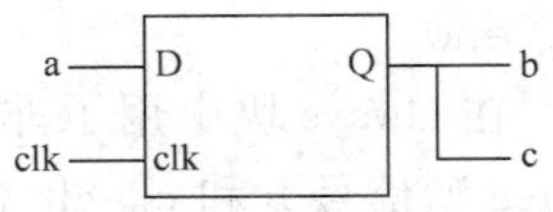

对应的电路功能如图 4-8 所示。

图 4-8　阻塞赋值方式的“always”块示意图

阻塞赋值语句在每个右端表达式计算完后立即赋给左端变量，前一条语句的执行结果直接影响到后面语句的执行结果。

【例 4-9】　连续的阻塞赋值举例。

```
module blocking(din,dout);          //din 为数据输入信号;dout 为数据输出信号
    input din;
    output dout;
    wire din;
    reg dout;
    reg;1:0]temp;                   //数据缓冲
    always  @ (din)
    begin                           //连续的阻塞赋值
        dout = temp;1];
        temp;1] = temp;0];
        temp;0] = din;
    end
endmodule
```

阻塞赋值语句是一个接一个地执行的，首先执行 dout = temp［1］，将 temp［1］的值赋给了 dout，然后才执行 temp［1］= temp［0］，此时 temp［1］的值才被更新，最后执行 temp［0］= din，将 din 的值赋给 temp［0］。仿真结构如图 4-9 所示。

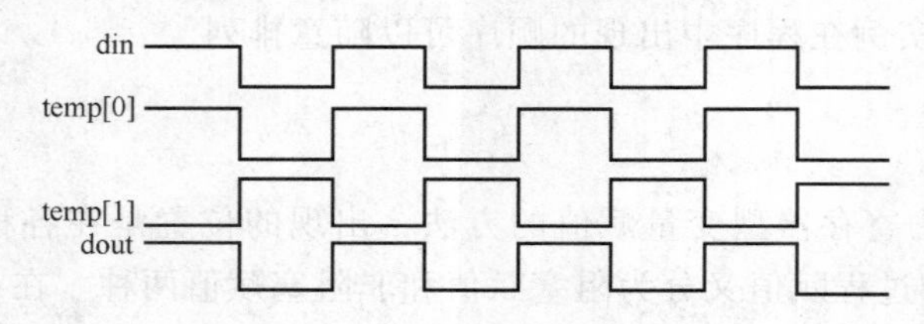

图 4-9　连续的阻塞赋值仿真波形

2. 非阻塞赋值

非阻塞赋值使用"< ="为变量赋值，在执行到连续的非赋值语句时，仅仅对"< ="右端表达式进行评估，但并不立即赋值给左端，然后继续执行后面的操作，当块结构结束后所有的非阻塞赋值同时进行赋值。这个过程好像没有阻断程序的运行，因而被称为非阻塞赋值。非阻塞赋值符"< ="与小于等于符"< ="看起来是一样的，但意义完全不同，小于等于是关系运算符，用于比较大小，而非阻塞赋值符用于赋值操作。

【例 4-10】　非阻塞赋值举例。

```
always @ (posedge clk)
begin
      b < =a;
      c < =b;
end
```

在 always 块中用了非阻塞赋值方式，定义了两个 reg 型信号 b 和 c。clk 信号的上升沿到来时，b 就等于 a，c 就等于原来 b 的值，这里用了两个触发器。对应的电路功能如图 4-10 所示。

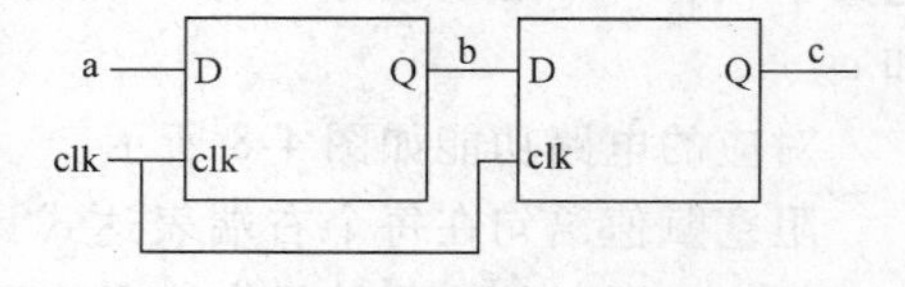

图 4-10　例 4-9 对应的电路功能图

【例 4-11】　连续的非阻塞赋值举例。

```
module nonblocking(clk,rst,out1,out2);      //clk 为时钟输入信号
                                            //rst 为复位信号,低电平有效

    input  clk,rst;
    output  out1,out2;
    wire  clk,rst;
    reg out1,out2;
    always  @ (posedge clk or negedge rst)  //触发条件:clk 为上升沿,rst 下降沿
      begin
        if(! rst)                           //异步复位
          begin
          out1 < =1;                        //为输出信号赋初值
          out2 < =0;
          end
```

```
        else                              //时钟clk上升沿到来
          begin
          out1 < =out2;                   //多条非阻塞赋值同时完成
          out2 < =out1;
        end
      end
endmodule
```

连续的非阻塞赋值仿真波形如图4-11所示，当rst异步复位信号变为低电平时，为out1和out2赋初值1和0，之后，当clk时钟信号的上升沿到来时，执行always块内的内容。由于使用了连续的非阻塞赋值，out1 < =out2和out2 < =out1这两条语句是同时完成的。在复位完成后的clk的第一个上升沿的到达时刻，out1的值为1，out2的值为0，然后out1和out2分别将自身的值赋给对方，相当于交换了out1和out2的值，以后每次在clk的上升沿到来时out1和out2都互换取值。

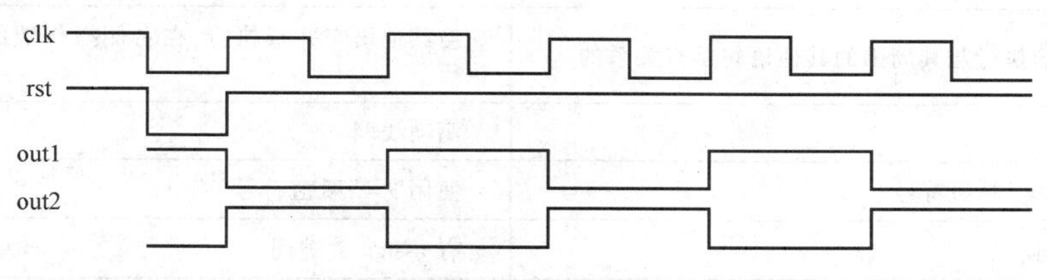

图4-11 连续的非阻塞赋值仿真波形

3. 使用阻塞赋值与非阻塞赋值语句的注意事项

在应用中一定要注意以下事项：

1）阻塞赋值语句的操作符为“=”，非阻塞赋值语句的操作符为“< =”。

2）多条阻塞赋值语句是顺序执行的，而多条非阻塞赋值语句是并行执行的。

3）在使用always块描述组合逻辑时，采用阻塞赋值；在使用always块描述时序逻辑时使用非阻塞赋值。

4）在赋值时不要使用0延迟。

5）不要在同一个always块中同时使用非阻塞赋值和阻塞赋值。

6）无论是使用阻塞赋值和非阻塞赋值，不要在多个always块中为同一个变量赋值。

下面是两个always块都为dout赋值的例子。

```
always  @ (posedge clk)
    if(sel = =1)  dout < =din1;  //当sel = =1时,将din1的值赋给dout
always  @ (posedge clk)
    if(sel = =0)  dout < =din2;  //当sel = =0时,将din2的值赋给dout
```

在硬件描述语言中两个always块都为dout赋值是完全行不通的。当clk上升沿到来时，如果sel信号的值为1，第一个always块执行的结果是将din1的值赋给dout，而第二个always块并不是不执行，在不满足将din2的值赋给dout的条件下，第二个always块试图保持的dout的值不变。由于这两个always块又是同时执行的，因而就有可能引起赋值冲突。可以采用在同一个always块内为同一个变量赋值，如：

```
always  @ (posedge clk)
  begin
```

```
    if(sel = =1)              //当 sel = =1 时,将 din1 的值赋给 dout
      dout < =din1;
    else                      //当 sel = =0 时,将 din2 的值赋给 dout
      dout < =din2;
  end
```

4.5.3 连续赋值和过程赋值的不同

连续赋值和过程赋值的不同之处见表 4-13。

表 4-13　连续赋值与过程赋值间的不同之处

连续赋值与过程赋值间比较	
过程赋值	连续赋值
出现在 initial 语句和 always 语句中	出现在模块(module)中
过程赋值语句的执行与其周围的其他语句是有关系的	与其他语句并行执行;在右侧操作数的值发生变化时执行
驱动变量	驱动线网
使用"="、"< ="赋值符号	使用"="赋值符号
无 assign 关键词	有 assign 关键词

【例 4-12】　解释连续赋值和过程赋值这些差别。

```
module procedural;
  reg A,B,Z;
  always @ (B)
    begin
        Z = A;
        A = B;
    end
  endmodule
module Continuous;
    wire A,B,Z;
    assign Z = A;
    assign A = B;
endmodule
```

假定 B 在 10ns 时有一个事件。在过程性赋值模块中，两条过程语句被依序执行，A 在 10ns 时得到 B 的新值。Z 没有得到 B 的值，因为赋值给 Z 发生在赋值给 A 之前。在连续赋值语句模块中，第二个连续赋值被触发，因为这里有一个关于 B 的事件，这引起了关于 A 的事件，A 引发第一个连续赋值被执行，这相应引起 Z 得到了 A 的值。Z 的新值是 A 而不是 B。然而如果事件发生在 A 上，过程性模块中的 always 语句不执行，因为 A 不在那个 always 语句的实时控制事件清单中。在连续赋值语句中，第一个连续赋值执行，并且 Z 得到 A 的新值。

4.6 块语句

块语句通常用来将两条或多条语句组合在一起，使其在格式上看更像一条语句。在 Verilog HDL 中有顺序语句块（begin-end）、并行语句块（fork-join）两种语句块。

顺序语句块中的语句按照给定的次序顺序执行；并行语句块中的语句并行执行，无先后顺序。语句块可以有标识符，如果有标识符，寄存器变量可在语句块内部声明。带标识符的语句块可以被调用。

4.6.1 顺序语句块（begin-end）

begin-end 顺序语句块中的语句按照顺序方式执行。直到最后一条语句执行完，程序流程控制才跳出该语句块，一旦顺序语句块执行结束，跟随顺序语句块过程的下一条语句继续执行。每条语句中的时延值与前面的语句执行的模拟时间相关。顺序语句块的语法如下：

```
begin  ;:标识符]
    语句 1;
    语句 2:
    ……

end
```

【例 4-13】 利用 begin-end 顺序语句块生成波形。

```
begin
    #1 wave = 1;
    #3 wave = 0;
    #5 wave = 1;
    #2 wave = 0;
    #4 wave = 1;
    #3 wave = 0;
end
```

假定顺序块在第 0 个时间单位开始执行。第 1 个时间单位后语句 1 开始执行，执行完后下一条语句在 3 个时间单位后即第 4 个时间单位执行，然后下一条在第 9 个时间单位执行，以此类推。该顺序语句在执行过程中产生的波形如图 4-12 所示（每个时间单位是 10ns）。

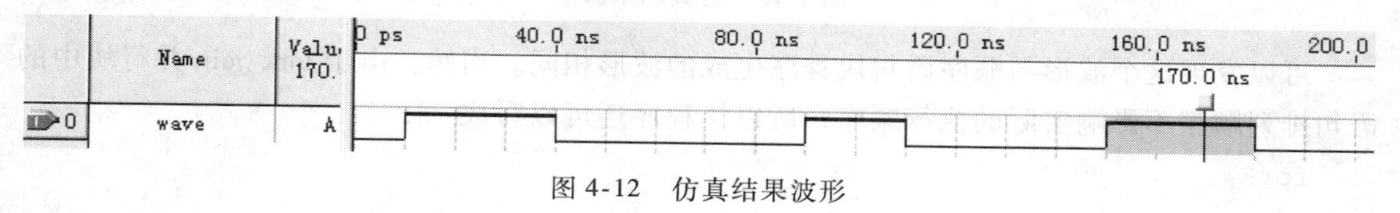

图 4-12　仿真结果波形

【例 4-14】 顺序过程的另一个实例。

```
begin:logic_c
    reg;7:0]  rsut;
    rsut = enable & Data;
    flag = ^rsut;
```

```
end
```

在这个实例中，顺序语句块带有标识符 logic_c，并且有一个局部寄存器说明。两条语句同样是按照顺序，先执行第一条（rsut = enable & Data），再执行第二条（flag = ^rsut）。

4.6.2 并行语句块（fork-join）

fork-join 之间也可以添加多条语句，这些语句的关系是并行的，是同时执行的，即程序流程控制一进入到该并行块，块内的语句则同时并行地执行。当需要执行最长时间的语句执行完成后，或一个 disable 语句执行时，程序流程控制跳出该程序块。如果语句前面有延时符号“#”，那么延时的长度是相对于 fork-join 块的开始时间而言的。并行语句块语法如下：

```
fork[:标识符]
    语句 1;
    语句 2:
    ……
join
```

【例 4-15】 利用并行语句块（fork-join）生成波形。

```
fork
    #1 waves =1;
    #4 waves =0;
    #9 waves =1;
    #11 waves =0;
    #15 waves =1;
    #18 waves =0;
join
```

如果并行语句块在第 0 个时间单位开始执行，所有的语句并行时延都是相对于时刻 0 的。例如第 3 句赋值语句，在第 9 个时间单位将 waves 值设定为 1，第 4 句赋值语句在第 11 个时间单位将 waves 值设定为 0。当每个时间单位是 10ns 时，波形图如图 4-13 所示。

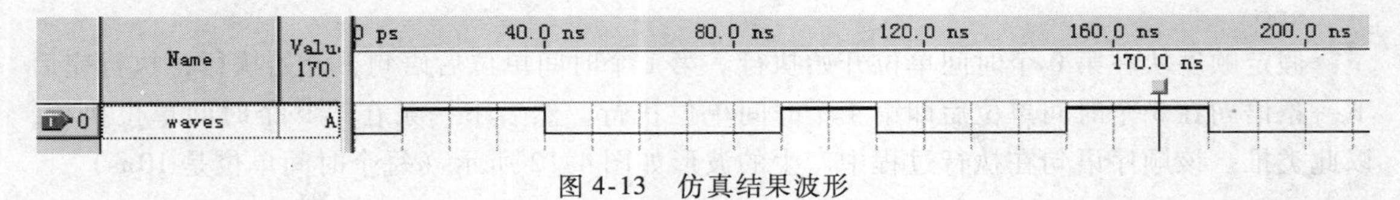

图 4-13　仿真结果波形

可以发现这个波形与顺序语句块程序生成的波形相同。当然，由于 fork-join 并行块中的语句排列顺序不影响实际的执行顺序，所以该程序还可以写成：

```
fork
    #1 waves =1;
    #9 waves =1;
    #15 waves  =1;
    #4 waves =0;
    #11 waves =0;
    #18 waves =0;
```

```
join
```
程序生成的波形相同。

4.6.3 起始时间和结束时间

顺序块和并行块中都有一个起始时间和结束时间的概念。对于顺序块，起始时间就是第一条语句开始被执行的时间，结束时间就是最后一条语句执行完的时间。而对于并行块来说，起始时间对于块内所有的语句是相同的，即程序流程控制进入该块的时间，其结束时间是执行时间最长语句的执行结束的时间。

4.7 条件语句

Verilog HDL 有两种实现条件结构的方法，一种是 if-else 语句，另一种是 case 语句。这和 C 语言非常类似，但这仅仅是表面现象。设计人员在用 Verilog HDL 进行编程时，应该时时刻刻牢记自己设计的是电路，而不是软件，只有这样才能掌握这门硬件描述语言。

4.7.1 if-else 语句

Verilog HDL 的 if-else 语句常用的使用方式有 3 种：

(1) if（条件表达式）

  操作 1；

 else

  操作 2；

这是最基本的形式，由一个 if 分支和一个 else 分支组成。系统将对条件表达式的值进行判断，若为 1，按真处理，则执行操作 1；若为 0、x、z，按假处理，则执行操作 2。

(2) if（条件表达式）

操作；

这种形式是第一种的简化形式，如果表达式条件表达式为真，则执行操作；否则跳过该条件语句执行下一条语句。

(3) if（条件表达式 1）

  操作 1；

else if（条件表达式 2）

  操作 2；

……

else

 操作 *N*；

此形式是 if-else 的级联，仍是一个 if-else 的结构，只是在 else 分支里又嵌套了若干级 if-else 语句。如果条件表达式 1 为真，执行操作 1；否则判断条件表达式 2，如果为真，执行操作 2；如果仍不成立，则继续向下判断，如果所有条件都不满足，则执行 else 语句，执行操作 *N*。

【例 4-16】 如果 a > b 成立，out = 1；否则 out = 0。

```
if (a>b)
```

```
    out =1;
else
    out =0;
```

值得注意的是，如果第二种与第一种形式联合使用，即 if-else-else 格式时，可能产生二义性。

【例 4-17】 D 触发器程序。

```
if(enable)
        if(reset)
        Q=0;
        else
        Q=D;
```

条件语句中，允许条件表达式的简写，if（enable）等同于 if（enable = =1）；if（reset）等同于 if（reset = =1）。

在 Verilog 中规定，else 与其上最近一个没有 else 关联的 if 相关联。所以例 4-16 的程序表示，如果 enable 为真，判断 reset 真值，如果 reset 为真，Q=0；如果 reset 为假，Q=D。

第一种写法清晰、明确，不会出现类似的错误。因此，强烈建议在使用 Verilog HDL 编程的时候，总是在 if 后面添加 else。这会避免一些低级而又十分难查的错误，节省调试程序的时间。

4.7.2 case 语句

if-else 语句给人们提供了一些手段可以根据表达式的值，在两个分支之间选择，但当分支有很多时，基于 if-else 语句的代码会使编程语言晦涩难懂。这种情况下，人们通常选用 Verilog 中的 case 语句，其定义如下：

```
case(控制表达式)
    分支表达式 1:操作 1;
    分支表达式 2:操作 2;
    ……
    分支表达式 n:操作 n;
    default:操作 n+1
endcase
```

case 语句首先对控制表达式进行求值，然后依次跟各个分支表达式进行比较，如果相等匹配，分支项中的语句操作将被执行；若多个分支表达式与之匹配，则只执行首先检测到的匹配项，然后跳出 case 语句；如没有匹配项，执行默认项 default 中的语句。

【例 4-18】 case 语句举例 1。

```
case(in)
    1'b 0:out=a;
    1'b 1:out=b
    default:out=1'bz;   //这里给一个默认值
endcase
```

对于以上代码，in 为控制表达式，而 1'b 0、1'b 1 都是分支表达式。当 in =1'b 0 时，程序选择 1'b 0 后面的语句执行，也就是 out = a；而当 in = 1'b 1 时，程序选择 1'b 1 后面的语句执行，也就是 out = b；当 in 输入为高阻态或不定值时，out 也输出为高阻态。

若知道事件表达式的所有可能值都已经考虑到了，可以使用综合指令 full_case。这样就不会因为没有列出所有可能条件而综合出锁存器（latch）。

【例 4-19】 case 语句举例 2。

```
always @ (posedge clk )
  begin
      out = out;
      case( sel ) //synopsys full-case
          2'b00:out = a;
          2'b10:out = b;
          2'b01:out = c;
      endcase
  end
```

综合工具将 full_case 附注解释为，当 sel = “11” 时未声明事件不会发生。尽管赋值 out = out，合成工具也不会产生锁存器。case 语句中控制表达式的值和分支表达式的值在比较时，相当于使用 “ = = = ” 操作符，也就是说，如果控制表达式的值和分支表达式的值同时为不定值或者同时为高阻态，则都认为是相等的。

和 case 语句功能相似的还有 casex 和 casez 语句。这两条语句用于处理在条件表达式和分支项的比较过程中存在 x 或者 z 的情况，casez 语句将忽略比较过程中的值为 z 的位，而 casex 语句将忽略比较过程中的值为 x 或 z 的位。表 4-14、表 4-15 和表 4-16 是 case、casez 和 casex 语句的真值表。

表 4-14　case 语句的真值表

case	0	1	x	z
0	1	0	0	0
1	0	1	0	0
x	0	0	1	0
z	0	0	0	1

表 4-15　casez 语句的真值表

casez	0	1	x	z
0	1	0	0	1
1	0	1	0	1
x	0	0	1	1
z	1	1	1	1

表 4-16　casex 语句的真值表

casex	0	1	x	z
0	1	0	1	1
1	0	1	1	1
x	1	1	1	1
z	1	1	1	1

【例4-20】 使用casex进行4线-2线优先编码器设计。

```
casex(in)
    4'b0xxx:out=1;  //当最高位输入0,不论其他位输入何值时,out=1
    4'b10xx:out=2;  //如果最高位输入非0,次高位输入0,忽略其他低位值,out=2
    4'b110x:out=3;
    4'b1110:out=4;
    default:out=0; //无0输入时,out=0
endcase
```

如果使用case、casez和casex语句，最好加上default项，明确设计目标，同时也增强了Verilog程序的可读性。

4.7.3 比较if-else嵌套与case语句

使用if-else嵌套形式与case语句都可以实现多分支选择。从图4-14和图4-15可以发现，if-else嵌套实现的是带有优先级的多分支选择，每次从两种选择中排除一种；而case语句多个条件分支处于同一优先级。

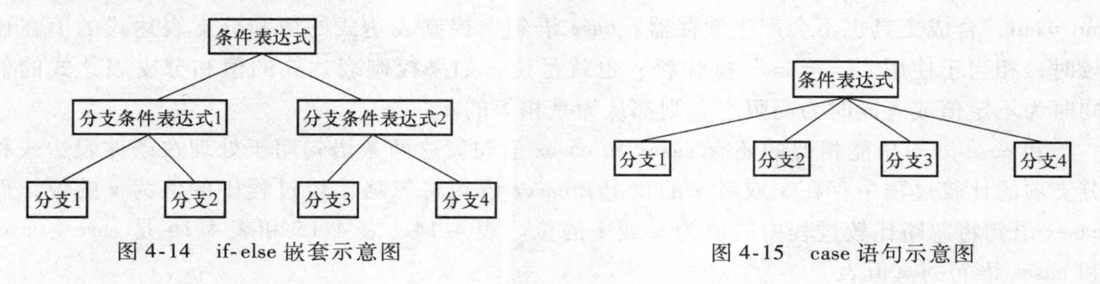

图4-14 if-else嵌套示意图　　图4-15 case语句示意图

4.8 循环语句

Verilog HDL中有for语句、forever语句、repeat语句、while语句4类循环语句，用来控制执行语句的执行次数。

4.8.1 for语句

Verilog HDL中for语句跟C语言中for语句的语法几乎一样，容易被学习过C语言的设计人员所接受。其格式如下：

(1) for（循环变量赋初值；循环终止条件；更新循环变量）

　　循环执行语句；

(2) for（循环变量赋初值；循环终止条件；更新循环变量）

begin

　　语句；

end

在使用for语句循环时，需要先定义一个用于控制循环次数的变量。for语句的执行过程如下：

1）先求解循环变量的初值。

2）再求解循环终止条件，若其值为真（非 0），则执行 for 语句中循环执行语句，然后执行下面的第 3 步；若其值为假（0），转到第 5 步。

3）执行更新循环变量。

4）转回第 2 步继续执行。

5）执行 for 语句下面的语句。

【例 4-21】 用 for 语句，对变量 a 进行加 4 操作。

```
for(i=0;i<4;i=i+1)
   begin
      a=a+1;
   end
```

4.8.2　forever 语句

forever 是永远执行的语句，也就是代表无穷的循环下去，不需要声明任何变量。如果想要退出循环，必须采用强制退出循环的方法。语法形式如下：

(1) forever 语句；

(2) forever

```
       begin
            语句；
       end
```

其中 begin-end 之间的语句，在整个仿真期间重复执行。在实际电路中，有许多可以用 forever 语句来抽象的器件。

【例 4-22】 产生一个一直持续的周期为 10 个单位时间的时钟波形。

```
initial
   begin
     clk=0;          //时钟信号初始值为 0
     forever
     #5 clk=~clk; //永远执行延时 5 个仿真时间后翻转时钟
   end
```

4.8.3　repeat 语句

repeat 带有一个控制循环次数的常量或者变量，是最简单的循环语句，用于已知循环次数的情况。语法形式如下：

(1) repeat（循环次数）语句；

(2) repeat（循环次数）

```
    begin
         语句；
    end
```

repeat 语句在执行时，循环次数必须是一个定值，或者是一个有确定值的表达式。如果控制循环次数的常数或者变量值不确定（x 或 z），那么循环次数按 0 处理。

【例 4-23】 利用 repeat 语句实现连续 4 次加 1 操作。

```
repeat(4)
    begin
        a = a + 1;
    end
```

4.8.4　while 语句

repeat 语句只能用于固定循环次数的情况，而 while 语句则灵活得多，它可以通过控制某个变量的取值来控制循环次数。while 循环语句的语法格式如下：

(1) while（条件表达式）　语句；

(2) while（条件表达式）

```
    begin
        多条语句;
    end
```

如果括号里的条件表达式为真时，就执行循环部分的操作；如果条件表达式为假，则循环部分的操作不被执行；若条件表达式为 x 或 z，则按照逻辑假处理。在使用 while 语句时，一般要在循环体内更新条件的取值，以保证在适当的时候退出循环；当然也可以在特定情况下强制退出循环。

【例 4-24】　利用 while 语句实现连续 4 次加 1 操作。

```
i = 0                    //i 为用于控制循环次数的变量，赋初值 0
while(i < 4)             //当满足 i < 4 的条件时执行循环部分
    begin
        a = a + 1;
        i = i + 1;       //更新循环变量的取值,使循环 4 次后退出循环
end
```

4.9　过程语句

本节介绍两种过程性语句：always 语句和 initial 语句。一个程序模块可以有多个 initial 和 always 过程块。每个 initial 和 always 语句在仿真的一开始就同时立即开始执行。initial 语句只执行一次，而 always 语句则是不断地重复被运行着，直到仿真过程结束。但 always 语句后跟着的过程块是否运行，则要看它的触发条件是否满足，如满足则运行过程块一次，再次满足则再运行一次，直至仿真过程结束。

4.9.1　initial 语句

initial 过程块由 initial 语句和语句块组成，一条 initial 语句只执行一次，initial 语句在仿真开始时开始执行，其语法格式如下：

```
    initial
        语句块
```

语句块的格式如下：

```
begin
```

```
    <时间控制 1>   行为语句 1;
    ......
    <时间控制 n>   行为语句 n;
end
```

对该语句的说明如下：

1）过程语句关键词 initial 表明该过程块是一个 initial 过程块。

2）语句块中可以是 begin-end 语句组或 fork-join 语句组，这两组语句构成的语句块分别称为顺序语句块和并行语句块。

3）<时间控制>为可选项，用来指定延时时间。

上述 initial 语句分别为无时序控制的和有时序控制的过程性赋值语句。

【例 4-25】 无时序控制的过程性赋值语句。

```
reg seq_red;
...
initial
    seq_red = 2;
```

其中，initial 语句在 0 时刻执行，因此 seq_red 的值在 0 时刻被赋值为 2。

【例 4-26】 有时序控制的过程性赋值语句。

```
reg seq_red;
...
initial
    # 2 seq_red = 2;
```

其中，initial 语句同样在 0 时刻执行，但延时两个时间单位，才将 seq_red 赋值为 2。

initial 过程块的使用主要面向功能仿真，不具有可综合性。它通常用于实现仿真激励模块的初始化、监视、波形生成等功能；而在对硬件功能模块的行为描述中，initial 过程块常常用来对顺序执行一次的进程进行描述，例如它可以用来为寄存器变量赋初值。

【例 4-27】 一个 initial 过程块用于电路仿真生成激励信号波形的例子。

```
module timewave(outputs)
    output ;5:0] reg outputs;
    initial
      begin
        outputs = 'b000000;      //初始时刻为 0
         #10 outputs = 'b011001;
         #20 outputs = 'b010011;
        #15 outputs = 'b100111;
         #10 outputs = 'b100000;
      end
endmodule
```

仿真中生成激励波形如图 4-16 所示。

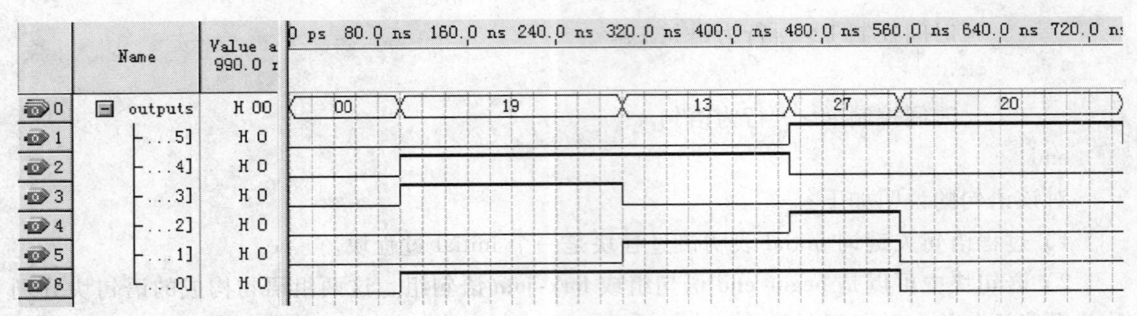

图 4-16　仿真中生成激励波形

4.9.2　always 语句

always 过程块是由 always 过程语句和语句块组成的，always 语句在仿真过程中是不断重复执行的，但 always 语句后跟着的过程块是否执行，则要看它的触发条件是否满足，如满足则运行过程块一次；如不满足，则不执行语句块。

其语法格式如下：

```
always @ (敏感时间列表)
begin
    <时间控制 1 >   行为语句 1;
    …
    <时间控制n >   行为语句n ;
end
```

针对上述格式做以下说明：

1）过程语句关键词 always 标明该过程块是一个 always 过程块。

2）@（敏感时间列表）是一个可选项，带有敏感时间列表的语句块的执行要受到敏感时间的控制。敏感时间列表是由一个或者多个时间表达式组成的，当存在多个时间表达式的时候用 or 将它们组合起来。

例如：always @ （negative clk or positive rst）

敏感时间是 clk 信号的下降沿或 rst 信号的上升沿，此时才执行下面的语句块；

3）<时间控制>为可选项，用来指定延时时间。

【例 4-28】　一个 always 过程块描述组合逻辑的例子。

```
module three_input_and(f,a,b,c);
    output f;
    input a,b,c;
    reg f;
      always @ (a or b or c)
          begin
             f = a&b&c;
          end
    endmodule
```

该例描述了一个 3 输入的与门，输出信号是 a、b、c 信号的线与，当输入信号 a、b、c

其中任意一个发生变化时，执行 f = a&b&c，重新计算 f 的值。那么，如果将 always@ （a or b or c）替换为 always @ （a or b）会是什么效果呢？此时，如果 a 或 b 的值发生改变，仍然会执行 f = a&b&c，但 c 发生变化后，由于其不在敏感事件列表中，不会触发 always 块，输出 f 的值仍然是之前的值。

值得注意的是，如果 always 块不带敏感事件列表，会出现仿真死锁，例如：

```
always
begin
    clk = ~clk;
end
```

这个例子中，由于 always 语句没有敏感事件列表，所以 begin-end 语句块是无条件无限重复执行的，这样当仿真进行到 always 过程块后，将开始重复执行 clk = ~clk；由于该语句没有时间控制部分，其每次执行都不需要时延，仿真进程就停留在这个时刻不断重复的执行这条语句，不能向下进行仿真，进入了一种仿真死锁状态。要避免这种状态，需要为语句块中的语句加上延时控制：

```
always
begin
    #10 clk = ~clk;
end
```

这样便产生了一个周期为 20 时间单位无限延续的时钟信号。

【例 4-29】 描述一个带异步置位的由负跳变沿触发的 D 触发器的行为模型。

```
module D_flipflop(clk,d,set,q,qbar)
  input clk,d,set;
  output reg q,qbar;
  always                          //不断重复执行
    wait(set = =1)
      begin
        #3 q < =1;
        #2 qbar < =0;
        wait(set = =0);
      end
  always @ (negative clk)     //clk 信号的下降沿触发
    begin
      if(set! =1)
        begin
          #5 q < =d;
          #1 qbar = ~q;
      end
    end
endmodule
```

在这个模块中有两条 always 语句，它们都是并行执行的。在第一条 always 语句中，顺序块的执行由电平敏感事件控制，在第二条 always 语句中，顺序块的执行由跳变沿敏感事件控制。

4.10　任务与函数

task 和 function 说明语句分别用来定义任务和函数，它们是存在于模块中的一种“子程序结构”。引入任务和函数的目的是为了对需要多次执行的语句进行描述，便于理解和调试，同时还可以使程序结构简化，增强代码的可读性。任务和函数内部定义的变量都是局部变量，对外是不可见的因此不必担心变量名发生冲突。

使用函数的目的是通过返回一个值来响应输入信号，Verilog HDL 模块使用函数时，则把它当做表达式中的操作符，操作的结果就是这个函数的返回值；任务却能支持多种目的，能计算多个结果值，这些结果只能通过被调用的任务的输出口送出。

例如，定义一个任务或者函数对一个 16 位的字进行操作，让它完成高字节与低字节互换，并把它变为另一个字功能。假定这个任务或函数名为 switch_bytes，old_word 中存储的是需要互换的字，new_word 中存储的是结果。

16 位字节互换任务的语句为

switch_bytes (old_word, new_word);

该语句的说明如下：任务 switch_bytes 把输入 old_word 字的高、低字节互换放入 new_word 端口输出，new_word 中存储的是输出结果。

通过调用 switch_bytes 函数，就完成了高低字节互换的功能，函数 switch_bytes 的返回值就是互换后的结果。因此，16 位字节互换函数的语句为

new_word = switch_bytes (old_word);

表 4-17 简单列出了任务和函数在使用上的一些区别。

表 4-17　任务和函数的对比

项目	任　务	函　数
调用方式	以单独语句的方式调用	以表达式的形式调用，比如在赋值语句中调用
函数	任意多个输入或者输出参数	至少有一个输入参数，不能包含输出或者双向参数
定时和事件控制	可以包含延时符号“#”或者事件控制符号“@”，也就是说任务可以在执行过程中挂起	不能包含延时符号“#”或者事件控制符号“@”，也就是说函数必须马上执行完
嵌套	可以调用其他任务或函数	只能调用其他函数
返回值	可以通过输出端口或者双向端口返回多个值	返回一个与函数同名的值

与任务相比较，函数的使用有较多的约束，下面给出函数的使用规则：

1）函数的定义不能包含任何的时间控制语句，即任何用#、@ 或 wait 来标识的语句，也就是说函数必须马上执行完。

2）函数不能启动任务。

3）定义函数时至少要有一个输入参量。

4）在函数的定义中必须有一条赋值语句给函数中的一个内部变量赋值以函数的结果，该内部变量具有和函数名相同的名字。

4.10.1　任务

Verilog HDL 中的任务与高级语言的过程类似，它不带返回值，可以直接调用。尽管任务不带有返回值，但任务的参数可以定义为输出端口或者双向端口，因此实际上任务可以返回多个值。定义一个任务使用关键字 task-endtask。

1. 任务定义的形式

```
task 任务名;
    <端口及数据类型声明语句>
    <语句 1>
    <语句 2>
    ……
    <语句n >
endtask;
```

在任务定义的时候必须注意，一个任务可以没有输入、输出或双向端口，也可以有多个输入、输出或双向端口；一个任务可以没有返回值，也可以通过输出或双向端口返回一个或者多个返回值；在一个任务中可以调用其他任务或者函数，也可以调用该任务本身；在任务定义结构中不允许出现过程块 initial 或 always。在任务内部定义的变量，作用域是在 task 与 endtask 之间，它们对调用任务的模块是不可见的。

2. 调用变量的传递

任务调用语句给出传入任务的参数值和接收结果的变量值。任务调用语句是过程语句，可以在 always 语句或 initial 语句中使用。形式如下：

任务名（端口 1，端口 2，端口 3，…，端口 N）；

需要注意的是，任务调用语句中参数列表必须和任务定义中参数说明的顺序匹配，并且在任务内定义的局部变量都具有局部和静态的特点。通过以下例子来说明怎样定义任务和调用任务。

【例 4-30】　一个利用任务调用实现运算单元的例子。

```
module alu(a,b,sum,difference);//端口定义
    input [1:0] a,b;            //端口说明,输入端口,操作数 a、b,位宽为 2
    output [2:0] sum;           //输出端口,sum 位宽为 3,sum = a + b
    output [2:0] difference;    //输出端口,difference 位宽为 3,difference = a- b
    wire [1:0] a,b;             //内部变量
    reg [2:0] sum;              //内部变量
    reg [1:0] difference;       //内部变量
    always  @ (a or b)
      begin
        //按照任务中定义的端口顺序调用任务
        cal (a,b,sum,difference)
      end
```

```
//定义任务 cal
    task cal;
    //任务端口列表
    input ;1:0] a,b;
    output ;2:0] sum;
    output ;2:0] difference;
    begin
      //执行运算
      sum = a + b;
      difference = a-b;
    end
    endtask
endmodule
```

【例 4-31】　一个利用任务调用实现交通灯控制的例子。

```
module traffic_lights;
    reg clock, red, yellow, green;
    parameter on =1,off =0,red_tics =350,yellow_tics =30,green_tics =200;
    //交通灯初始化
    initial     red = off;
    initial     yellow = off;
    intial     green = off;
    //交通灯时序
    always
        begin
        red = on;                          //开红灯
        light(red,red_tics);               //调用等待任务
        green = on;                        //开绿灯
        light(green,green_tics);           //调用等待任务
        yellow  = on;                      //开黄灯
        light(yellow,yellow_tics);         //调用等待任务
      end
//用于定义交通灯开启时间的 task 任务,用于延时
task light;
    output color;
    input;31:0] tics;
    begin
        repeat (tics)
            @ (posedge clock);             //等待 tics 个时钟的上升沿
        color = off;                       //关灯
    end
```

```
endtask
//产生时钟脉冲波形
always
   begin
   #100 clock = 0;
   #100 clock = 1;
   end
endmodule
```

在这个例子中，任务 light 使指定颜色的交通灯点亮，延时指定的时间后关闭。这个时间由 tics 的值和 repeat 语句决定，当经过 tics 个时钟后，通过输出端口 color 将指定的交通灯关闭。上述模块对应的功能是：点亮红灯 350 个时钟周期后关闭，再点亮绿灯 200 个时钟周期后关闭，最后点亮黄灯，经过 30 个时钟周期后关闭，如此循环。

4.10.2　函数

函数类似于 C 语言中的函数。调用函数的目的是返回一个表达式的值。因此，函数至少需要一个输入参数，且参数必须都为输入端口，不可以包含输出或者双向端口。函数有一个返回值，返回值被赋给和函数名同名的变量，这也决定了函数只能存在一个返回值。定义函数使用 function... endfunction 关键字。

1. 函数定义的形式

```
function;位宽 -1:0] 函数名;          //位宽是返回值的位宽
   <端口说明语句>                    //定义端口
   <变量类型说明语句>                //定义内部变量
   begin                             //函数主体
   <语句>
   ……
   end
endfunction;
```

2. 函数的调用格式

表达式 = 函数名(参数 1,参数 2,…,参数 n)

其中，函数名在函数中已经定义。

由于函数只能有一个返回值，需要对利用任务调用实现运算单元的例子进行修改。

【例 4-32】　利用函数调用实现运算单元的例子。

```
module alu(a,b,sum,difference);//端口定义
   input ;1:0] a,b;              //端口说明,输入端口,操作数 a、b,位宽为 2
   output ;2:0] sum;             //输出端口,sum 位宽为 3,sum = a + b
   output ;2:0] difference;      //输出端口,difference 位宽为 3, difference = a- b
   wire ;1:0] a,b;               //内部变量
   reg ;2:0] sum;                //内部变量
   reg ;1:0] difference;         //内部变量
   //定义 5 位 result,用于存放所有计算结果
```

```
    reg [4:0] result;
    always @ (a or b)
        begin
            //注意调用函数的方法和任务的不同
            result = alu (a,b);            //将函数作为表达式调用
            sum = result[4:2];             //返回值的第 4 ~ 2 位为 sum
            difference = result[1:0];      //返回值的第 1 ~ 0 位为 difference
        end
    //定义函数 cal
    function [4:0] cal;
    //输入端口列表
    input [1:0] a,b;
    begin
        //执行运算
        sum = a + b;
        difference = a-b;
        cal = {sum,difference};            //将返回值赋给和函数同名的变量
    end
    endfunction
endmodule
```

与任务相似，函数定义中声明的所有局部寄存器都是静态的，即函数中的局部寄存器在函数的多个调用之间保持它们的值。

4.11 预编译指令

和 C 语言一样，Verilog HDL 也可以对程序进行预编译处理。预编译处理的含义就是在程序被编译之前，将需要做处理的地方按照要求进行处理，然后再进行编译。在 Verilog HDL 中，预编译指令都有一个明显的标志，就是以符号“'”开头（在键盘上，“'”通常位于数字“1”的左边），总的来说，预编译指令不是 Verilog HDL 语句，结尾不用加分号。

Verilog HDL 有很多条预编译指令，但大部分并不常用，本节将就常用的宏定义语句、文件包含语句、时间尺度语句和条件编译语句进行介绍，其他的预编译指令可以参考 Verilog HDL 语法手册。

4.11.1 宏定义语句（'define、'undef）

宏定义语句'define 指令用于文本替换，很像 C 语言中的#define 指令，它用一个指定的标识符来代替一个字符串。在编译之前，编译器先将程序中出现的标识符全部替换为它所表示的字符串，然后再进行编译。宏定义主要可以起到两个作用：一是用一个有意义的标识符取代程序中反复出现的含义不明显的字符型；二是用一个较短的标识符替代反复出现的较长的字符串。宏定义的一般形式为

'difine 标识符（宏名）字符串（宏内容）

例如：

```
'define BUS_SIZE 32                //宏名为 BUS_SIZE,宏内容为 32
…
reg ; ' BUS_SIZE -1:0 ] AddReg;    //' BUS_SIZE 在编译前被替代为 32
```

一旦'define 指令被编译，其在整个编译过程中都有效。通过另一个文件中的'define 指令，BUS_ SIZE 能被多个文件使用。

'undef 指令可以取消前面定义的宏。例如：

```
'define WORD 16        //建立一个文本宏替代。
…
wire ; 'WORD :1] Bus;
…
'undef WORD            // 在'undef 编译指令后，WORD 的宏定义不再有效 .
```

在使用宏定义的时候还要有一些要注意的事项：

1）宏定义中的标识符是对大小写敏感的。建议使用大写字母，以与变量名相区别。

2）宏定义语句可以出现在程序中的任何位置，它的作用域是从宏定义语句之后一直到程序结束。如果对同一宏名做了多次定义，则只有最后一次定义生效。通常'define 指令写在模块定义的外面，作为程序的一部分，在程序内有效。

3）在引用已定义的宏名时，必须在宏名的前面加上符号“'”，表示该名字是一个经过宏定义的名字。

4）使用宏名代替一个字符串，可以减少程序中重复书写某些字符串的工作量。而且记住一个宏名要比记住一个无规律的字符串容易，这样在读程序时能立即知道它的含义，当需要改变某一个变量时，可以只改变'define 命令行，一改全改。由此可见使用宏定义，可以提高程序的可移植性和可读性。

5）宏定义不是 Verilog HDL 语句，结尾不用加分号。如果添加了分号，则分号被认为是宏内容。但可以使用注释，在引用宏名时注释不会作为替换的内容。

6）在编译前，所有引用的宏名都被替换为宏内容，替换过程不做任何语法检查。

从这一点上看，宏定义和 parameter 型变量类似，不同的是宏定义的作用域是从宏定义开始直到程序结束，而 parameter 型变量的作用域是定义该变量的模块内。

4.11.2 文件包含语句（'include）

使用 Verilog HDL 设计数据电路系统时，一个设计可能包含很多模块，而每个模块可以单独保存为一个文件。当顶层模块调用子模块时，就需要到相应的文件中去寻找该模块，文件包含语句的作用就是指明这些文件的位置。除去模块外，还可以将宏定义、任务或者函数等写在单独的文件中，然后通过文件包含指令把它们包含到其他文件中，供其他模块使用。

Verilog HDL 中的文件包含指令'include 与 C 语言中的预编译指令#include 类似，在编译时，将其他文件中的源程序完整地插入当前的文件中。这样做的结果也就相当于将其他文件中的源程序内容复制到当前文件中出现指令'include 的地方。'include 编译指令可以将一些全局通用的定义或任务包含进文件中，而不用为每个文件编写一段重复的代码。

使用'include 指令的好处是：提供了一个完整的配置管理，改善了 Verilog HDL 源程序的组织结构，便于 Verilog HDL 源程序的维护。

文件包含语句'include 的一般形式如下：

'include "文件名"

"文件名"既可以用相对路径名定义，也可以用全路径名定义，例如：'include "../../primitives.v"。

编译时，这一行由文件"../../primitives.v"的内容替代。

【例 4-33】 文件包含指令'include 的使用

(1) 文件 aaa.v

```
module aaa(a,b,out);
      input a,b;
      output out;
      wire out;
         assign out=a&b;
endmodule
```

(2) 文件 bbb.v

```
'include " aaa.v"
module bbb (c, d, e, out);
      input c, d, e;
      output out;
      wire out_ a;
      wire out;
         aaa aaa (.a (c), .b (d), .out (out_ a));
         assign out=e&out_ a;
endmodule
```

在这个例子中，文件 bbb.v 用到了文件 aaa.v 中的模块 aaa 的实例器件，通过"文件包含"处理来调用。模块 aaa 实际上是作为模块 bbb 的子模块来被调用的。在经过编译预处理后，文件 bbb.v 实际相当于下面的程序文件 bbb.v。

```
module aaa(a,b,out);
       input a,b;
       output out;
       wire out;
          assign out=a&b;
endmodule

'include "aaa.v"
module bbb(c,d,e,out);
       input c,d,e;
       output out;
       wire out_a;
       wire out;
          aaa aaa(.a(c),.b(d),.out(out_a));
```

```
    assign out = e&out_a;
endmodule
```

一个被包含的文件内部可以使用'include 指令包含其他的文件，这就叫做包含嵌套，嵌套的层数是限制的，这样的限制层数最小为 15。

4.11.3　时间尺度（'timescale）

时间尺度指令用来定义模块的仿真时间单位和时间精度，其使用格式如下：

'timescale　仿真时间单位/时间精度

用于说明仿真时间单位和时间精度的数字只能是 1、10 或者 100，不能为其他数字，单位可以是表 4-18 中的一种。

表 4-18　时间尺度'timescale 指令可以使用的单位

时间单位	说　明
s	秒(1s)
ms	毫秒(10^{-3}s)
us	微秒(10^{-6}s)
ns	纳秒(10^{-9}s)
ps	皮秒(10^{-12}s)
fs	飞秒(10^{-15}s)

下列定义都是正确的：

'timescale　1ns/1ps

'timescale　10ns/10ns

仿真时间单位是指模块仿真时间和延时的基准单位，与就是说，只有定义了仿真时间单位，程序中的延时符号才有意义。时间精度指的是模块仿真时间和延时的精确程度，比如定义时间精度为 10ns，那么程序中所有的延时至多能精确到 10ns，因此延时 10ns 或者 20ns 都是可以做到的，但想要延时 7ns 或者 12ns 是不能做到的。

【例 4-34】　举例仿真时间单位的含义。

```
'timescale 10ns/1ns         //定义仿真时间单位为 10ns
module delay(din,dout); //din 为输入信号,dout 为输出信号
   input   din;
   output  dout;
   wire    din;
   reg     dout;
   always @  (din)
   #30   dout = din;      //延时 30 个仿真时间单位
endmodule
```

以上描述了一个缓冲器，经过 30 × 10ns = 300ns 延时将输入传到输出。

4.11.4　条件编译指令（'ifdef、'else、'endif）

一般情况下，Verilog HDL 源程序中所有的语句都将参加编译。但是有时希望对其中的

一部分内容只有在满足条件时才进行编译，也就是对一部分内容指定编译的条件，这就是“条件编译”。有时，希望当满足条件时对一组语句进行编译，而当条件不满足时则编译另一部分。

条件编译命令的形式如下：

```
'ifdef 宏名
    程序段1
'else
    程序段2
'endif
```

它的作用是当宏名已经被用'define语句定义过，则对程序段1进行编译，程序2将被忽略；否则编译程序段2，程序段1被忽略。其中'else部分可以没有，即

```
'ifdef 宏名
    程序段1
'endif
```

【例4-35】 条件编译指令举例。

```
'ifdef WINDOWS
    parameter WORD_SIZE = 16
'else
    parameter WORD_SIZE = 32
'endif
```

在编译过程中，如果已宏定义了'define WINDOWS，就选择第一种参数声明，否则选择第二种参数说明。

通常在Verilog HDL程序中用到'ifdef、'else、'endif编译命令的情况有以下几种：

1）选择一个模块的不同代表部分。

2）选择不同的时序或结构信息。

3）对不同的EDA工具，选择不同的激励。

4.12 小结

本章首先介绍了Verilog HDL，并通过1位比较器实例展示了Verilog模块的结构和特征。其次，介绍了Verilog HDL的模块的结构，包括模块的端口定义、I/O说明、内部信号声明和功能定义。最后，介绍了Verilog HDL的基本要素，包括常量、数据类型、运算符、过程语句、块语句、赋值语句、条件语句、循环语句、任务与函数等内容。这些语句虽然在形式上和C语言很类似，语法等各方面比较容易理解，但要注意的是它们表示的不是一个直接的计算结果，而是逻辑电路硬件的行为，语句间细微的差别可能导致其对应的硬件有很大的变化。希望认真理解这些语句的本质，才能设计出符合要求的逻辑。

4.13 习题

1. 模块由几部分组成？如何描述模块的端口？

2. 为什么端口要说明信号的位宽?

3. 最基本的 Verilog 变量有几种类型?

4. 比较 reg 型和 wire 型变量的区别。

5. 逻辑运算符与按位逻辑运算符有什么不同?它们各在什么场合使用?

6. 拼接符的作用是什么?拼接符表示的操作其物理意义是什么?

7. 阻塞和非阻塞赋值有什么不同?举例说明它们的不同点。

8. 在并行块中,如果有一条语句是无限循环,它下面的语句如何执行?

9. 使用条件语句设计一个四选一多路选择器。

10. 使用 while 循环设计一个时钟信号发生器。其时钟信号的初值为 0,周期为 10 个时间单位。

11. 怎样理解 initial 语句只执行一次的概念?

12. 怎样理解由 always 语句引导的过程块是不断活动的?

13. 简单叙述任务与函数的相同点和不同点?

14. 设计一个 2 位十进制循环计数器,从 00 计数到 99,然后再回到 00。输入信号为 clk 和 reset(低电平复位),输出为 out1 和 out0,位宽均为 4,分别表示十进制数的高位和低位。

第 5 章　Verilog 设计的层次与常用模块设计

本章介绍 Verilog 设计的描述风格，包括门级结构描述、行为描述、数据流描述和混合描述等，在设计电路时，一般优先选择层次高的描述方式。行为级和更高级别的描述则给综合器提供了可优化的空间。在设计时，可以灵活选用最适宜的设计风格。

5.1　Verilog 设计的层次

Verilog HDL 是一种进行数字系统逻辑设计的语言，用 Verilog 语言描述的电路设计就是该电路的 Verilog HDL 模型，也称为“模块”。被建模的数字系统对象的复杂性可以介于开关级电路、简单的门（如库单元描述）和完整的复杂电子数字系统（如 CPU）之间。这些抽象的级别一般分为 5 级：系统级（system-level）、算法级（algorithm-level）、寄存器传输级（register Transfer Level，RTL）、门级（gate-level）、开关级（switch-level）。

大多数的数字逻辑设计采用前 3 种方法，同时它们也属于高级别的描述方法。门级描述主要是利用逻辑门以及逻辑门之间连接来构筑电路模型，而开关级的模型则主要是描述器件中晶体管和存储节点及其连接关系。

Verilog 允许设计者用 3 种方式来描述逻辑电路：行为描述、数据流描述和结构描述。行为描述是通过描述电路输入、输出信号间的逻辑关系来设计电路；数据流描述也称为寄存器级描述，设计者需要知道数据是如何在寄存器之间传输的以及将被如何处理，数据流描述类似于布尔方程，它能直观地表示逻辑行为；结构描述是调用电路元件（如逻辑门）来构建电路；也可以采用上述方式的混合来描述设计。

5.2　行为描述

硬件电路的行为特性主要指该电路输入、输出信号间的逻辑关系。行为级建模常常用于复杂数字逻辑系统的顶层设计，通过行为级建模把一个大的系统分解为若干个较小的子系统，然后再将每个子系统用可综合风格的 Verilog HDL 模块加以描述。同时行为级建模还可以用来生成仿真激励信号，对已设计模块进行仿真验证。例 5-1、例 5-2 分别是行为描述方式实现的 2 选 1 选择器和 4 位计数器。

【例 5-1】　采用行为描述的 2 选 1 选择器。

```
module  mux2_1b(out,a,b,sel);
  input  a,b,sel ;
  output  out ;
  reg  out ;
  always @ ( a or b or sel )
  begin
     if ( sel )  out = b ;
```

```
        else  out = a ;
    end
endmodule
```

【例 5-2】 采用行为描述方式实现的 4 位计数器。

```
module  count4 ( clk,clr,out ) ;
    input  clk, clr ;
    output [3:0]  out ;
    reg [3:0]  out ;
    always @  ( posedge clk  or  posedge clr )
    begin
        if (clr)  out < =0;
        else  out < =out + 1;
        end
endmodule
```

5.3 数据流描述

数据流描述方式主要使用持续赋值语句,多用于描述组合逻辑电路,其格式为

assign # [延时量] 线网型变量名 =赋值表达式;

右边表达式中的操作数无论何时发生变化,都会引起表达式值的重新计算,并将重新计算后的值赋予左边表达式的 net 型变量。

【例 5-3】 采用数据流描述的 2 选 1 选择器。

```
module  mux2_1c ( out , a , b , sel ) ;
    input  a,b,sel ;
    output  out;
    assign  out = sel ? a : b ;  //如果 sel =1,则 out = a;如果 sel =0,则 out = b
endmodule
```

5.4 结构描述

结构描述是调用电路元件(如逻辑门)来构建电路,在 Verilog 程序中可通过以下方式来描述电路的结构:调用 Verilog 内置门元件(门级结构描述)、调用开关级元件(开关级结构描述)和用户自定义元件 UDP(门级)。

此外,在多层次结构电路的设计中,不同模块间的调用也可认为是结构描述。而开关级结构描述不是本书讨论的重点。

5.4.1 Verilog 内置门元件

Verilog 内置 26 个基本元件(Basic Primitive),其中 14 个是门级元件(Gate-level Primitive),12 个开关级元件(Switch-level Primitive),这 26 个基本元件及其分类见表 5-1。

表 5-1 Verilog 内置基本元件

类型		元件
基本门	多输入门	and，nand，or，nor，xor，xnor
	多输出门	buf，not
三态门	允许定义驱动强度	bufif0，bufif1，notif0，notif1
MOS 开关	无驱动强度	nmos，pmos，cmos，rnmos，rpmos，rcoms
双向开关	无驱动强度	tran，tranif0，tranif1，rtran，rtranif0，rtranif1
上拉、下拉电阻	允许定义驱动强度	pullup，pulldown

这里重点介绍门级元件，Verilog 语言中的门元件见表 5-2。

表 5-2 Verilog 的内置门级元件

类别	关键字	符号示意图	门名称
多输入门	and		与门
	nand		与非门
	or		或门
	nor		或非门
	xor		异或门
	xnor		异或非门
多输出门	buf		缓冲器
	not		非门
三态门	bufif1		高电平使能三态缓冲器
	buif0		低电平使能三态缓冲器
	mptof1		高电平使能三态非门
	notif0		低电平使能三态非门

5.4.2 门元件的调用

调用门元件的格式为

门元件名称 <例化的门名称>（<端口列表>）

其中，普通门的端口列表按下面的顺序列出：

（输出，输入 1，输入 2，输入 3，…）

可用这些逻辑门生成相关组件，比如：

```
and(out,in1,in2);      //生成 2 个输入、1 个输出的与门,无组件名称
```

```
and and3(out,a1,a2,a3);          //生成 3 个输入、1 个输出的与门,组件名为 and3
or or2(out,in1,in2);             //生成 2 个输入、1 个输出的或门,组件名为 or2
nor nor3(out,in1,in2,in3);       //生成 3 个输入、1 个输出的或非门,组件名为 nor3
xor xor3(out,in1,in2,in3);       //生成 3 个输入、1 个输出的异或门,组件名为 xor3
xnor(out,in1,in2);               //生成 2 个输入、1 个输出的同或门,无组件名称
```

对于三态门,则按以下顺序列出输入/输出端口:

(输出,输入,使能控制端)

比如:

```
bufif1  mytril1 ( out , in , enable );        //高电平使能的三态门
bufif0  mytril2 ( out , in , enable );        //低电平使能的三态门
```

对于 buf 和 not 两种元件的调用,需要注意的是,它们允许有多个输出,但只能有一个输入。比如:

```
buf(out1,out2,out3,in);          //生成 3 个输出、1 个输入的 buf 组件,无组件名称
not(out,in);                     //生成 1 个输出、1 个输入的 not 组件,无组件名称
not n2(out,out2,in);             //生成 1 个输出、1 个输入的 not 组件,组件名称为 n2
```

【例 5-4】　采用结构描述的 2 选 1 选择器。

调用门元件实现的 2 选 1 选择器,其原理图如图 5-1 所示。

```
module  mux2_1a ( out, a, b, sel );
    input  a , b , sel ;
    output  out ;
    not  (sel_ , sel );
    and  ( a1 , a , sel_ ), ( a2, b, sel );
    or  ( out , a1 , a2 );
endmodule
```

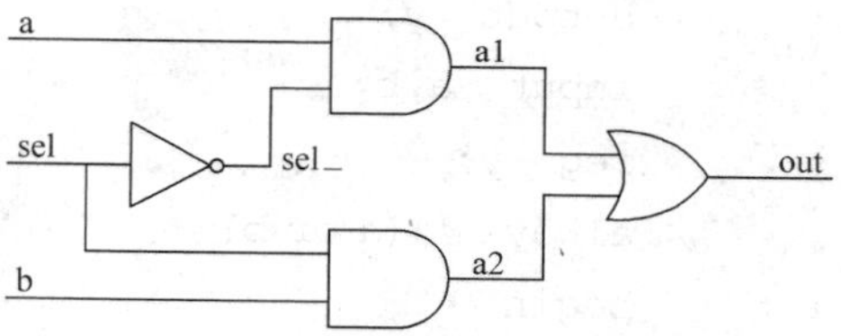

图 5-1　2 选 1 选择器的原理图

总之,门级描述设计是一种非常直接的设计方法,但是,设计者本身必须了解电路中每一逻辑的连接方式。其优点是设计出来的电路非常简单,效能高。但现今的电路设计,电路往往非常复杂,此时利用门级描述设计方法显得困难且不合时宜。现代的电子设计辅助(EDA)系统,功能越来越强,尤其综合工具(Synthesis Tool)可完全将数据流描述转化成门级描述,达到设计大型电路的目的。设计者只需花时间思考如何提升电路的效能及如何精简电路。因此,设计者可用门级描述、数据流描述及行为描述的设计方法,配合起来设计电路,达到最简化设计的目的。

5.5　基本组合逻辑电路设计

在逻辑电路中,任意时刻的输出状态仅取决于该时刻的输入信号状态,而与信号作用前电路的状态无关,这种电路称为组合逻辑电路,简称组合电路。

组合电路的功能特点为:电路的输入状态确定之后,输出状态则被唯一地确定下来,因而输出变量是输入变量的逻辑函数;电路的输出状态不影响输入状态,电路的历史不影响输出状态。

组合电路的结构特点为:电路中不存在输出端到输入端的反馈通路;电路中不包含存储信号的记忆元件,一般由各种门电路组合而成。

门电路为用以实现基本逻辑运算和复合逻辑运算的单元电路。常用的门电路在逻辑功能上有与门、或门、非门、与非门、或非门、异或门、三态门等几种。

5.5.1 与非门电路

介绍利用 Quartus Ⅱ的文本编辑法对 2 输入与非门进行设计。多输入与门的设计方法与 2 输入与门的设计方法相同。

(1) 真值表 2 输入与非门真值表见表 5-3。

表 5-3 2 输入与非门真值表

输入		输出	输入		输出
a	b	y	1	0	1
0	0	1	1	1	0
0	1	1			

(2) 设计输入 利用 Verilog HDL 描述 2 输入与非门。以下给出两种代码来描述 2 输入与非门。

【例 5-5】 采用行为描述的 2 输入与非门。

```
module  NAND_2 ( y , a , b );
    output  y;
    input  a,b;
    reg  y;
    always @ '(a or b)
    begin
        case ({a,b})
            2'b00 : y = 1 ;   //位宽为 2 的数的二进制表示,'b 表示二进制
            2'b01 : y = 1 ;
            2'b10 : y = 1 ;
            2'b11 : y = 0 ;
            default : y = 'bx;
        endcase
    end
endmodule
```

【例 5-6】 采用结构描述的 2 输入与非门。

```
module  NAND_2 (y,a,b);
    output  y;
    input  a , b;
    nand   ( y , a , b ); //调用实例元件
endmodule
```

(3) 仿真结果 2 输入与非门的仿真如图 5-2 所示。观察波形可知，输入为 a 与 b，输出为 y，当 a 与 b 均为高电平时，输出 y 为低电平，其他情况下，输出 y 均为高电平，逻辑关系满足真值表。

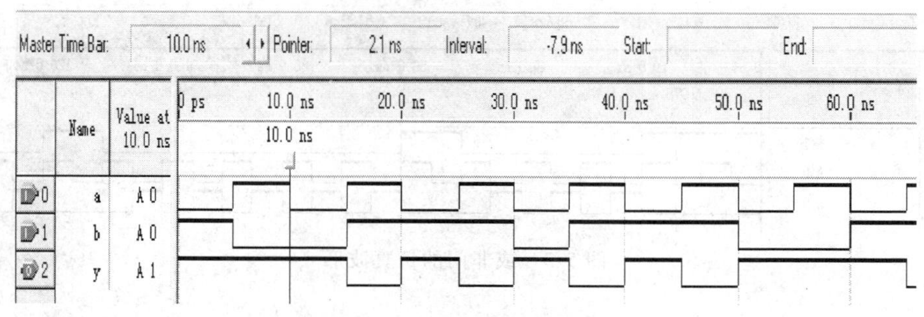

图 5-2　与非门的功能仿真结果

5.5.2　或非门电路

介绍 2 输入或非门电路设计。多输入或与门的设计方法与 2 输入或非门的设计方法相同。

(1) 真值表　2 输入或非门真值表见表 5-4。

表 5-4　2 输入或非门真值表

输　入		输　出	输　入		输　出
a	b	y	1	0	0
0	0	1	1	1	0
0	1	0			

(2) 设计输入　利用 Verilog HDL 描述 2 输入或非门。下面给出两种代码来描述 2 输入或非门。

【例 5-7】　采用行为描述的 2 输入或非门。

```
module  nor_2 ( y , a , b );
    output   y ;
    input  a , b ;
    reg  y;
    always @  ( a or b )
    begin
        case ({ a , b })
            2'b00 : y < =1 ;
            2'b01 : y < =0 ;
            2'b10 : y < =0 ;
            2'b11 : y < =0 ;
            default : y < ='bx ;
        endcase
    end
endmodule
```

(3) 2 输入或非门的仿真波形　如图 5-3 所示，观察波形可知，输入为 a 与 b，输出为 y，当 a 与 b 同为低电平时，输出 y 为高电平，其他情况下，输出 y 均为低电平，逻辑关系满足真值表。

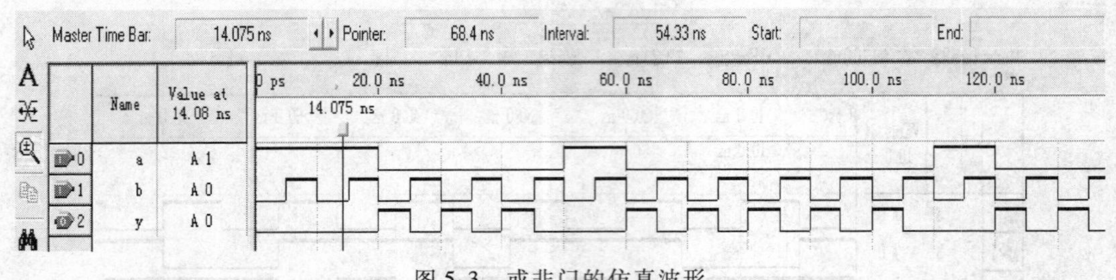

图5-3 或非门的仿真波形

5.5.3 异或门电路

介绍2输入异或门电路进行设计。

(1) 真值表 2输入异或门真值表见表5-5。

表5-5 2输入异或门真值表

输 入		输 出	输 入		输 出
a	b	y	1	0	1
0	0	0	1	1	0
0	1	1			

(2) 设计输入 利用Verilog HDL描述2输入异或门。下面给出两种代码来描述2输入异或门。

【例5-8】 采用行为描述的2输入异或门。

```
module  xor_2(y,a,b);
    output  y;
    input  a,b;
    reg  y;
    always @ (a or b)
    begin
        case ({a,b})
            2'b00 : y < =0;
            2'b01 : y < =1;
            2'b10 : y < =1;
            2'b11 : y < =0;
            default : y < ='bx;
        endcase
    end
endmodule
```

(3) 2输入异或门的仿真波形 如图5-4所示，观察波形可知，输入为a与b，输出为y，当a与b电平相同时，输出y为低电平；当a与b电平不同时，输出y为高电平，逻辑关系满足真值表。

5.5.4 三态门电路

三态电路是一种重要的总线接口电路。三态是指它的输出既可以是一般二值逻辑电路的

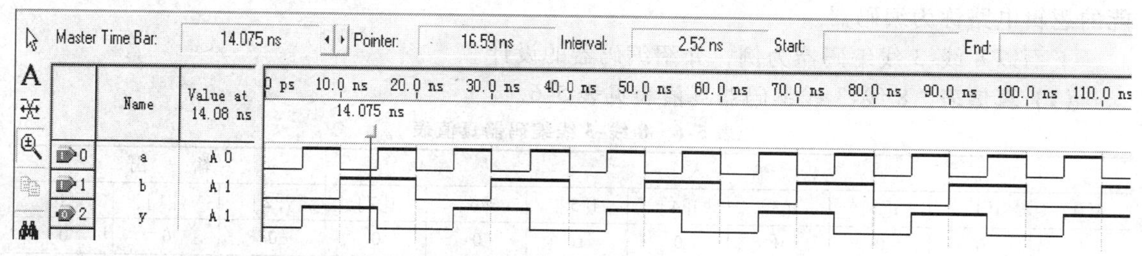

图 5-4　异或门的仿真波形

正常“0”状态和“1”状态，又可以保持特有的高阻抗状态。处于高阻状态时，其输出相当于断开状态，没有任何逻辑控制功能。三态电路的输出逻辑状态的控制，是通过一个输入引脚实现的。当控制引脚为高电平时，三态电路呈现正常的“0”或“1”的输出；当控制引脚为低电平时，三态电路给出高阻态输出。

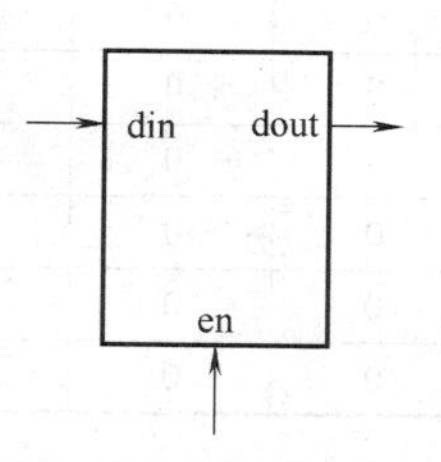

图 5-5　三态门电路

（1）电路符号　三态门的电路符号如图 5-5 所示。输入信号包括信号输入端 din、使能端 en；输出信号包括信号输出端 dout。

（2）设计输入　利用 Verilog HDL 描述三态门。Verilog HDL 源代码见例 5-9 所示。

【例 5-9】　采用行为描述的三态门。

```
module  three_gate ( dout , din , en ) ;
    output  dout ;
    input  din , en ;
    reg  dout ;
    always
        if ( en )  dout  < =din ;
        else  dout  < ='bz ;
endmodule
```

（3）三态门的仿真结果　如图 5-6 所示，观察波形可知，当 en = ‘1’ 时，执行 dout < = din;

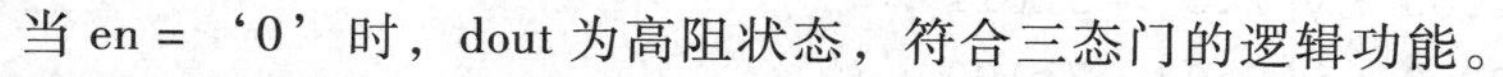

当 en = ‘0’ 时，dout 为高阻状态，符合三态门的逻辑功能。

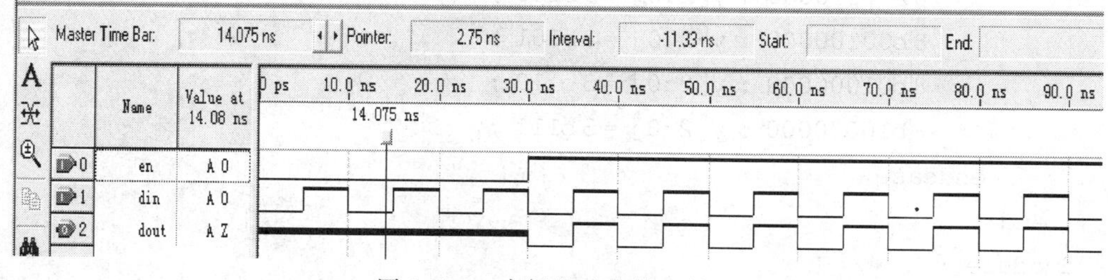

图 5-6　三态门的功能仿真结果

5.5.5　编码器

在数字系统里，为了区别不同的信息，将其中的每个信息用一个二值代码来表示。在二值逻辑电路中，信号都是以高（“1”）、低（“0”）电平的形式给出的。把二进制码按一定的规律编排，如 8421 码、格雷码等，使每组代码具有一特定的含义称为编码。具有编码功能的逻辑电路称为编码器。

下面以 8 线-3 线编码器为例，介绍编码器的设计。

(1) 真值表　8 线-3 线编码器真值表见表 5-6。

表 5-6　8 线-3 线编码器真值表

输　入								输　出		
i[0]	i[1]	i[2]	i[3]	i[4]	i[5]	i[6]	i[7]	y[2]	y[1]	y[0]
1	0	0	0	0	0	0	0	0	0	0
0	1	0	0	0	0	0	0	0	0	1
0	0	1	0	0	0	0	0	0	1	0
0	0	0	1	0	0	0	0	0	1	1
0	0	0	0	1	0	0	0	1	0	0
0	0	0	0	0	1	0	0	1	0	1
0	0	0	0	0	0	1	0	1	1	0
0	0	0	0	0	0	0	1	1	1	1

(2) 设计输入　利用 Verilog HDL 描述 8 线-3 线编码器，代码见例 5-10。

【例 5-10】　采用行为描述的 8 线-3 线优先编码器。

```
module  bianma8_3 ( y, i ) ;
    input[7:0]  i ;                    //信号输入端
    output[2:0]  y ;                   //3 位二进制编码输出端

    reg[2:0]  y ;
    always @ ( i )
    begin
        case ( i[7:0] )
            8'b00000001 : y[2:0] = 3'b000 ;
            8'b00000010 : y[2:0] = 3'b001 ;
            8'b00000100 : y[2:0] = 3'b010 ;
            8'b00001000 : y[2:0] = 3'b011 ;
            8'b00010000 : y[2:0] = 3'b100 ;
            8'b00100000 : y[2:0] = 3'b101 ;
            8'b01000000 : y[2:0] = 3'b110 ;
            8'b10000000 : y[2:0] = 3'b111 ;
        endcase
    end
endmodule
```

(3) 8 线-3 线编码器的仿真结果　如图 5-7 所示。观察波形可知，8 个输入信号中，某一时刻只有一个有效的输入信号，这样才能将输入信号码转换为二进制码。例如当输入代码为“10000000”时，输出 y 为“111”。

5.5.6　译码器

译码器的逻辑功能是将每个输入的二进制代码译成对应的输出高、低电平信号或另外一

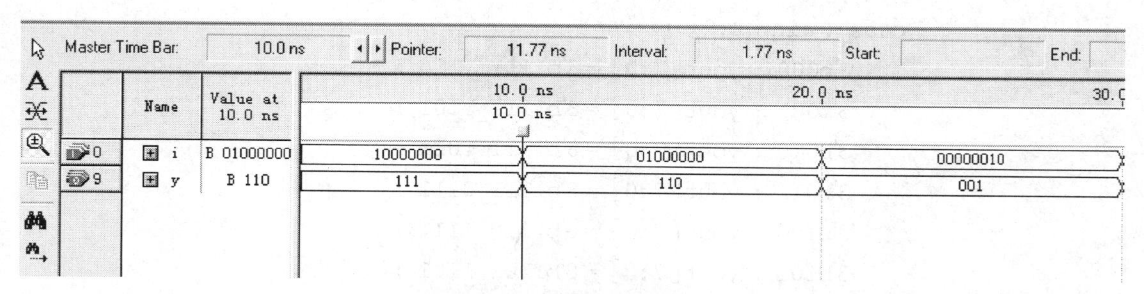

图 5-7　8 线-3 线编码器的仿真结果

个代码。因此，译码是编码的逆过程、反操作。具有译码功能的逻辑电路称为译码器。下面以 3 线-8 线译码器为例，介绍译码器的设计。

(1) 真值表　3 线-8 线译码器真值表，见表 5-7。

表 5-7　3 线-8 线译码器真值表

输入						输出							
g1	g2	g3	in[2]	in[1]	in[0]	y[7]	y[6]	y[5]	y[4]	y[3]	y[2]	y[1]	y[0]
X	1	X	X	X	X	1	1	1	1	1	1	1	1
X	X	1	X	X	X	1	1	1	1	1	1	1	1
0	X	X	X	X	X	1	1	1	1	1	1	1	1
1	0	0	0	0	0	1	1	1	1	1	1	1	0
1	0	0	0	0	1	1	1	1	1	1	1	0	1
1	0	0	0	1	0	1	1	1	1	1	0	1	1
1	0	0	0	1	1	1	1	1	1	0	1	1	1
1	0	0	1	0	0	1	1	1	0	1	1	1	1
1	0	0	1	0	1	1	1	0	1	1	1	1	1
1	0	0	1	1	0	1	0	1	1	1	1	1	1
1	0	0	1	1	1	0	1	1	1	1	1	1	1

(2) 设计输入　利用 Verilog HDL 描述 3 线-8 线译码器，代码见例 5-11。

【例 5-11】　采用行为描述的 3 线-8 线译码器。

```
module  yima3_8 (yout,ain,g1,g2,g3);
    output[7:0]   yout ;                //编码输出端
    input[2:0]   ain ;                  //3 位二进制编码输入端
    input  g1,g2,g3;                    //输入端
    reg[7:0]  yout ;

    always @  ( ain or g1 or g2 or g3 )
    begin
        if ( g1  = =0 )  yout =8'b1111_1111 ;
        else if ( g2  = =1 )  yout =8'b1111_1111 ;
        else if ( g3  = =1 )  yout =8'b1111_1111 ;
        else
```

```
            case ( ain[2:0] )
                  3'b000 : yout[7:0] = 8'b1111_1110 ;
                  3'b001 : yout[7:0] = 8'b1111_1101 ;
                  3'b010 : yout[7:0] = 8'b1111_1011 ;
                  3'b011 : yout[7:0] = 8'b1111_0111 ;
                  3'b100 : yout[7:0] = 8'b1110_1111 ;
                  3'b101 : yout[7:0] = 8'b1101_1101 ;
                  3'b110 : yout[7:0] = 8'b1011_1110 ;
                  3'b111 : yout[7:0] = 8'b0111_1101 ;
                  default : yout[7:0] = 8'b1111_1111 ;
            endcase
        end
endmodule
//ain[2]、ain[1]、ain[0]分别对应 in[2]、in[1]、in[0]
//yout[7:0]分别对应 y[7]、y[6]、y[5]、y[4]、y[3]、y[2]、y[1]和 y[0]
```

(3) 3 线-8 线译码器的仿真结果　如图 5-8 所示，观察波形可知，当 g1 为“1”，且 g2 和 g3 均为“0”时，输入代码“001”，输出代码为“11111101”，说明译码器处于工作状态。而当 g1、g2、g3 部位为“1”、“0”、“0”时，不管输入代码是什么，输出代码都是“11111111”，说明译码器没有工作。逻辑关系满足真值表。

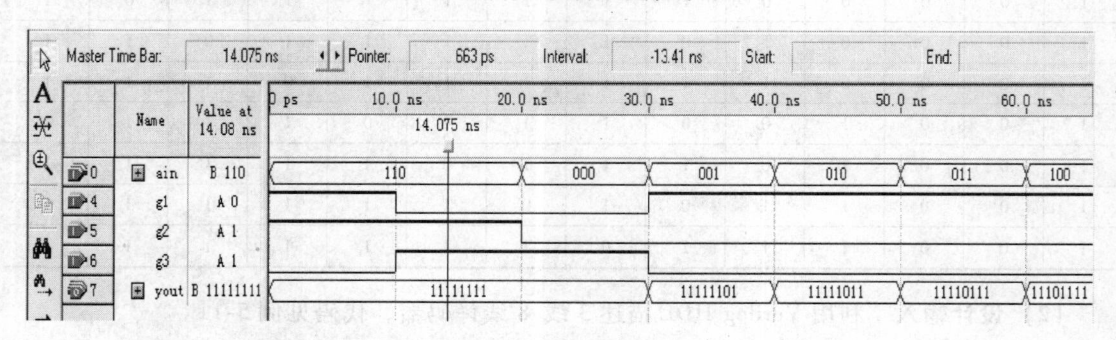

图 5-8　3 线-8 线译码器的仿真结果

5.5.7　BCD-七段显示译码器

BCD-七段显示译码器是代码转换器中的一种。在数字测量仪表和各种数字系统中，都需要将数字量直观地显示出来，因此数字显示电路是许多数字设备不可或缺的一部分。数字显示电路的译码器是将 BCD 码或其他码转换为七段显示码，以此来表示十进制数。

(1) 真值表　BCD-七段显示译码器真值表见表 5-8。

表 5-8　BCD-七段显示译码器真值表

输　入					输　出							
数字	A3	A2	A1	A0	Ya	Yb	Yc	Yd	Ye	Yf	Yg	字型
0	0	0	0	0	1	1	1	1	1	1	0	0
1	0	0	0	1	0	1	1	0	0	0	0	1

（续）

输入					输出							
数字	A3	A2	A1	A0	Ya	Yb	Yc	Yd	Ye	Yf	Yg	字型
2	0	0	1	0	1	1	0	1	1	0	1	2
3	0	0	1	1	1	1	1	1	0	0	1	3
4	0	1	0	0	0	1	1	0	0	1	1	4
5	0	1	0	1	1	0	1	1	0	1	1	5
6	0	1	1	0	1	0	1	1	1	1	1	6
7	0	1	1	1	1	1	1	0	0	1	0	7
8	1	0	0	0	1	1	1	1	1	1	1	8
9	1	0	0	1	1	1	1	1	0	1	1	9
10	1	0	1	0	1	1	1	0	1	1	1	A
11	1	0	1	1	0	0	1	1	1	1	1	B
12	1	1	0	0	1	0	0	1	1	1	0	C
13	1	1	0	1	0	1	1	1	1	0	1	D
14	1	1	1	0	1	0	0	1	1	1	1	E
15	1	1	1	1	1	0	0	0	1	1	1	F

（2）设计输入　利用 Verilog HDL 描述 BCD-七段显示译码器。代码见例 5-12。

【例 5-12】　采用行为描述的 BCD-七段显示译码器。

```
module  bcd_yima( yout, ain ) ;
    output [6:0]   yout ; //七段显示译码输出端
    input [3:0]   ain ; //BCD码输出端
    reg [6:0]   yout ;

    always @  ( ain )
    begin
        case ( ain[3:0] )
            4'b0000 : yout[6:0] = 7'b1111110 ;
            4'b0001 : yout[6:0] = 7'b0110000 ;
            4'b0010 : yout[6:0] = 7'b1101101 ;
            4'b0011 : yout[6:0] = 7'b1111001 ;
            4'b0100 : yout[6:0] = 7'b0110011 ;
            4'b0101 : yout[6:0] = 7'b1011011 ;
            4'b0110 : yout[6:0] = 7'b1011111 ;
            4'b0111 : yout[6:0] = 7'b1110000 ;
            4'b1000 : yout[6:0] = 7'b1111111 ;
            4'b1001 : yout[6:0] = 7'b1111011 ;
            4'b1010 : yout[6:0] = 7'b1110111 ;
            4'b1011 : yout[6:0] = 7'b0011111 ;
            4'b1100 : yout[6:0] = 7'b1001110 ;
```

```
            4'b1101 : yout[6:0] = 7'b0111101 ;
            4'b1110 : yout[6:0] = 7'b1001111 ;
            4'b1111 : yout[6:0] = 7'b1000111 ;
            default : yout[6:0] = 7'bx ;
        endcase
    end
endmodule
//ain[3]、ain[2]、ain[1]、ain[0]分别对应真值表中的 A3、A2、A1、A0
//yout[6]到 yout[0]分别对应真值表中的 Ya、Yb、Yc、Yd、Ye、Yf、Yg
```

(3) **BCD-七段显示译码器的仿真结果**　如图 5-9 所示，从仿真图中可以看出，当输入代码为“0000”、“0001”、“0010”时，输出二进制代码为“1111110”、“0110000”、“1101101”，对应的输出字形应为“0”、“1”、“2”。逻辑关系满足真值表。

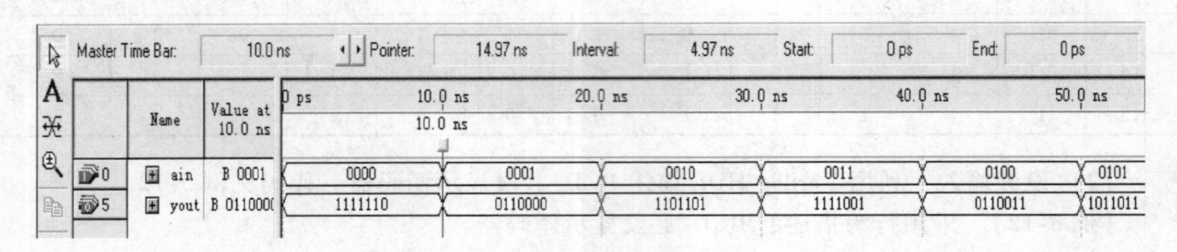

图 5-9　BCD-七段显示译码器的仿真结果

5.5.8　2 选 1 数据选择器

数据选择器是指经过选择，把多个通道的数据传到唯一的公共数据通道上。实现数据选择功能的逻辑电路称为数据选择器，它的作用相当于多个输入的单刀多掷开关。

(1) **电路符号**　2 选 1 数据选择器的输入信号为两个数据源 a 和 b，选择端为 sel；输出信号为选择输出端 out，电路图如图 5-10 所示。

图 5-10　2 选 1 数据选择器

(2) **设计输入**　利用 Verilog HDL 描述 2 选 1 数据选择器，代码见例 5-13。

【例 5-13】　采用行为描述的 2 选 1 数据选择器。

```
module  mux2_1 ( out,a ,b , sel );
    output  out ; //选择输出端
    input  a, b, sel ;//数据源信号与选择端
    reg  out ;
    always @ ( a or b or sel )
    begin
        if ( sel )  out = b ;
        else  out = a ;
    end
```

```
endmodule
```

(3) 2 选 1 数据选择器功能仿真 如图 5-11 所示，观察波形可知，对 a 和 b 两个端口赋予不同频率的时钟信号，当选择端 sel 为高电平时，输出端口 out 选择 b 端口的时钟信号作为输出；当选择短 sel 为低电平时，输出端口 out 选择 a 端口的时钟信号作为输出。逻辑关系满足 2 选 1 数据选择器电路的逻辑功能。

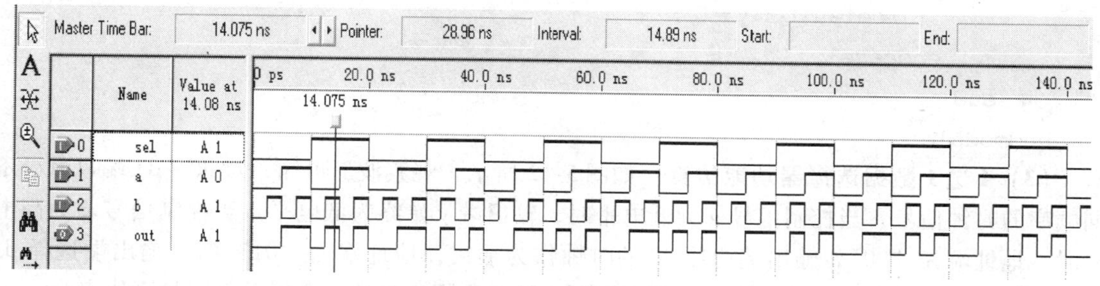

图 5-11 2 选 1 数据选择器的仿真结果

5.5.9 4 选 1 数据选择器

4 选 1 数据选择器是对 4 个数据源进行选择，使用两位地址码 a1、a0 产生 4 个地址信号，由 a1a0 等于“00”、“01”、“10”、“11”来选择输出。

(1) 真值表 4 选 1 数据选择器真值表见表 5-9。

表 5-9 4 选 1 数据选择器真值表

输入			输出	输入			输出
使能	地址		y	使能	地址		y
g	a1	a0		g	a1	a0	
0	x	x	0	1	1	0	d2
1	0	0	d0	1	1	1	d3
1	0	1	d1				

(2) 设计输入 利用 Verilog HDL 描述 4 选 1 数据选择器，代码见例 5-14。

【例 5-14】 采用行为描述的 4 选 1 数据选择器。

```
module  mux4_1 ( y, d0, d1, d2, d3, g, a ) ;
    output  y ; //选择输出端
    input  d0,d1,d2,d3 ; //4 个数据源
    input  g ; //使能端
    input[1:0]  a ; //两位地址码
    reg  y ;

    always @ ( d0 or d1 or d2 or d3 or g or a )
    begin
        if (g = =0)  y=0 ;
    else
```

```
        case ( a[1:0] )
            2'b00 : y = d0 ;
            2'b01 : y = d1 ;
            2'b10 : y = d2 ;
            2'b11 : y = d3 ;
            default : y = 0 ;
        endcase
    end
endmodule
```

(3) 4 选 1 数据选择器功能仿真　如图 5-12 所示，观察波形可知，对 d0 ~ d3 端口赋予不同频率的时钟信号，当控制信号 g 为低电平时，输出端 y 始终为低电平。当控制信号 g 为高电平时，地址端为“00”，输出端选择 d0 的时钟作为输出；地址端为“01”时，输出端选择 d1 的时钟信号作为输出；以此类推，从而实现了 4 选 1 数据选择器。逻辑关系满足真值表。

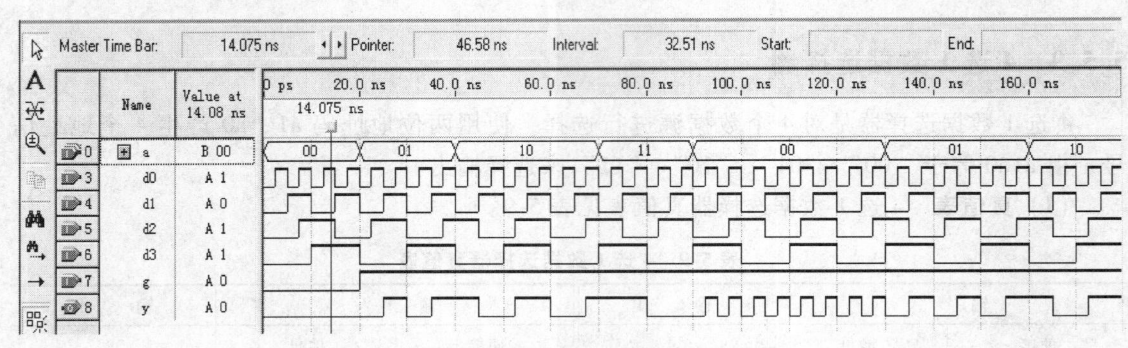

图 5-12　4 选 1 数据选择器的仿真结果

5.5.10　数值比较器

数字系统中，常常需要对两个数进行比较，判断它们是否相等，或者它们之间的大小关系，实现这一功能的电路称为数值比较器。比较器的输入是待比较的两个二进制数 A 和 B，输出是比较的结果，且比较结果有 A > B、A = B、A < B 3 种情况，这 3 种情况仅有一种其值为真。下面以 3 位数值比较器为例，介绍数值比较器的设计。

(1) 真值表　3 位数值比较器的真值表见表 5-10。

表 5-10　3 位数值比较器真值表

输　入	输　出			输　入	输　出		
a　b	y1	y2	y3	a　b	y1	y2	y3
a > b	1	0	0	a < b	0	0	1
a = b	0	1	0				

(2) 设计输入　利用 Verilog HDL 描述 3 位数值比较器，代码见例 5-15。

【例 5-15】　采用行为描述的 3 位数值比较器。

```
module  compare_3 ( y1, y2, y3, a, b ) ;
output  y1,y2,y3 ; //比较结果
```

```
input[2:0]  a,b ; //数据输入端
reg  y1,y2,y3 ;
always @ (a or b)
begin
    if ( a > b )
    begin  y1 =1;  y2 =0;  y3 =0;  end
    else if ( a = =b )
    begin  y1 =0;  y2 =1;  y3 =0;  end
    else if( a < b )
    begin  y1 =0;  y2 =0;  y3 =1;  end
    end
endmodule
```

(3) 3 位数值比较器的功能仿真 如图 5-13 所示，观察波形可知，当 a = 011、b = 111 时，说明 a < b，电路输出分别为 y1 = 0、y2 = 0、y3 = 1；当 a > b 和 a = b 时，电路输出分别为 y1 = 1、y2 = 0、y3 = 0 和 y1 = 0、y2 = 1、y3 = 0。说明所设计的电路完全满足真值表的逻辑关系。

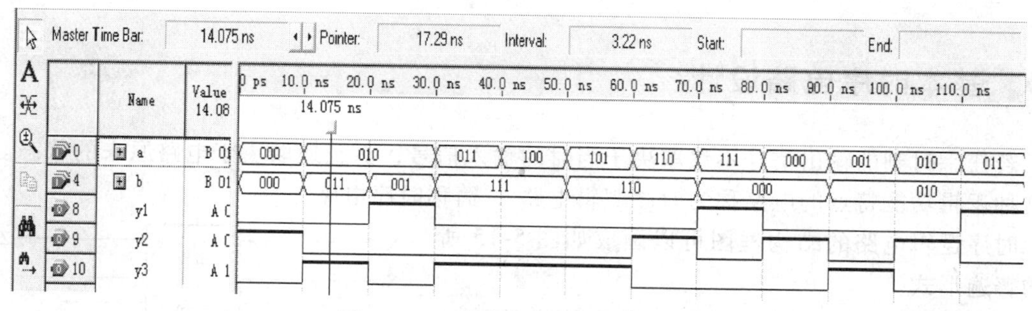

图 5-13 3 位数值比较器仿真结果

5.5.11 总线缓冲器

总线缓冲器在总线传输中起数据暂存缓冲的作用，因此常用来控制多路数据，通过总线缓冲可以使多路数据复用在一个总线上。其中典型的集成芯片有 74LS244 和 74LS245，前者可进行总线的单向传输控制，后者可进行数据总线的双向传输控制，所以也称总线收发器。下面以单向总线缓冲器为例，介绍总线缓冲器的设计。

单向总线缓冲器除有高低电平两种状态外，还包括高阻状态，并且输入和输出均为总线。

(1) 电路描述 输入信号：数据输入端为 din [7: 0]；使能端为 en。输出信号：数据输出端 dout [7: 0]。

(2) 设计输入 利用 Verilog HDL 描述单向总线缓冲器，代码见例 5-16。

【例 5-16】 采用行为描述的单向总线缓冲器。

```
module  dx_buffer ( dout, din, en ) ;
    output [7:0]  dout ; //数据输入端
    input [7:0]  din ; //数据输出端
```

```
    input  en ; //使能端
    reg [7:0]  dout ;
    always
        if ( en )  dout < =din ;
        else  dout < =8'bz ;
    endmodule
```

(3) 单向总线缓冲器的功能仿真　如图 5-14 所示，观察波形可知，当 en = “1” 时，执行 dout < = din；当 en = “0” 时，输出 dout 为 “ZZZZZZZZ”，表示呈现高阻状态。

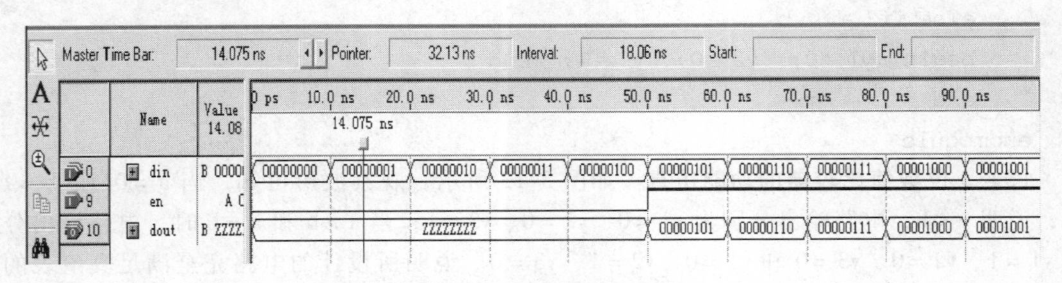

图 5-14　单向总线缓冲器仿真结果

5.6　基本时序电路设计

若任一时刻的输出信号不仅取决于当时的输入信号，而且还取决于电路原来的状态。具备这种逻辑功能特点的电路称为时序逻辑电路，简称时序电路。

时序逻辑电路的结构框图可以画成如图 5-15 所示的普遍形式。

图中，X（X_1，X_2，…，X_i）表示外来的输入信号；Z（Z_1，Z_2，…，Z_j）表示时序电路的输出信号；Y（Y_1，Y_2，…，Y_k）表示存储电路的输入信号；Q（Q_1，Q_2，…，Q_t）表示存储电路的输出状态。

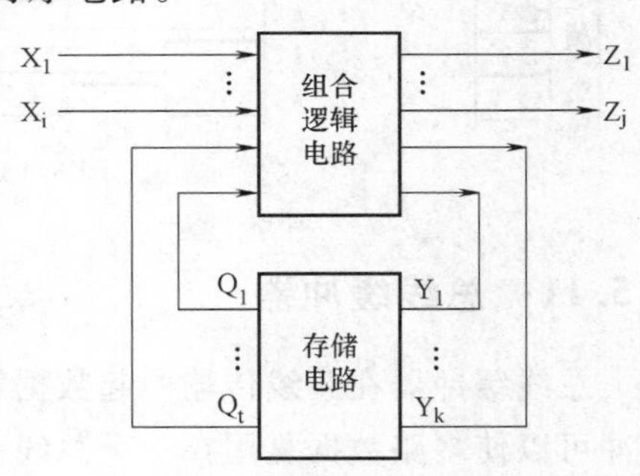

图 5-15　时序逻辑电路的结构框图

5.6.1　触发器

在数字系统中，除了需要对二值信号进行算术和逻辑运算外，经常需要将这些信号和算术及逻辑运算的结果存储起来，为此，需要具有记忆功能的基本单元来完成这样的工作，而触发器就是具有这种功能的基本逻辑单元。

触发器具有以下特点：①触发器具有能够自行保持的稳态（“1”态和“0”态）；②在外加触发脉冲的作用下，能够从一个稳态跳变为另一个稳态；③在外加触发脉冲无效时，将自行保持新的状态，即将新的信息记忆下来。

根据沿触发、复位和置位方式的不同触发器可以有多种实现方式。以异步置位/复位控制端口的上升沿 D 触发器为例，介绍 D 触发器的 Verilog 设计方法。

(1) 真值表　上升沿 D 触发器真值表见表 5-11。输入信号包括时钟信号 CP、复位端 R、置位端 S 和数据输入 D；输出信号包括数据输出 Q、Qn。

表 5-11　上升沿 D 触发器真值表

输入				输出		输入				输出	
CP	R	S	D	Q	Qn	CP	R	S	D	Q	Qn
x	0	1	x	0	1	↑	1	1	0	0	1
x	1	0	x	1	0	↑	1	1	1	1	0
0	1	1	x	保持	保持						

D 触发器符号如图 5-16 所示。

(2) 设计输入　利用 Verilog HDL 描述异步置位/复位控制的上升沿 D 触发器，源代码代码见例 5-17。

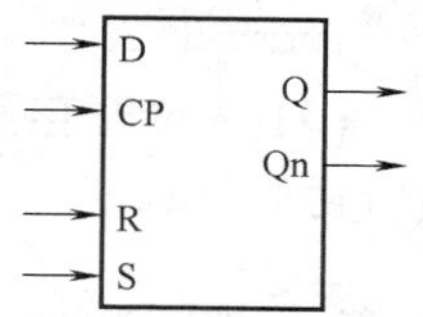

图 5-16　D 触发器符号

【例 5-17】　采用行为描述的异步置位/复位控制的上升沿 D 触发器。

```
module  D( Qn, Q, D, R, S, CP );
    input  D,R,S,CP;
    output  Qn,Q;
    reg  Qn,Q;
    always @  ( posedge  CP )
    begin
        if ({R,S}  = =2'b01)  begin  Q=0;  Qn='b1 ;  end
        else if ({R,S}  = =2'b10)  begin  Q='b1;  Qn=0 ;  end
        else if ({R,S}  = =2'b11)  begin  Q=D;  Qn = ~ D ;  end
        end
endmodule
```

5.6.2　寄存器

寄存器是时序逻辑电路中最基本的存储单元，许多复杂的时序逻辑电路均是由它构成的利用 Verilog HDL 的行为描述语句，可以很容易地设计出寄存器单元。以 4 位寄存器为例，介绍寄存器的设计方法，把多个 D 触发器的时钟端连接起来就可以构成一个存储多位二进制码的寄存器。

(1) 真值表　4 位寄存器真值表见表 5-12。输入信号包括使能端 oe、时钟信号 clk 和数据输入 d [3:0]；输出信号为 q [3:0]。

表 5-12　4 位寄存器真值表

输入			输出	输入			输出
oe	clk	d[3:0]	q[3:0]	oe	clk	d[3:0]	q[3:0]
0	↑	0/1	0/1	1	x	x	高阻态
0	0	x	保持				

(2) 设计输入　利用 Verilog HDL 语言描述 4 位寄存器，源代码见例 5-18：

【例 5-18】　采用行为描述的 4 位寄存器。

```
module  reg4 ( q, d, oe, clk ) ;
    input [3:0]  d ;
```

```
    output [3:0]  q ;
    input  oe, clk ;
    reg [3:0]  q ;
    always @ ( posedge  clk )
    begin
       if ( oe )  begin q < =4'bz;  end
       else  begin  q < =d;  end
    end
endmodule
```

（3）4 位寄存器的功能仿真结果　如图 5-17 所示，观察仿真波形可知，所设计电路的逻辑功能与真值表一致。

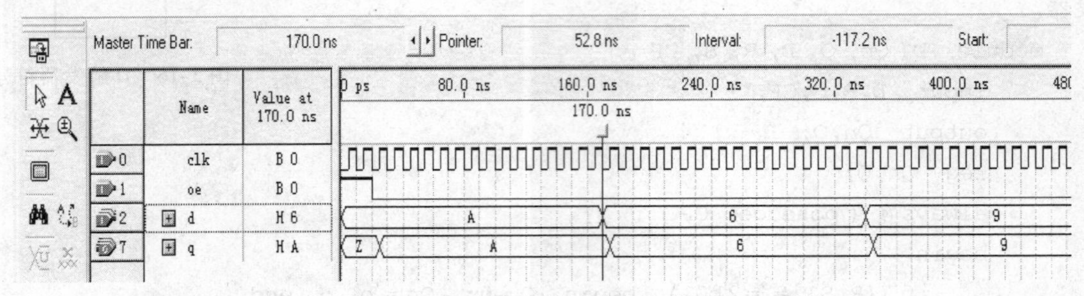

图 5-17　4 位寄存器的功能仿真结果

5.6.3　计数器

计数器是能够记忆输入脉冲个数的电路，也可用做时钟分频、信号定时、地址发生器、产生节拍脉冲和进行数字运算等。计数器是数字电路设计中最为常见、应用非常广泛的一种时序逻辑电路。

计数器有多种不同的分类方法，按时钟控制方式的不同，可分为同步计数器和异步计数器；按照计数数制的不同，可分为二进制计数器、十进制计数器和 N 进制（任意进制）计数器；按照计数方式的不同，可分为加法计数器、减法计数器和可逆计数器。

可逆计数器是指根据计数器控制信号的不同，在时钟脉冲的作用下，可以进行加 1 操作或减 1 操作的计数器。对于可逆计数器，由一个用于控制计数器方向的控制端 up_ down 来决定计数器的计数器方向。当该控制端为高电平时，实现加法计数；为低电平时，实现减法计数。

（1）真值表　下面以同步 3 位二进制可逆计数器为例，介绍计数器的设计。其工作真值表见表 5-13。其中，输入信号清零端 clr、使能端 en、时钟信号 clk 和计数器方向控制端 up_down。输出信号包括计数输出端 q［2：0］和进位 co。

表 5-13　同步 3 位二进制可逆计数器真值表

clr	en	clk	up_down	工作状态	clr	en	clk	up_down	工作状态
1	x	x	x	置零	0	1	↑	0	减法计数
0	x	↑	x	预置数	0	0	x	x	保持
0	1	↑	1	加法计数					

（2）设计输入　采用文本编辑法，利用 Verilog HDL 描述同步 3 位二进制可逆计数器，代码见例 5-19。

【例 5-19】　采用行为描述的同步 3 位二进制可逆计数器。

```
module  kn_cnt8 ( co, q, clk, clr, en, up_down ) ;
    output [2:0]  q ;
    output  co ;
    input  clk, clr, en, up_down ;
    reg [2:0]  q ;
    reg  co ;
    always @  ( posedge  clk )
    begin
        if ( clr )  begin  q < =0 ;  end
        else
            begin
                if ( en )
                begin
                    if ( up_down )
                    begin
                        if ( q = =3'b111 )  begin  q < =3'b000;  co < =1;  end
                        else  begin  q < =q +1;  co < =0;  end
                    end
                    else
                    begin
                        if (q = =3'b000)  begin  q < =3'b111;  co < =1;  end
                        else  begin  q < =q-1 ;  co < =0 ;  end
                    end
                end
                else  begin  q < =q ; end
            end
    end
endmodule
```

（3）可逆计数器的仿真波形　如图 5-18 所示，观察波形可知，在 up_ down 为高电平时，q 值从“0”开始递加，当 q 递增到“3”时，up_down 变为低电平，同时在下一个 clk 处，q 值从“3”下降到“2”，说明在信号 up_down 的控制下，所设计的计数器实现了加减的可逆。

5.6.4　串-并转换器

在数字系统设计中，模块内部往往使用总线的形式进行大量数据的并行传输，以达到最高的传输速度。而在不同的模块之间，通信往往是以串行的形式进行的。串行通信是指数据在一根线上传输，即传输信号的位宽为 1 位。现在很多高速传输接口都是以串行的方式实现的，如 PCI-Express、USB 等，需要进行串行到并行的转换。

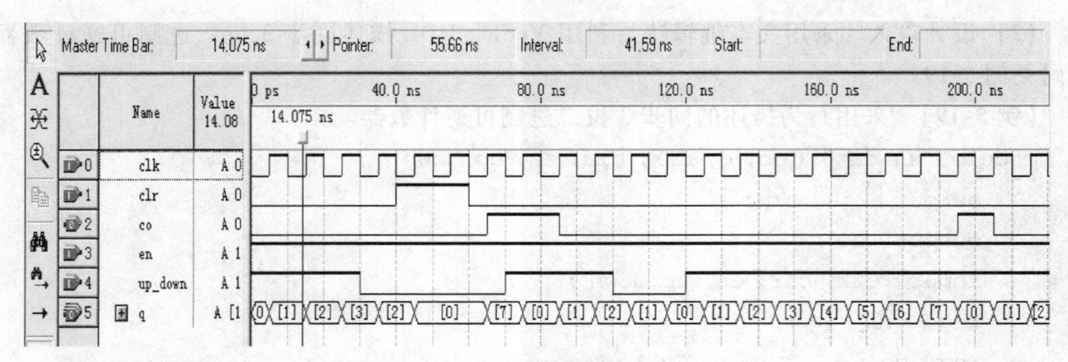

图 5-18　可逆计数器的仿真

以 4 位串-并转换器为例，介绍串-并转换器的设计方法。

(1) 电路描述　输入信号包括时钟信号 clk、复位端 reset、使能端 en 和数据输入 in；输出信号包括数据输出 out。串并转换器如图 5-19 所示。

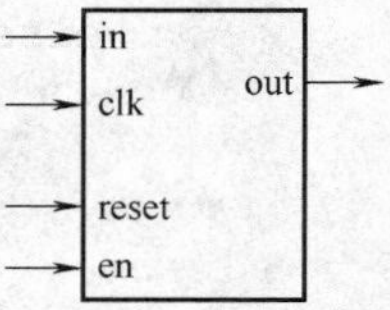

(2) 设计输入　利用 Verilog HDL 描述 4 位串-并转换器，代码见例 5-20。

图 5-19　串-并转换器

【例 5-20】　采用行为描述的 4 位串-并转换器。

```
module  ser_pall ( clk, reset, en, in, out ) ;
    input  clk, reset, en, in ;
    output [3:0]  out ;
    reg [3:0]  out ;
    always @ ( posedge  clk )
    begin
        if ( reset )  out < =4'b0000 ;
        else if ( en )  out < ={out, in} ;  //利用位拼接符
    end
endmodule
```

(3) 4 位串-并转换器的仿真波形　如图 5-20 所示，观察波形可知，电路实现了正常的串并转换功能。

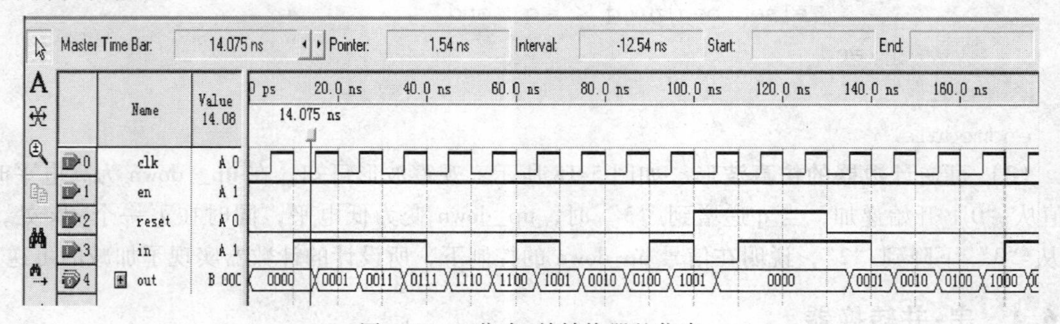

图 5-20　4 位串-并转换器的仿真

5.7　加法器设计

加法器是数字系统中的基本逻辑器件。例如为了节省资源，减法器和硬件乘法器都可由

加法器来构成。但宽位加法器的设计是很耗费资源的，因此在实际的设计和相关系统的开发中需要注意资源的利用率和进位速度等多方面的问题。多位加法器的构成有两种方式：并行进位和串行进位方式。并行进位方式设有并行进位产生逻辑，运算速度快；串行进位方式是将全加器级联构成多位加法器。通常，并行加法器比串行级联加法器占用更多的资源，并且随着位数的增加，相同位数的并行加法器比串行加法器的资源占用差距会越来越大。

加法、乘法作为基本的运算，大量应用在数字信号处理和数字通信的各种算法中。由于加法器、乘法器使用频繁，所以其速度往往影响着整个系统的运行速度。如果可以实现快速加法器和快速乘法器的设计，则可以提高整个系统的速度。

加法运算是最基本的算术运算，在多数情况下，无论是乘法、除法、减法还是 FFT 等运算，最终都是可以分解成加法运算来实现的。因此，对加法运算的实现进行一些研究是非常有必要的，实现加法运算有以下常用方法：并行加法器和流水线加法器。

5.7.1 并行加法器

并行加法器可采用 Verilog HDL 的加法运算符直接描述，借助于 EDA 综合软件和 HDL 描述语言，实现起来很容易，其运算速度较快，但耗用资源较多，尤其是当加法运算的位数较宽时，其耗用的资源会比较大。下面以 8 位并行加法器为例，描述并行加法器的设计方法。

(1) 设计输入 利用 Verilog HDL 描述 8 位并行加法器，代码见例 5-21。

【例 5-21】 采用行为描述的 8 位并行加法器。

```
module  add_bingxing (cout, sum, a, b, cin ) ;
    input [7:0]  a, b ;          //a,b 为两个操作数
    input  cin ;                 //cin 为低位的进位
    output [7:0]  sum ;          //sum 为和
    output  cout ;
    assign  {cout, sum} = a + b + cin ; //利用位拼接符和 assign 赋值语句描述
endmodule
```

(2) 8 位并行加法器的仿真波形 如图 5-21 所示，观察波形，分析与 4 位级联加法器类似，也可得出，此电路实现了 8 位加法器的功能。

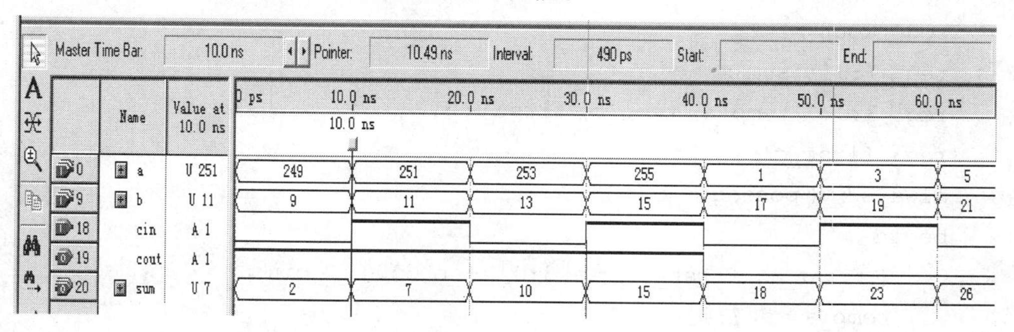

图 5-21 8 位并行加法器

5.7.2 流水线加法器

实际中的加法器通常是带有时钟的，以循环不断地进行加法运算。在有时钟信号的加法器中，可以采用流水线（Pipeline）设计技术，以提高系统的运行速度。流水线设计就是将

一个时延比较大的复杂的组合逻辑系统地分割，在各个部分（分级）之间插入寄存器以暂存中间数据的方法。目的是将一个大操作分解成若干的小操作，每一步小操作的耗时较小，各小操作能并行执行，所以数据可以像流水线一样轮流进入每一步小操作进行处理，从整体来看系统，数据可以更快地进入和流出系统，所以能提高数据吞吐率（提高处理速度）。

流水线处理是高速设计中的一个常用设计手段。如果某个设计的处理流程分为若干步骤，而且整个数据处理是“单流向”的，即没有反馈或者迭代运算，前一个步骤的输出是下一个步骤的输入，则可以考虑采用流水线设计方法来提高系统的工作频率。

两级流水线的 8 位加法器系统结构，如图 5-22 所示。

Cin 为低位进位输入，Ina、Inb 为 8bit 的无符号数据，clk 为系统时钟。第一级锁存器存储输入数据。第一级流水线进行 Ina 和 Inb 以及 Cin 的低 4 位的加法运算，运算结果与高 4 位数据一并锁存至第二级锁存器。第二级流水线进行高 4 位的加法运算，并将数据锁存至第三级锁存器，第三级锁存器输出 8bit 的和（Sum）及进位输出（Cout）。

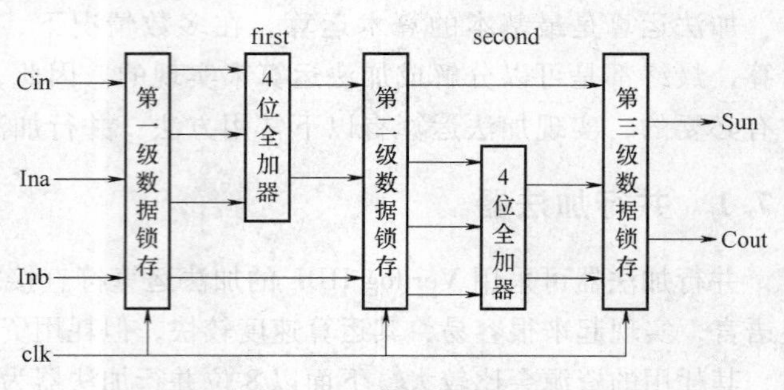

图 5-22　两级流水线 8 位加法器系统结构

以两级流水线 8 位加法器为例描述流水线加法器的设计方法

(1) 设计输入　利用 Verilog HDL 描述两级流水线加法器，该加法器由两个 4 位加法器组成，它们的输出寄存在 D 触发器中，代码见例 5-22。

【例 5-22】　采用行为描述的两级流水线加法器。

```
module  add_liushui ( cout, sum, a, b, cin, clk ) ;
    input [7:0]   a, b ;
    input  cin, clk ;
    output [7:0]   sum ;
    output  cout ;
    reg  cout ;
    reg [7:0]  sum ;
    reg [3:0]  temp_a, temp_b, first_s ;
    reg  first_c ;
    always @ ( posedge  clk )
    begin
        { first_c, first_s } = a[3:0]  + b[3:0]  + cin ;
        temp_a = a[7:4] ;
        temp_b = b[7:4] ;
    end
    always @ ( posedge  clk)
    begin
        { cout, sum[7:4] } = temp_a  +  temp_b  +  first_c ;
```

```
        sum[3:0] = first_s ;
    end
endmodule
```

(2) 两级流水线 8 位加法器的仿真波形　如图 5-23 所示，根据波形所示，电路实现了 8 位加法器的电路功能。

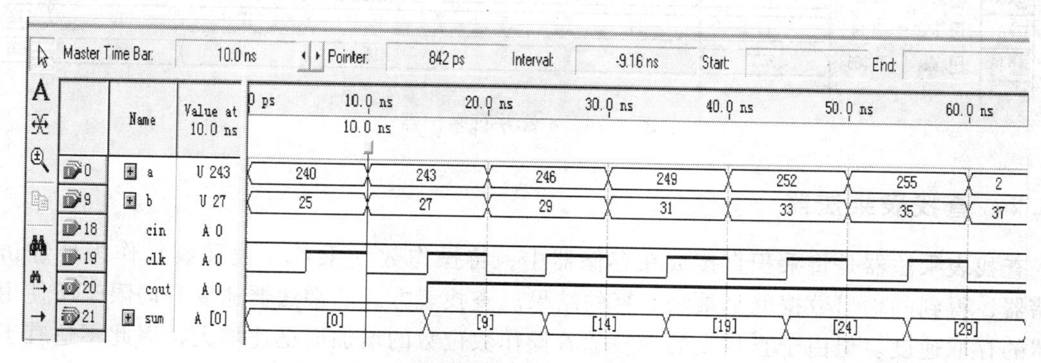

图 5-23　两级流水线 8 位加法器的仿真波形

5.8　乘法器设计

乘法器也很频繁地使用在数字信号处理和数字通信的各种算法中，并且往往影响着整个系统的运行速度，所以如果能实现快速乘法器的设计，可提高整个系统的处理速度。使用并行乘法器、查找表乘法器这两种方法可以实现乘法运算。这两种方法各有优点，下面对它们一一做出介绍。

5.8.1　并行乘法器

并行乘法器是纯组合类型的乘法器，完全由逻辑门实现。Verilog 语言支持乘法运算，有乘法操作符，因此用 Verilog 语言设计并行乘法器非常简单，只需要一条语句即可实现。下面以 8 位并行乘法器为例，描述并行乘法器的设计方法。

(1) 设计输入　利用 Verilog HDL 描述 8 位并行乘法器，代码见例 5-23。

【例 5-23】　采用行为描述的 8 位并行乘法器。

```
module  cheng ( out, a, b );
    parameter  size = 8 ;
    input [ size-1:1 ]  a, b ;// a,b 为两个操作数
    output [2* size:1 ]  out ; // out 为二者的乘积
    assign  out = a * b ;
endmodule
```

(2) 8 位并行乘法器真波形　如图 5-24 所示，观察波形可知，当 a = 20、b = 13 时，结果 out 为 260；当 a = 22、b = 14 时，结果 out 为 308，即电路实现了 8 位乘法器的乘法功能。

上面设计的并行乘法器与并行加法器相类似借助于 HDL 描述语言和 EDA 综合软件，实现起来很容易，其运算速度快，但耗用资源多，尤其是当乘法运算的位数较宽时，其耗用的资源会很大。

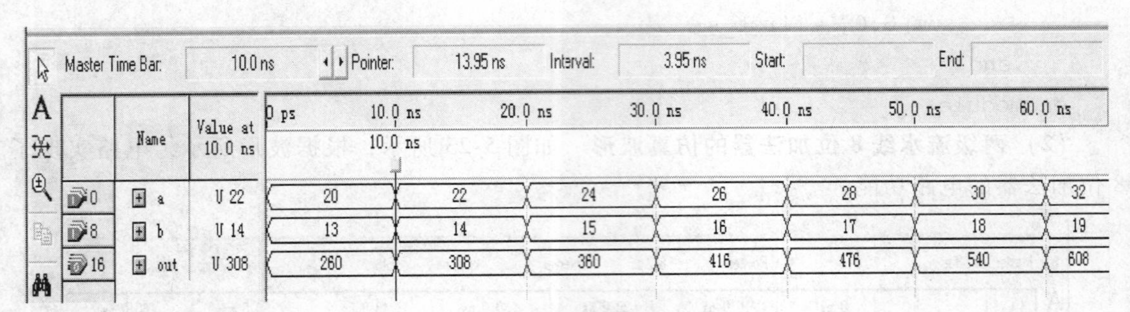

图 5-24　8 位并行乘法器

5.8.2　查找表乘法器

查找表乘法器是将乘积直接放在存储器中，将操作数（乘数和被乘数）作为地址访问存储器，得到的输出数据就是乘法运算的结果。查找表方式的乘法器速度只局限于所使用存储器的存取速度。但由于查找表的规模随着操作数位数的增加而迅速增大，因此不适宜于实现位数高的乘法操作。

在小型查找表的基础上结合加法器可以构成位数较高的乘法器。例如 8 位乘法器 $Y = a * b$可以分解成两个半字节，其中 $a = AI * 2^4 + AII$，$b = BI * 2^4 + BII$。由此，乘式可写成：

$$Y = (AI * 2^4 + AII) * (BI * 2^4 + BII)$$
$$= AI * BI * 2^8 + AII * BI * 2^4 + AI * BII * 2^4 + AII * BII$$

这样就把 8bit * 8bit 乘法运算转化为 4 个 4bit * 4bit 乘法运算。相对而言，减小了查找表的尺寸。下面以基于查找表的 4bit * 4bit 的乘法器为例，描述基于查找表实现乘法器的设计方法

(1) 设计输入　利用 Verilog HDL 描述 4bit * 4bit 的乘法器，代码见例 5-24：

【例 5-24】　采用行为描述的 4bit * 4bit 的乘法器。

```
module  mult4_4 ( out, a , b , clk );
    input [3:0]  a, b;
    input  clk;
    output [7:0]  out;
    reg [7:0]  out;
    reg [7:0]  first_a, first_b ;
    reg [1:0]  second_a, second_b ;
    wire [3:0]  out_a, out_b, out_c, out_d ;
    always @  ( posedge  clk )
    begin
      first_a = a [3:2 ] ;
        second_a = a [1:0] ;
        first_b = b [3:2] ;
        second_b = b [1:0] ;
    end
    lookup  m1  ( out_a , first_a , first_b ,clk ) ,
            m2 ( out_b , first_a , second_b , clk ) ,
```

```
        m3 ( out_c , second_a , first_b , clk ),
        m4 ( out_d , second_a , second_b , clk ) ; //调用 lookup 模块
    always @ ( posedge  clk )
    begin
        out < = ( out_a < < 4 ) + ( out_b < < 2 ) + ( out_c < < 2 ) + out_d ;
    end
endmodule

module  lookup ( out , a , b , clk ) ;  //用查找表方法实现 2bit * 2bit 乘法
    output [3:0]  out ;
    input [1:0]  a, b ;
    input  clk ;
    reg [3:0]  out ;
    reg [3:0]  address ;
    always @ ( posedge  clk )
    begin
        address = { a, b } ;//利用位拼接符
        case ( address )
        4'h0 : out = 4'b0000 ;            4'h1 : out = 4'b0000 ;
        4'h2 : out = 4'b0000 ;            4'h3 : out = 4'b0000 ;
        4'h4 : out = 4'b0000 ;            4'h5 : out = 4'b0001 ;
        4'h6 : out = 4'b0010 ;            4'h7 : out = 4'b0011 ;
        4'h8 : out = 4'b0000 ;            4'h9 : out = 4'b0010 ;
        4'ha : out = 4'b0100 ;            4'hb : out = 4'b0110 ;
        4'hc : out = 4'b0000 ;            4'hd : out = 4'b0011 ;
        4'he : out = 4'b0110 ;            4'hf : out = 4'b1001 ;
        default : out = 'bx ;
        endcase
    end
endmodule
```

（2）基于查找表的 4bit * 4bit 的乘法器的仿真波形　如图 5-25 所示，根据波形可知，

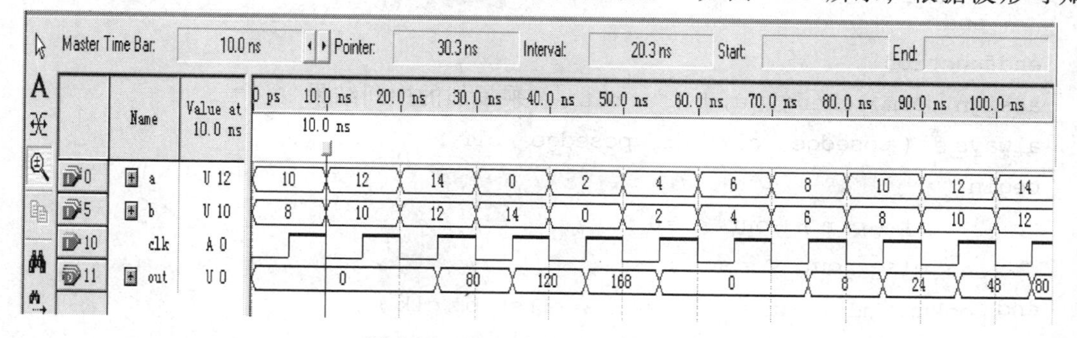

图 5-25　4bit * 4bit 查找表乘法器

此乘法器实现了乘法电路的功能，仔细观察可知，在 clk 的高电平时，得出乘积结果（有一定时间的延迟）：当 a = 10、b = 8 时，结果 out 为 80；当 a = 12、b = 10 时，结果 out 为 120；当 a = 14、b = 12 时，结果 out 为 168。

5.9 乘累加器设计

在数字信号处理的算法中，乘法和累加是基本的大量的运算。大部分数字信号处理（DSP）应用，如滤波器、FFT、卷积等，都要求一系列连续乘积的累加操作。为了实现这个累加，在乘法数的输出端需要一个加法/减法单元和一个称为累加器的附加累加器。图 5-26 中给出了这种累加（MAC）单元的配置。

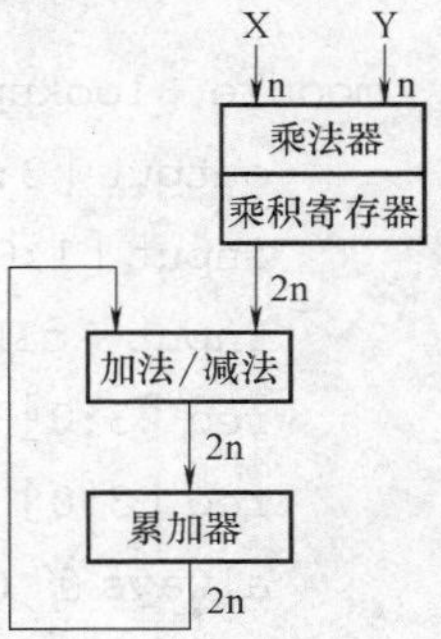

以 8 位乘累加器为例，描述乘累加器的 Verilog HDL 设计方法，实现相乘和累加的操作。

图 5-26 一个 MAC 单元

(1) 设计输入 利用 Verilog HDL 描述 8 位乘累加器，源代码见例 5-25。

【例 5-25】 采用行为描述的 8 位乘累加器。

```
module  mac ( out, a, b, clk, clr ) ;
input  clk, clr ;
input [7:0]  a, b ;  //a,b为操作数
output [15:0]  out ;//out为乘累加结果
wire [15:0]  sum ;
reg [15:0]  out ;
function [15:0]  cheng ; //利用 cheng 函数完成乘法操作
    input [7:0]  a, b ;
    reg [15:0]  result ;
    integer  i ;
    begin
        result = a[0] ? b : 0 ;
        for ( i =1; i <7; i = i +1 )
        begin  if ( a[i]  = =1 )  result = result + ( b < < i ) ;  end
        cheng = result ;
    end
endfunction
assign  sum = cheng ( a, b ) + out ;//乘累加的中间结果
always @ ( posedge  clk  or  posedge  clr )
begin
        if ( clr )  out < =0 ;
        else  out < = sum ;
end
endmodule
```

（2）8 位乘累加器的功能仿真波形　如图 5-27 所示。观察波形可知，第一个 clk 处，第二个两数相乘得 46，第 3 个两数相乘得 104。而在 out 处，第二个值为 46，第 3 个值为 150，依次类推，该 8 位累加器实现了操作数的相乘和累加操作。

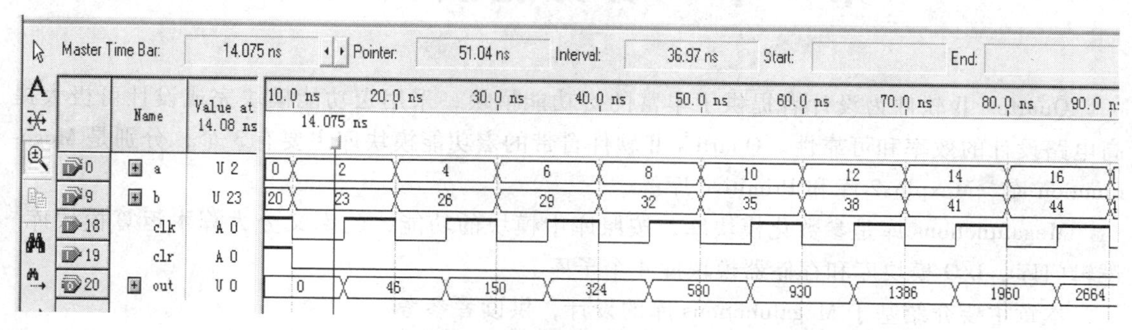

图 5-27　8 位乘累加器仿真

5.10　小结

本章介绍了 Verilog HDL 设计层次和行为描述、数据流描述和结构描述方式。对基本组合逻辑电路进行了行为级描述，包括与非门电路、或非门电路、异或门电路、三态门电路、编码器电路、3 线-8 线译码器电路、BCD-七段显示译码器电路、2 选 1 数据选择器电路、4 选 1 数据选择器电路、数值比较器电路和总线缓冲器电路，并进行了仿真。对基本时序逻辑电路进行了行为级描述并进行了仿真，包括触发器电路、寄存器电路、计数器电路和串-并转换电路，还对加法器、乘法器、乘累加器进行了设计和仿真。通过对这些常用模块的学习，可以为今后学习打下坚实的基础。

5.11　习题

1. 设计一个可预置的十六进制计数器，并仿真。
2. 设计一个“1011”序列检测器，并仿真。
3. 设计并实现一个 1 位全加器，并仿真。
4. 设计并实现一个通用加法器，其位数可根据需要任意设定，并仿真。
5. 设计并实现一个 4 位二进制码转换成 BCD 码的转换器，并仿真。
6. 设计一个 8 线-3 线优先编码器，要求分别用 case 语句和 if 语句来实现并比较这两种方式，并仿真。
7. 设计含异步清 0、同步加载与时钟使能的计数器，并仿真。
8. 用 Verilog 设计一个功能类似 74LS160 的计数器，并仿真。
9. 设计一个以异步置位/复位控制端口的上升沿 JK 触发器，并仿真。
10. 设计一个有置数端的可变模计数器。
11. 设计一个序列信号发生器。

第 6 章 宏功能模块设计

Quartus Ⅱ软件为设计者提供了丰富的宏功能模块，采用宏功能模块完成设计可极大提高电路设计的效率和可靠性。Quartus Ⅱ软件自带的宏功能模块库主要有 3 个，分别是 Megafunction 库、Maxplux2 库和 Primitive 库。

Megafunctions 库是参数化模块库，按照库中模块的功能，此库又分为算术运算模块库、逻辑门库、I/O 模块库和存储器模块库 4 个子库。

本章主要介绍基于 Megafunctions 库的设计，供读者参考。

6.1 算术运算模块库

6.1.1 算术运算模块库模块列表

算术运算模块库的所有宏模块的名称及功能如表 6-1 所示，如需要对其进行更详尽的了解，可以参看 Quartus Ⅱ软件的帮助文档。

表 6-1 算术运算模块库模块列表

序号	宏模块名称	功 能 描 述
1	altaccumulate	参数化累加器（不支持 MAX3000 和 MAX7000 系列）
2	altfp_add_sub	浮点加法器/减法器
3	altfp_div	参数化除法器
4	alt_mult	参数化乘法器
5	altmemmult	参数化存储乘法器
6	altmult_accum	参数化乘累加器
7	altmult_add	参数化乘加器
8	altsqrt	参数化整数平方根运算宏模块
9	altsquare	参数化平方运算宏模块
10	divide	参数化除法器
11	lpm_abs	参数化绝对值运算宏模块
12	lpm_add_sub	参数化加法器/减法器
13	lpm_compare	参数化比较器
14	lpm_counter	参数化计数器
15	lpm_divide	参数化除法器
16	lpm_mult	参数化乘法器
17	parallel_add	并行加法器

对于算术运算模块，以乘法器和计数器模块为例进行说明。

6.1.2 乘法器模块设计举例

【例 6-1】 乘法器模块设计。

以参数化乘法器为例来说明宏功能模块调用步骤。首先利用 lpm_ mult 来实现一个乘法器电路，步骤如下。

(1) 端口、参数设置 lpm_mult 宏模块的输入/输出端口和参数见表 6-2。

表 6-2　lpm_mult 宏模块的输入/输出端口和参数

	端口名称	功能描述
输入端口	dataa[ ]	被乘数
	datab[ ]	乘数
	sum[ ]	部分和
	clock	输入时钟(流水线形式时使用)
	clken	时钟使能(流水线形式时使用)
	aclr	异步清零(流水线时使用)
输出端口	result[ ]	输出结果 result[ ] = data[ ] * datab[ ] + sum[ ]
参数设置	LPM_WIDTHA	Dataa[ ]端口的数据线宽度
	LPM_WIDTHB	Dataa[ ]端口的数据线宽度
	LPM_WIDTHP	Dataa[ ]端口的数据线宽度
	LPM_WIDTHS	Dataa[ ]端口的数据线宽度
	LPM_REPRESSENTATION	选择"有符号数乘法"或"无符号数乘法"
	LPM_PIPELINE	流水线实现乘法器时,流水线的级数

接下来介绍如何对这些参数进行设置。Megafunctions 库函数的调用非常方便。启动 Quartus II 软件，选择菜单"File"→"New"命令，在弹出的"New"对话框中的"Device Design Files"页面中选择源文件的类型，这里选择"Block Diagram/Schematic File"类型，即出现原理图文件的编辑界面。在 Quartus Ⅱ的原理图编辑界面下，在空白处双击鼠标左键，或者单击右键，选择菜单"Insert"→"Symbol..."命令，即可弹出宏模块选择界面，然后选择 LPM 宏模块库所在目录\altera\quartus60\libraries\megafunctions，所有的库函数就会出现在窗口中，设计者可以从中选择所需要的函数，这里选择 lpm_mult，如图 6-1 所示，即将参数化乘法器宏功能模块调入到原理图编辑窗口中。

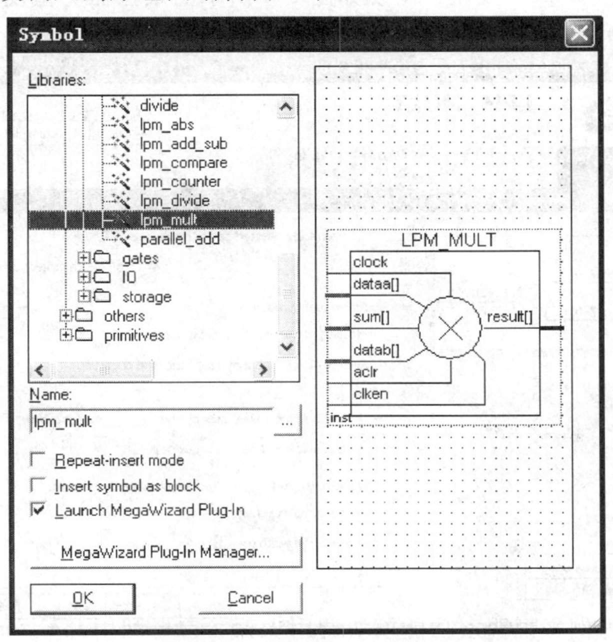

图 6-1　输入 lpm_mult 宏功能模块

单击图 6-1 中的 “OK” 按钮，进入乘法器模块参数设置页面，如图 6-2 所示，这里将输出文件的类型设为 Verilog HDL，文件名按照默认设为 “lpm_mult0”。

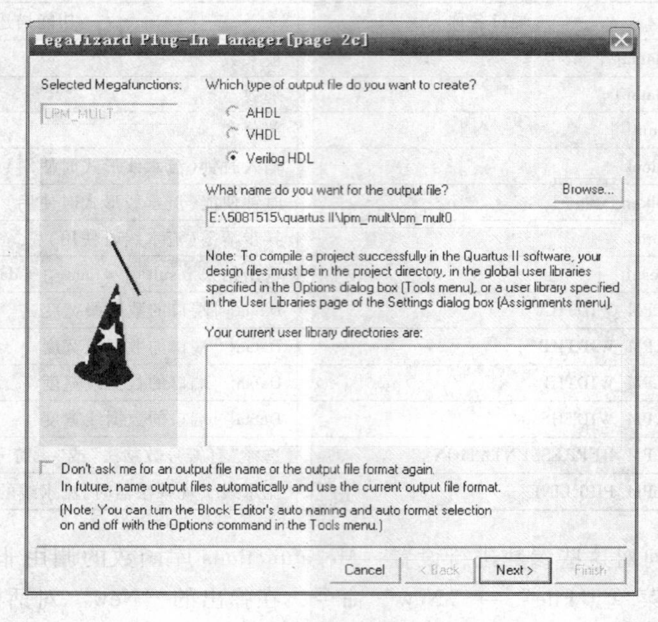

图 6-2 乘法器模块参数设置页面

单击图 6-2 中的 “Next” 按钮，出现对乘法器的输入/输出设置页面，如图 6-3 所示。在 “Multiplier configuration” 栏里选择 “Multiply ‘dataa’ input by ‘datab’ input”，这样乘法器便有 “dataa” 和 “datab” 两个输入端，然后将输入端的数据线宽度均设为 8bit，输出端的数据线宽度固定为 16bit。

单击图 6-3 中的 “Next” 按钮，出现如图 6-4 所示的乘法器类型设置页面。

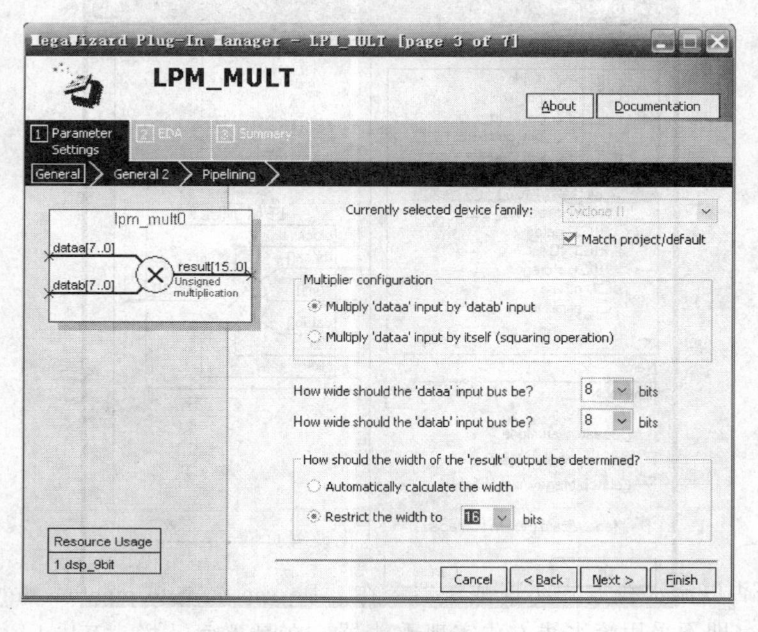

图 6-3 输入/输出设置页面

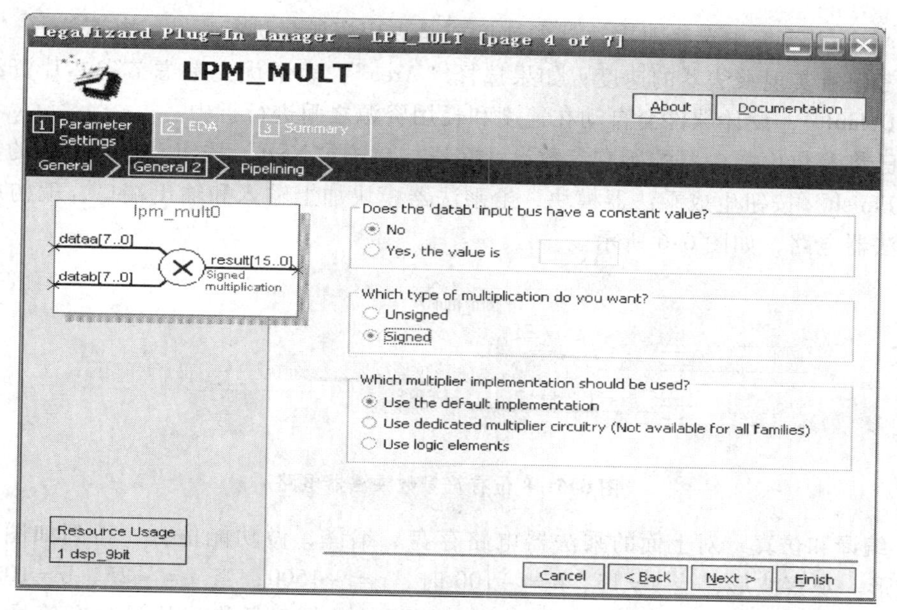

图 6-4 乘法器类型设置页面

在“Does the‘datab’input bus have a constant value?”栏中选择“datab”是否为常量，在这里选择“No”单选按钮，即“datab”的输入值可变。在“What type of multiplication do you want ?”栏中选择“Signed”，即有符号数乘法。最下面一栏选择乘法器的实现方式，可以用 FPGA 中专门的嵌入式乘法器（需注意的是并不是所有的 FPGA 器件都包含嵌入式乘法器），也可用逻辑单元（LE）来实现乘法器。在这里选择默认的方式实现（即“use the default implementation”）。单击“Next”按钮，出现如图 6-5 所示的乘法器优化设置页面。

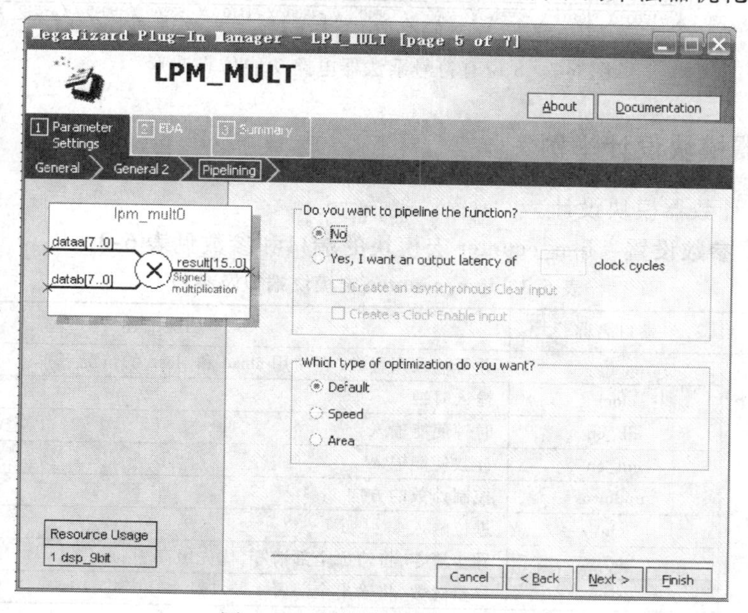

图 6-5 乘法器优化设置页面

首先设置是否以流水线方式实现乘法器，在“Do you want to pipeline the function?”栏中，选择“No”，即不采用流水线方式实现乘法器，在最下面一栏“Which type of optimization do you want ?”栏中选择对乘法器的速度或是占用资源量进行优化，如果选择“Speed”，表示优先考虑所实现乘法器的速度；如果选择“Area”，表示优先考虑节省芯片资源；在这里选择“Default”，设计软件会自动在速度和耗用资源之间进行折中。

以上已将参数化乘法器的所有参数设计完毕，单击“Next”按钮，选择生成的文件，最后单击“Finish”按钮生成乘法器模块，给乘法器模块加上输入和输出端口，就构成了一个完整的乘法器电路，如图 6-6 所示。

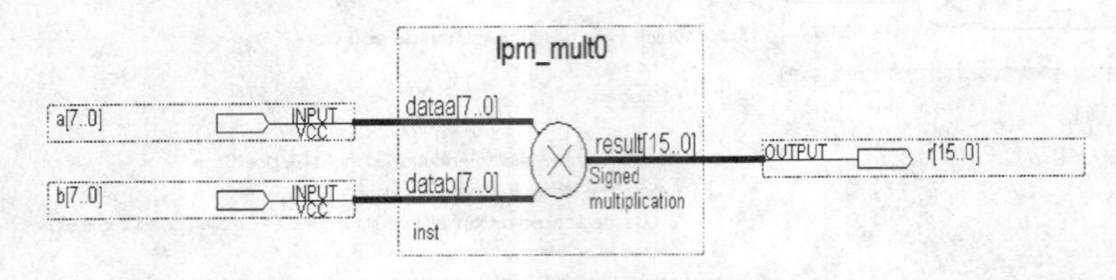

图 6-6 8 位有符号数乘法器电路

（2）编译和仿真 对上面的乘法器电路存盘、编译，做功能仿真，得到如图 6-7 所示的仿真波形。观察波形，当 a = 15、b = −100 时，r = −1500；当 a = −25、b = 102 时，r = −2550，说明该电路实现了有符号数的乘法（图中的数据显示格式均设为有符号十进制）。修改 lpm_ mult 函数的参数和端口设定，可以非常方便地实现任意位宽、有符号或无符号的乘法器模块。

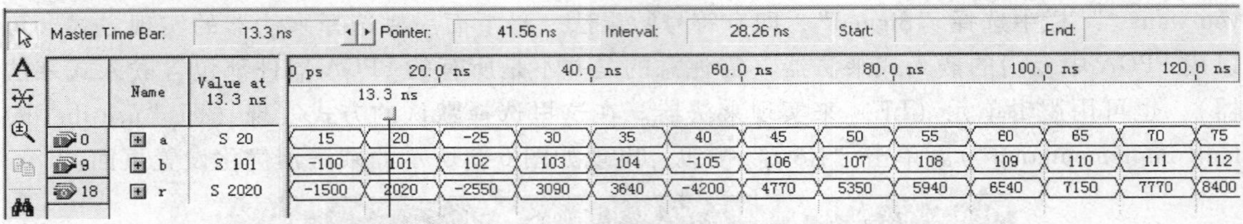

图 6-7 8 位有符号乘法器电路功能仿真波形

6.1.3 计数器模块设计举例

【例 6-2】 计数器模块设计。

（1）端口、参数设置 lpm_counter 宏模块的端口和参数见表 6-3。

表 6-3 lpm_counter 宏模块端口及参数

	端口名称	功能描述
输入端口	data[ ]	并行输入预置数(在使用 aload 和 sload 的情况下)
	clock	输入时钟
	clk_en	时钟使能输入
	cnt_en	计数使能输入
	updown	控制计数的方向
	cin	进位输入
	aclr	异步清零,将输出全部清零,优先级高于 aset
	asset	异步置数,将输出全部置 1
	aload	异步预置
	sclr	同步清零,将输出全部清零,优先级高于 aset
	sset	同步置数,将输出全部置 1,或置为 LPM_AVALUE
	sload	同步预置

（续）

	端口名称	功能描述
输出端口	q[ ]	计数输出
	cout	进位输出
参数设置	LPM_WIDTH	计数器位宽
	LPM_DIRECTION	计数方向
	LPM_MODULUS	模
	LPM_AVALUE	异步预置数
	LPM_SVALUE	同步预置数

与输入 lpm_mult 的输入方法一样，新建一个图形输入文件，双击空白处，在 Megafunctions 目录下找到 lpm_counter 宏功能模块，进入参数设置界面后，首先对输出数据总线宽度和计数方向进行设置，如图 6-8 所示。

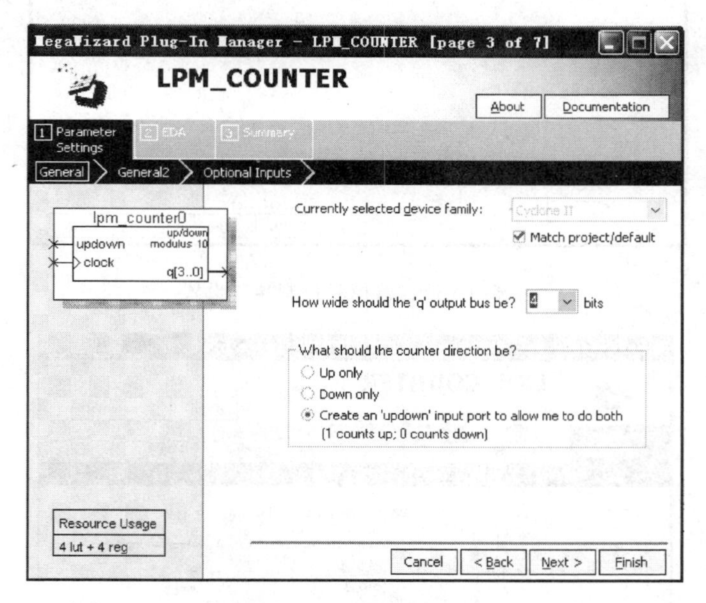

图 6-8　输出数据总线宽度和计数方向设置

计数器可以设为加法或者减法计数，还可以通过增加一个“updown”信号来控制计数的方向，信号为“1”时加法计数，信号为“0”时减法计数。单击“Next”按钮，进入如图 6-9 所示的对话框，在这里设置计数器的模，还可根据需要增加控制端口，包括时钟时能“Clock Enable”、计数使能“Count Enable”、进位输入“Carry-in”和进位输出“Carry-out”端口。在本例中设置计数器模为 10，并带有一个进位输出端口。

单击“Next”按钮，进入如图 6-10 所示的对话框，在该对话框中可增加同步清零、同步预置、异步清零、异步预置等控制端口，可根据需要添加。

设置完成的计数器电路如图 6-11 所示，该计数器计数方向可控制，模为 10，包含一个时钟输入端、一个计数方向控制端“updown”、一个数据输出端以及一个进位输出端“cout”。当 updown 为“1”时，计数器为加法计数；为“0”时，计数器为减法计数。计数器输出端口宽度设置为 5。

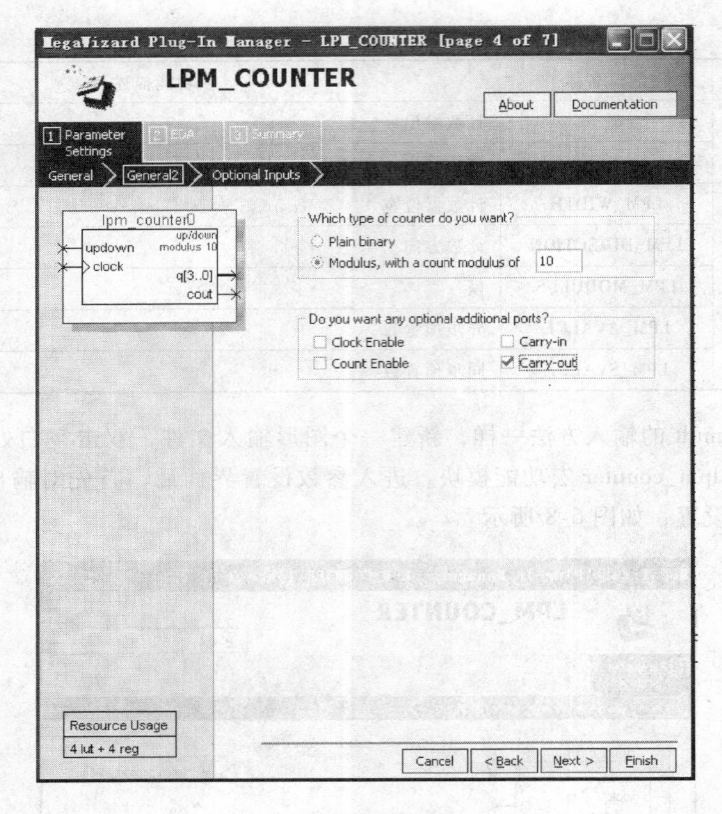

图 6-9　计数器模和控制端口设置

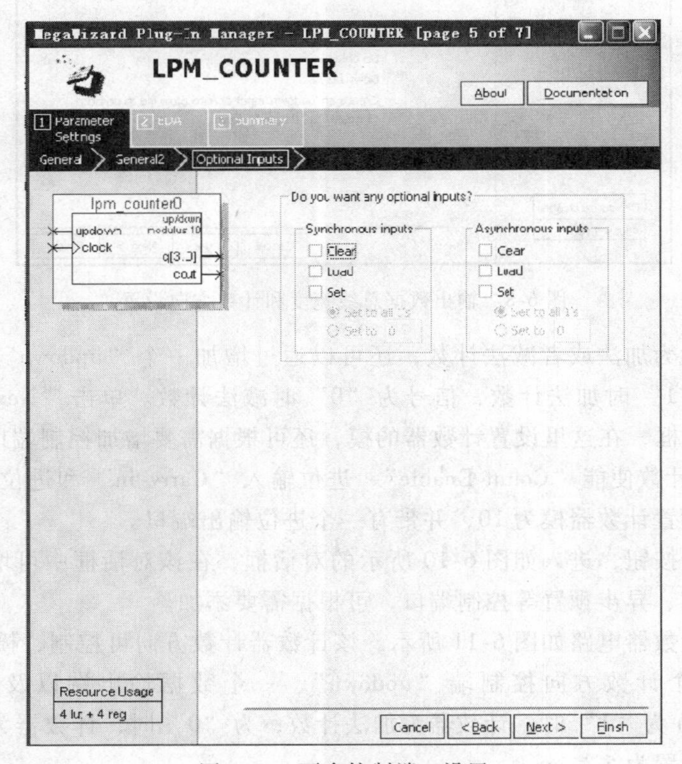

图 6-10　更多控制端口设置

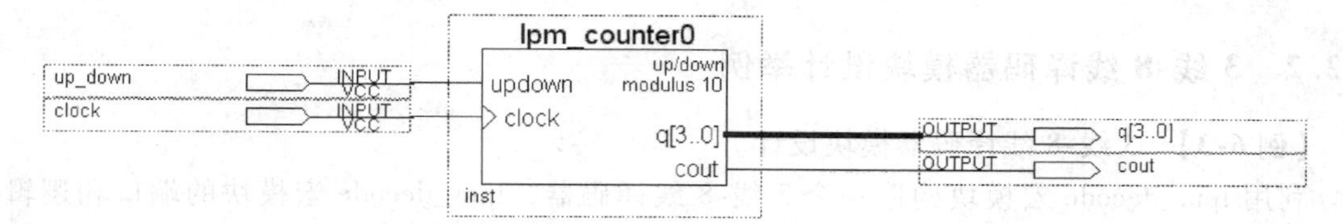

图 6-11　模 10 方向可控计数器电路

（2）编译和仿真　将图 6-11 所示的计数器电路保存、编译，进行功能仿真，波形如图 6-12 所示。观察波形可知，当 up_down 为 1 时，计数器进行加法计数，并且计到 9 后高位进 1（cout 为 1），随后重新进行加法计数；当 up_down 为 0 时，计数器进行减法计数，递减到 0 时，仍有 cout 为 1。

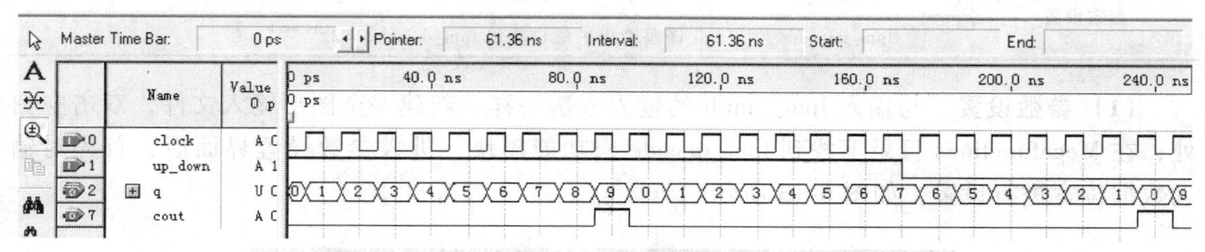

图 6-12　模 10 方向可控计数器电路功能仿真波形

6.2　逻辑门库

6.2.1　逻辑门库宏模块列表

逻辑门库（Gates）的所有宏模块及其功能表见表 6-4。

表 6-4　逻辑门库宏模块及其功能表

序　号	宏模块名称	功能描述
1	busmux	参数化多路复用器
2	lpm_and	参数化与门宏模块
3	lpm_bustri	参数化三态缓冲器
4	lpm_clshift	参数化组合逻辑移位器或桶形移位器
5	lpm_constant	参数化常量宏模块
6	lpm_decode	参数化译码器
7	lpm_inv	参数化反相器
8	lpm_mux	参数化多路复用器
9	lpm_or	参数化或门宏模块
10	lpm_xor	参数化异或门宏模块
11	mux	参数化多路复用器

6.2.2　3 线-8 线译码器模块设计举例

【例 6-3】 3 线-8 线译码器模块设计。

利用 lpm_decode 宏模块构造一个 3 线-8 线译码器，lpm_decode 宏模块的端口和逻辑参数见表 6-5。

表 6-5　lpm_decode 宏模块端口及参数

	端口名称	功能描述
输入端口	data[ ]	与 datab[ ]做比较的数值
输出端口	eq[ ]	译码输出
参数设置	lpm_width	data[ ]端口的数据线宽度
	lpm_decodes	译码输出的端口数目 $lpm\_decodes = 2^{lpm\_width}$

(1) 参数设置　与输入 lpm_ mult 的输入方法一样，新建一个图形输入文件，双击空白处，在 Megafunctions 目录下找到 lpm_decode 宏功能模块，进入参数设置界面后，首先对输入数据位宽进行设置，如图 6-13 所示。

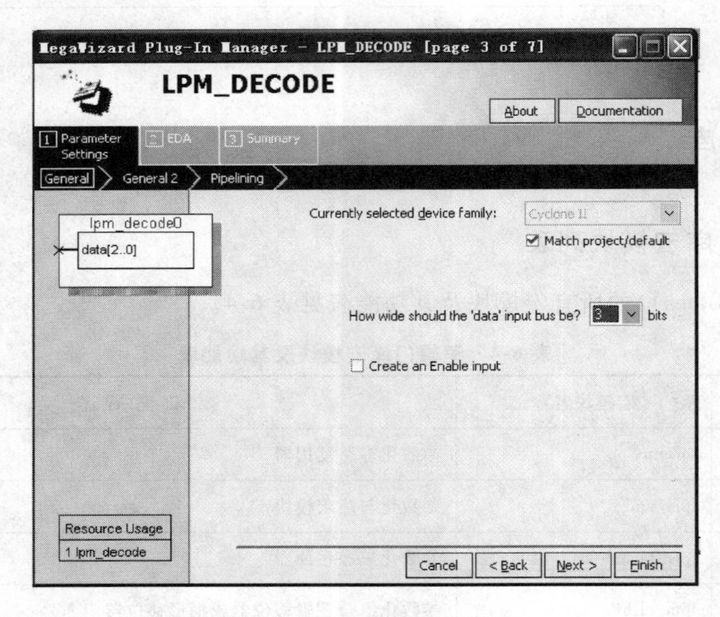

图 6-13　输入数据位宽设置

在图 6-13 中，选择译码数据位宽为 3bit，意味着有 8 个数据输出。单击“Next”，进入图 6-14 所示的对话框，在该对话框中可以设置输出的编码位，在此例中，全部选中。

单击“Next”，进入图 6-15 所示的对话框，在该对话框中，可以对此电路使用流水线技术，此例中不选用此技术。

设计完成的 3 线-8 线译码器电路如图 6-16 所示。

(2) 编译和仿真　将图 6-16 所示的计数器电路保存、编译，进行功能仿真，波形如图 6-17 所示。观察波形可知，当译码器对一个 3 位的二进制数译码时，能够辨别出这个二进制数所代表的 8 种不同的电路状态。

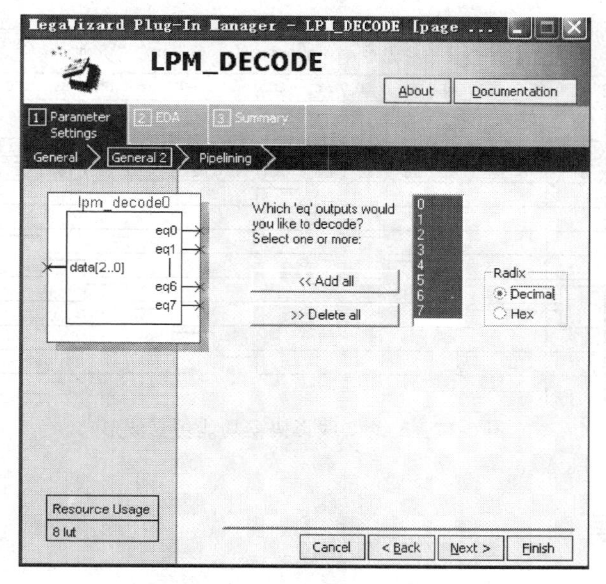

图 6-14　输出编码位控制

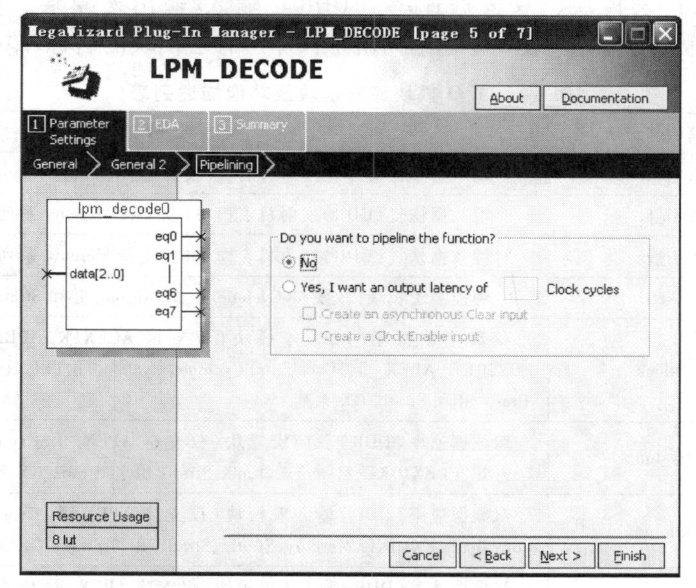

图 6-15　流水线技术选择控制端

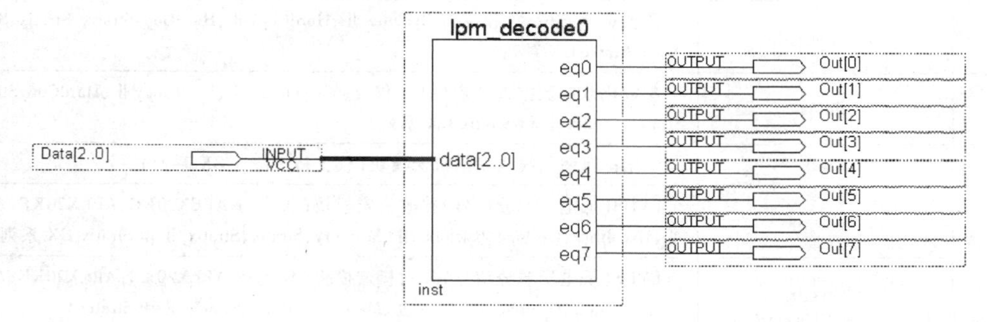

图 6-16　3 线-8 线译码器

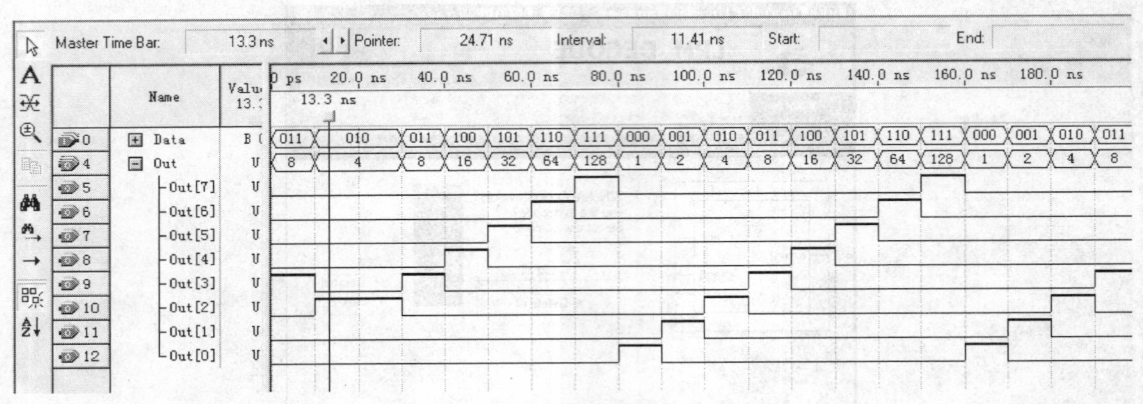

图 6-17　3 线-8 线译码器功能仿真波形

6.3　I/O 模块库

Megafunctions 库提供的参数化 I/O 模块主要包括时钟数据恢复（CDR）收发机模块、参数化锁相环（PLL）宏模块、双数据速率（DDR）输入/输出宏模块、低电压差分信号（LVDS）收发射机宏模块等，表 6-6 详细列出了该库所有宏模块的名称和功能描述。

表 6-6　I/O 模块库宏模块及功能描述列表

序号	宏模块名称	功 能 描 述
1	altasmi_parallel	主动串行存储器并行接口宏模块（仅支持 Cyclone、Cyclone Ⅱ 和 Stratix Ⅱ 系列）
2	altcdr_tx	时钟数据恢复（CDR）发射机宏模块（仅支持 Mercury 系列）
3	altcdr_rx	时钟数据恢复（CDR）接收机宏模块（仅支持 Mercury 系列）
4	altclkctrl	时钟控制宏模块（仅支持 Cyclone Ⅱ、HardCopy Ⅱ 和 Stratix Ⅱ 系列）
5	altclklock	参数化锁相环（PLL）宏模块（仅支持 ACEX1K、APEX20K、APEX20KC、APEX20KE、APEX Ⅱ、Excalibur、Cyclone、Cyclone Ⅱ FLEX10KE、Mercury、Stratix、Stratix Ⅱ 和 Stratix GX 系列）
6	altddio_bidir	双数据速率（DDR）双向宏模块（仅支持 APEX Ⅱ、Cyclone、Cyclone Ⅱ、HardCopy Ⅱ、FLEX10KE、Mercury、Stratix、Stratix Ⅱ 和 Stratix GX 系列）
7	altddio_in	双数据速率（DDR）输入宏模块（仅支持 APEX Ⅱ、Cyclone、Cyclone Ⅱ、HardCopy Ⅱ、FLEX10KE、Mercury、Stratix、Stratix Ⅱ 和 Stratix GX 系列）
8	altddio_out	双数据速率（DDR）输出入宏模块（仅支持 APEX Ⅱ、Cyclone、Cyclone Ⅱ、HardCopy Ⅱ、FLEX10KE、Mercury、Stratix、Stratix Ⅱ 和 Stratix GX 系列）
9	altdq	数据选通宏模块（仅支持 Cyclone Ⅱ、HardCopy Ⅱ、HardCopyStratix、Stratix、Stratix Ⅱ 和 Stratix GX 系列）
10	altdqs	参数化双向数据选通宏模块（仅支持 Cyclone Ⅱ、HardCopy Ⅱ、HardCopyStratix、Stratix、Stratix Ⅱ 和 Stratix GX 系列）
11	altgxb	G 比特速率无线收发信机宏模块（仅支持 Stratix GX 系列）
12	altvds_rs	LVDS（低电压差分信号）接收机宏模块（仅支持 APEX20KC、APEX20KE、APEX Ⅱ、Excalibur、Cyclone、Cyclone Ⅱ、Mercury、Stratix、Stratix Ⅱ 和 Stratix GX 系列）
13	altvds_tx	LVDS（低电压差分信号）发射机宏模块（仅支持 APEX20KC、APEX20KE、APEX Ⅱ、Excalibur、Cyclone、Cyclone Ⅱ、Mercury、Stratix、Stratix Ⅱ 和 Stratix GX 系列）

（续）

序号	宏模块名称	功 能 描 述
14	altpll	参数化锁相环宏模块（仅支持 Cyclone、Cyclone Ⅱ、HardCopy Ⅱ、HardCopyStratix、Stratix、Stratix Ⅱ和 Stratix GX 系列）
15	altpll_reconfig	参数化锁相环重配置宏模块（仅支持 HardCopy Ⅱ、HardCopyStratix、Stratix 和 Stratix GX 系列）
16	altremote_update	参数化远端升级宏模块
17	altstratixii_oct	参数化片内终端（OCT）宏模块（仅支持 HardCopy Ⅱ、Stratix Ⅱ和 Stratix Ⅱ GX 系列）
18	altufm_osc	振荡器宏模块
19	alt2gxb	G 比特速率无线收发信机宏模块（仅支持 Stratix Ⅱ GX 系列）
20	alt2gxb_reconfig	G 比特速率无线收发信机重配置宏模块
21	sld_virtual_jtag	虚拟 JTAG 宏模块

6.4　存储器模块库

6.4.1　存储器模块库宏模块及功能描述

存储器模块库（Storage）中部分宏模块及其功能见表 6-7。

表 6-7　存储器模块库宏模块及功能描述列表

序　号	宏模块名称	功 能 描 述
1	alt3pram	参数化三端口 RAM 模块
2	altcam	内容可寻址存储器（CAM）宏模块
3	altqpram	参数化双端口 RAM 宏模块
4	altshift_taps	参数化带抽头的移位寄存器宏模块
5	altufm_none	用户 Flash 存储器
6	dcfifo	参数化双时钟 FIFO 宏模块
7	lpm_dff	参数化 D 触发器和移位寄存器
8	lpm_ff	参数化触发器
9	lpm_fifo	参数化单时钟 FIFO 宏模块
10	lpm_latch	参数化锁存器
11	lpm_ram_dp	参数化双端口 RAM 宏模块
12	lpm_ram_dq	输入和输出端口分离的参数化 RAM 模块
13	lpm_ram_io	单 I/O 端口的参数化宏模块
14	lpm_rom	参数化 ROM 宏模块
15	lpm_shiftreg	参数化移位寄存器
16	lpm_tff	参数化 T 触发器
17	scfifo	参数化单时钟 FIFO 宏模块
18	sfifo	参数化同步 FIFO 宏模块

在进行数字信号处理（DSP）、数据加密或数据压缩等复杂数字逻辑设计时，经常要用到存储器。将存储模块（RAM 或 FIFO 等）嵌入 FPGA 芯片，不仅可简化设计、提高设计的灵活性，同时也降低了数据存储的成本，使芯片内、外数据的交换更可靠。目前，很多 FPGA 器件都集成了片内 RAM。这种片内 RAM 速度快，读操作的时间可以达到 3～4ns，写操

作的时间大约 5ns，甚至更短。

随机存取存储器（Random Access Memory，RAM）可以随时在任一指定地址写入或读取数据，它的最大优点是可方便地读/写数据，但存在易失性的缺点，掉电后锁存数据会丢失。

RAM 的应用非常广泛，它是计算机的重要组成部分，在数字信号处理中，RAM 作为数据存储单元也是必不可少的。

6.4.2 参数化 RAM 模块设计举例

【例 6-4】 参数化 RAM 模块设计。

lpm_ram_dq 是参数化 RAM 模块，输入/输出共用一个端口，它的逻辑参数见表 6-8，以此模块为例设计一个数据存储器。

表 6-8 lpm_ram_dq 宏模块端口及参数

	端口名称	功能描述
输入端口	data[ ]	输入数据
	address[ ]	地址端口
	we	写使能端口，高电平时向 RAM 写入数据
	inclock	同步写入时钟
	outclock	同步读取时钟
输出端口	q[ ]	数据输出端口
参数设置	lpm_width	data[ ]和 q[ ]端口的数据线宽度
	lpm_widthad	address[ ]端口宽度
	lpm_numwords	RAM 中存储单元的数目

(1) 参数设置 与输入 lpm_mult 的输入方法一样，新建一个图形输入文件，双击空白处，在 Megafunctions 目录下找到 lpm_ram_dq 宏功能模块，进入参数设置界面后，首先对数据线和地址线宽度以及 RAM 的存储容量进行设置，如图 6-18 所示。将数据线和地址线的宽度都设置为 8bit，RAM 的存储容量设置为 2^8B，即 256W。

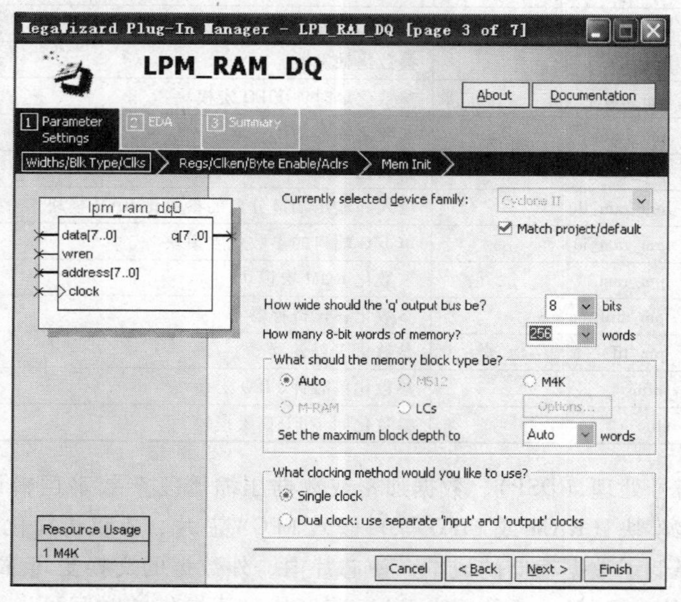

图 6-18 lpm_ram_dq 参数设置

设计完成的数据存储器电路如图 6-19 所示。

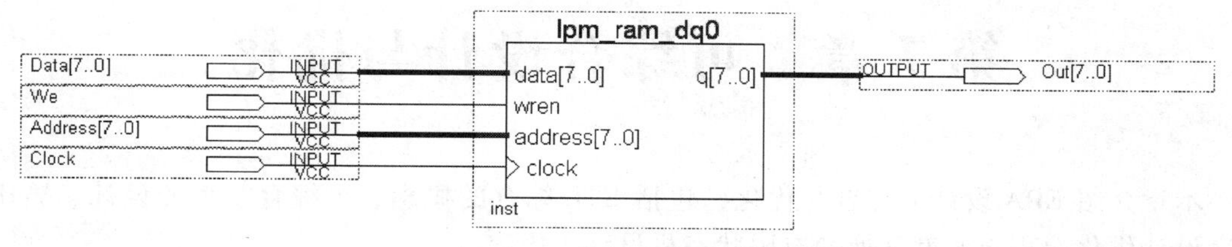

图 6-19　数据存储器电路

(2) 编译和仿真　图 6-19 所示的数据存储器电路保存、编译，并进行功能仿真，仿真波形如图 6-20 所示。从“Out”端口的输出波形可看出，存储数据与写入的数据是完全一样的，只是数据输出时存在一定的延时。

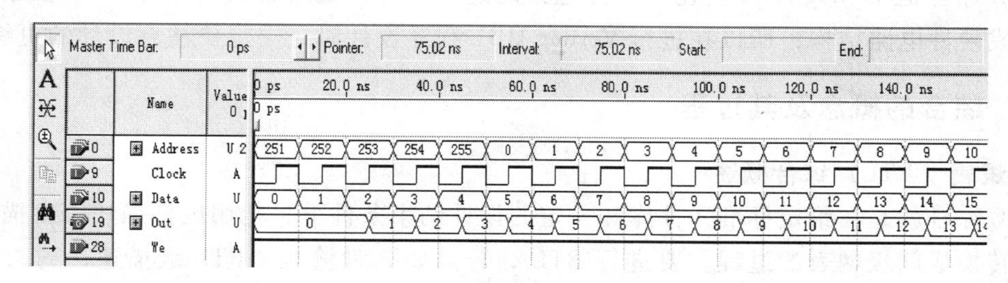

图 6-20　数据存储器的功能仿真波形

6.5　小结

本章基于 Megafunctions 宏功能模块库，介绍了算术运算模块库的宏模块的名称和功能，通过乘法器和计数器设计演示了宏模块的设计过程，介绍了逻辑门库的宏模块的名称和功能，通过 3 线-8 线译码器演示了设计过程，介绍了 I/O 模块库和存储器模块库，通过参数化 RAM 模块设计演示了设计过程。

6.6　习题

1. 利用计数器宏模块设计一个模 128 同步计数器。
2. 利用分频器宏模块设计一个双时钟 5、10 分频器。
3. 利用移位寄存器宏模块设计一个串/并转换电路。
4. 设计一个正弦信号发生器，采用 ROM 宏功能模块进行一个周期的数据存储，并通过地址发生器来产生正弦信号。

第7章　可综合设计与优化

本章介绍EDA设计的综合与优化，包括RTL综合的概念、可综合模型的设计、Verilog语言设计优化面积与速度互换和有限状态机设计等内容。

7.1　可综合设计

RTL综合是Verilog HDL转化为硬件电路的过程。并不是所有的Verilog HDL程序都可以对应生成硬件电路结构，所以在进行Verilog HDL程序设计时，一定要注意设计的可综合性。

7.1.1　综合的概念及其过程

1. 逻辑（RTL）综合概述

RTL综合就是在给定标准元件库和一定的设计约束条件下，把用硬件描述语言描述的电路模型转换成门级网表的过程。要进行RTL综合需要3种输入：RTL级描述、约束条件和工艺库。

2. RTL级描述

RTL级描述是以寄存器形式对规定设计进行描述的，然后在寄存器之间插入组合逻辑，可以用如图7-1所示的“寄存器和组合逻辑”方式来表示。

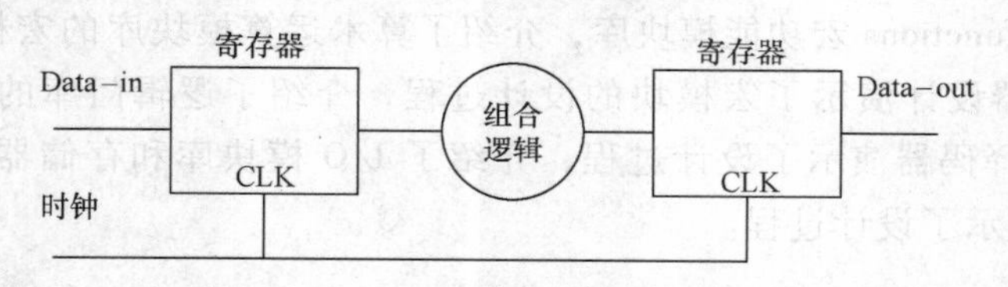

图7-1　寄存器和组合逻辑方式

3. 约束条件

为了控制优化输出和映射工艺，要用到约束条件，它为优化和映射试图满足的工艺约束提供了目标，并且它们控制设计的结构实现方式。目前综合工具中可用的约束包括面积、速度、功耗和可测性约束，未来人们或许会看到对封装的约束和对布图的约束等，但是，目前的最普遍的约束是按面积和按时间的约束。时钟限制条件规定时钟的工作频率，面积限制条件规定该设计将花的最大面积。综合工具将试图用各种可能的规则和算法尽可能地满足这些条件。

4. 工艺库

按照所希望的逻辑行为功能和有关的约束建立设计的网表时，工艺库持有综合工具必需的全部信息。工艺库含有允许综合进程为建立设计做正确选择的全部信息，工艺库不仅含有ASIC单元的逻辑功能，而且还有该单元的面积、单元输入到输出的定时关系、有关单元输出的某种限制和对单元所需的定时检查。

5. 综合过程

逻辑综合工具将 RTL 级描述转换成门级描述一般有以下 3 个步骤：

1）将 RTL 级描述转换成未优化的门级布尔描述（通常为原型门，如与门、或门、触发器和锁存器），这一步称为“展平”。

2）执行优化算法，化简布尔方程，产生一个优化的布尔方程描述，这一步称为“优化”。

3）按半导体工艺要求，采用相应的工艺库，把优化的布尔描述映射成实际的逻辑电路，这一步称为“设计实现”。

具体的综合过程如图 7-2 所示。

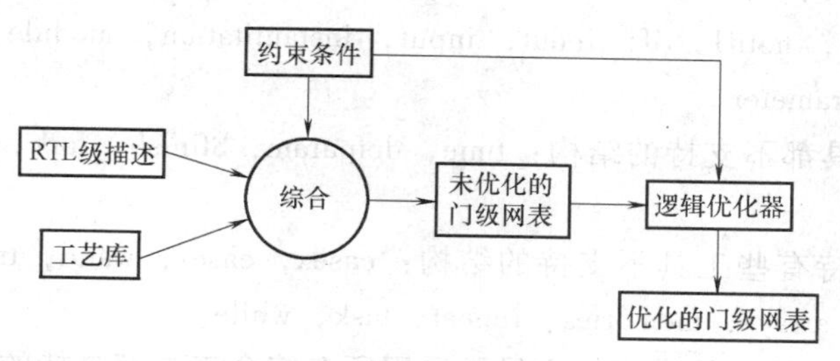

图 7-2　综合过程

6. 综合涉及的两个领域

从代码到门级电路的“翻译”是通过 RTL 综合工具内部的映射机制实现的，其中涉及的两个领域之间的映射机制如图 7-3 所示。

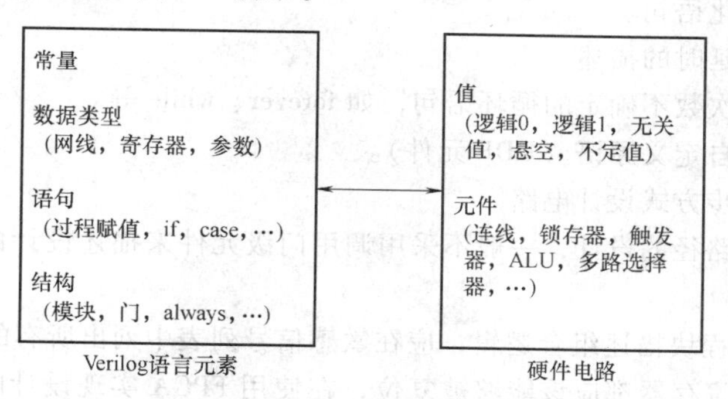

图 7-3　综合涉及的两个领域

7.1.2　可综合模型的设计

Verilog HDL 这种硬件描述语言允许用户在不同的抽象层次上对电路进行建模，这些层次从门级、寄存器传输级、行为级直至算法级。因此，同一个电路就可以有多种不同的描述方式，但不是每一种描述都是可综合的。图 7-4 中使用 Verilog HDL 以不同的方式描述了同一个电路。某综合系统支持对方式 A 和方式 B 的综合，但可能不支持对方式 C 的综合，而方式 D 可能根本就不可综合。这一局限给设计者造成了严重障碍，因为设计者不仅需要理解 Verilog HDL，而且还必须理解特定综合系统的建模方式，才能编写出可综合的模型。

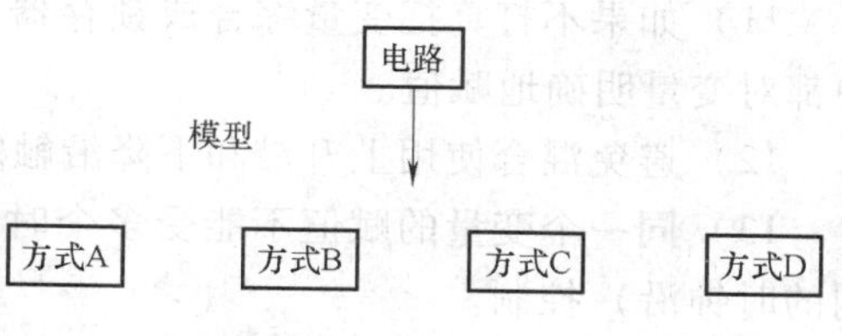

图 7-4　同样的行为，不同的建模方式

1. 可综合模型的结构

如果程序只用于仿真，那么几乎所有的语法和编程语句都可以使用。但如果程序是用于硬件实现，那么就必须保证程序的可综合性，即所编写的程序能被综合器转化为相应的电路结构。不可综合的 HDL 在用综合工具综合时将被忽略或者报错。作为设计者，应该对可综合模型的结构有所了解。

虽然不同的综合工具对 Verilog HDL 语法结构的支持不尽相同，但 Verilog HDL 中某些典型的结构是很明确地被所有综合工具支持或不支持的。

1）所有综合工具都支持的结构：always，assign，begin，end，case，wire，tri，supply0，supply1，reg，integer，default，for，function，and，nand，or，nor，xor，xnor，buf，not，bufif0，bufif1，notif0，notif1，if，inout，input，instantitation，module，negedge，posedge，operators，output，parameter。

2）所有综合工具都不支持的结构：time，defparam，$finish，fork，join，initial，delays，UDP，wait。

3）有些工具支持有些工具不支持的结构：casex，casez，wand，triand，wor，trior，real，disable，forever，arrays，memories，repeat，task，while。

因此，要编写出可综合的模型，应尽量采用所有综合工具都支持的结构来描述，这样才能保证设计的正确性和缩短设计周期。

2. 建立可综合模型的原则

要保证 Verilog HDL 赋值语句的可综合性，在建模时应注意以下要点：

1）不使用初始化语句。

2）不使用带有延时的描述。

3）不使用循环次数不确定的循环语句，如 forever、while 等。

4）不使用用户自定义原语（UDP 元件）。

5）尽量使用同步方式设计电路。

6）除非是关键路径的设计，一般不采用调用门级元件来描述设计的方法，建议采用行为语句来完成设计。

7）用 always 过程块描述组合逻辑，应在敏感信号列表中列出所有的输入信号。

8）所有的内部寄存器都应该能够被复位，在使用 FPGA 实现设计时，应尽量使用器件的全局复位端作为系统总的复位。

9）对时序逻辑描述和建模，应尽量使用非阻塞赋值方式。对组合逻辑描述和建模，既可以用阻塞赋值，也可以用非阻塞赋值。但在同一个过程块中，最好不要同时用阻塞赋值和非阻塞赋值。

10）不能在一个以上的 always 过程块中对同一个变量赋值。对同一个赋值对象不能既使用阻塞式赋值，又使用非阻塞式赋值。

11）如果不打算把变量综合成锁存器，那么必须在 if 语句或 case 语句的所有条件分支中都对变量明确地赋值。

12）避免混合使用上升沿和下降沿触发的触发器。

13）同一个变量的赋值不能受多个时钟控制，也不能受两种不同的时钟条件（或者不同的时钟沿）控制。

14）避免在 case 语句的分支项中使用 x 值或 z 值。

7.1.3　综合结果的验证

对综合后的网表进行功能验证的方法是将在设计模型的仿真过程中使用的那组激励拿来对网表进行仿真，将仿真结果保存在结果文件中，然后比较两者的仿真结果是否完全相同。Verilog HDL 模型综合成网表后，通过验证来确保综合出的网表的功能与设计初衷一致是很重要的，因为综合系统可能对 Verilog HDL 代码做了某些与设计初衷不一致的假设或解释。下面介绍一些由于综合时采用了不同的解释而导致功能不一致的情况。

1. 赋值语句中的延迟

综合系统通常会忽略模型中的延迟，从而导致综合出的网表的仿真结果与设计模型的仿真结果存在相位差，或者在某一时刻的结果与原来设计的完全不一致。如下面的模型：

```
P = #3 'b1;
if(Q)
    P = #5 'b0;
...
```

设计者的意图是在 Q 为真的情况下，P 的值先为 1，延迟 5ns 后其值再变为 0。而综合系统由于忽略了延迟，当 Q 为真时，P 始终为 0，中间不会出现跳变，导致与原设计不符。

2. 事件表不完整

综合系统在综合时常常会忽略某个 always 语句的事件表，而按照 always 语句块中的语句产生相应的硬件。如下面的模型：

```
always @ (Read)
    P = Read&Write;
```

综合出的网表是对 Read 信号和 Write 信号都敏感的一个与门，Read 和 Write 中任何一个发生变化，都会执行语句“P = Read&Write”，使 P 发生变化。而原模型仿真出来的结果则是 P 只受 Read 信号的触发，只有 Read 信号发生变化，才会执行语句“P = Read&Write”。

3. 锁存器

综合系统综合出锁存器的规则是：

1）变量在条件语句（if 或 case 语句）中被赋值。

2）变量未在条件语句的所有分支中都被赋值。

3）在 always 语句的多次调用之间需要保存变量值。

必须同时满足以上 3 个条件，才会将变量推导成锁存器。在设计时应明确是否需要将某一个变量推导成锁存器，如果需要，就必须按照上面 3 条规则来编写代码，否则就会导致综合前后功能的不一致。

4. 阻塞与非阻塞

建议在时序逻辑建模时使用非阻塞式赋值。因为对于阻塞式赋值来说，赋值语句的顺序对最后的综合结果有着直接的影响，设计者稍不留意就会使综合结果与设计本意大相径庭。如果采用非阻塞式赋值，则可以不考虑赋值语句的排列顺序，只需将其连接关系描述清楚即可。如下面的模型：

```
always α(posedge clkA)      //Label AwA
    ... = DataOut;          //读 DataOut 的值
```

```
always @ (posedge clkA)   //Label AwB
    DataOut < = ...;      //采用非阻塞式赋值
```

如果将上述模型改为阻塞式赋值"DataOut = ..."，按照程序中的书写顺序模拟这些 always 语句，在 clkA 上升沿处，always 语句 AwA 读取了 DataOut 的当前值，然后 always 语句 AwB 再向 DataOut 赋新值。如果颠倒了这两条 always 语句的顺序（或仿真器选择重新排定这两条 always 语句的执行顺序），那么先执行 always 语句 AwB，导致零时间内将新值赋给 DataOut，随后 always 语句 AwA 读取的是更新后的 DataOut 值。这看起来是由于 always 语句可以同时执行时，向 DataOut 的赋值是在零时间内发生并完成的。因此，根据 always 语句的执行顺序，AwA 中读取的 DataOut 值可能是其原值，也可能是其新值。

使用非阻塞赋值就可以消除这种仿真行为的依赖性，这时，读取 DataOut 发生在当前时刻，而在当前仿真周期结束时（即所有的变量读取都已完成）才将新值赋给 DataOut。这样上述模型的行为不再受 always 语句执行顺序的影响。因此，在某条 always 语句内对变量赋值而在该 always 语句外读取变量，那么赋值语句应是非阻塞式赋值。

7.2 Verilog HDL 设计优化

本节介绍 Verilog HDL 的代码优化技巧。熟练运用这些技巧可以用来减少关系运算符或算术运算符的数量，从而能够提高整个系统的工作效率、减少硬件资源的开销。

7.2.1 公因子和公因子表达式

尽可能地找到表达式中相同的部分，人们称之为公因子。在计算过程中我们应当尽量多的重复利用这些公因子，这在实践中往往是很有用的。比如：

```
sum1 = a + b;
…
sum2 = a + b + c;
```

在这两个式子中，如果综合工具不能找出公因子表达式，那么对于这两个表达式就会产生 3 个加法器。但是如果 sum2 语句变成 sum2 = sum1 + c，则会减少一个加法器。

公因子的提取是从 if 语句（else 语句）的互斥分支中提取的公因子表达式，比如：

```
if(rst)
    sum1 = a + b;
else
    sum1 = a + b + c;
```

在这两个分支中都计算了 a + b，因此将该表达式作为公因子提取出来放在 if 语句之前，这样可以减少一个加法器的使用，修改后的语句如下：

```
sum = a + b;
if(rst)
    sum1 = sum;
else
    sum1 = sum + c;
```

重复利用公因子表达式的好处是：综合器综合出的逻辑变少，有利于优化器的优化。

7.2.2　算术表达式优化

算术表达式的优化主要是利用交换律和结合律对 Verilog 代码进行整理，从而有利于其他阶段的使用。例如，有利于公因子表达式的提取，例如：

```
sum1 = a + b;
…
sum2 = c - a - b;
```

利用结合律将 sum2 的表达式修改为

```
sum2 = c - (a + b);
```

这样很容易就可以找出公因子表达式 a + b，又如，表达式如下：

```
sum1 = a + b;
…
sum2 = c - b - a;
```

同样，利用交换律和结合律，sum2 表达式可以修改为

```
sum2 = c - a - b;
```

等价于

```
sum2 = c - (a + b);
```

上面两个例子，都可以重写成如下形式：

```
sum = a + b;
sum1 = sum;
sum2 = c - sum;
```

这样，都可以节省一个减法器。

7.2.3　运算符优化

运算符优化是指避免使用复杂的运算符，尽可能地用简单的运算符来代替。例如，如果设计中用到乘法或除法，则可以用移位操作来代替（乘法用左移，除法用右移）。这是因为移位运算在速度和面积上都优于乘法运算。例如：

```
y = 3* x;
```

如果用位移运算代替乘法，则程序代码改写为

```
temp = x<<1;
y = x + temp;
```

显然，如果使用移位加运算替代乘法运算后，缩减了运算符的强度，从而达到了优化的目的。

7.2.4　循环语句的优化

在 for 循环语句中，有时候会存在某个表达式的值在每次循环中都不变的情况。而综合工具通常按照指定的循环次数来展开 for 循环语句，即将该无变化表达式重复复制，这样就造成了代码的冗余。举例：

```
always @ (posedge clk)
  begin
```

```
    for(i = 0;i < 3;i = i + 1)
        begin
        …
        x = a + b;   //假设在循环中没有对 a、b 进行操作
        …
        end
  end
```

这个循环语句会被综合成下面 3 条语句：

```
x = a + b;
x = a + b;
x = a + b;
```

由此可见，每次迭代都执行了（a + b）运算，并且（a + b）的值和运算次数没有关系，这段代码会生成 3 个加法器的综合。解决这种情况的最好办法是将循环语句不随循环次数变化的值的表达式移至循环之外。修改后的程序如下所示：

```
always @ (posedge clk)
    begin
        temp = a + b;
        for(i = 0;i < 3;i = i + 1)
        begin
        …
        x = temp;
        …
        end
    end
```

7.3 面积与速度的折中

在可编程逻辑器件设计领域，面积通常指的是可编程逻辑器件的芯片资源，包括逻辑资源和 I/O 资源等。速度一般指可编程逻辑器件工作的最高频率。可编程逻辑器件和 MCU 系统不同的是，其设计的工作频率不是固定的，而是和设计本身的延迟紧密相关。在实际设计中，使用最小的面积设计出最高速度是每一个开发者追求的目标，但往往面积和速度是不可兼得的，所以只有兼顾面积和速度，在成本和性能之间有所取舍，才能达到设计中的产品需求。在实际工作中，人们经常会采用速度换面积、面积换速度两种相反的方法。

7.3.1 速度换面积

速度换面积是指速度优势可以换取面积的节约，即可以以降低系统工作速度为代价换取硬件资源的节约。举例来说明，在流水线设计中，每一级流水线常常有同一个算法被重复使用，但是使用的次数不一样。在正常设计中，这些被重复使用，但是使用次数不同的模块将会占用大量的可编程逻辑器件资源。这时，人们可以对可编程逻辑器件的设计进行一些改

造，将被重复使用的算法模块提炼出最小的复用单元，并利用这个最小的高速单元代替原设计中被重复不同次数的模块。

例如一个流水线有 n 个步骤，每个步骤都相应的运算一个重复次数不同的算法，每个算法都占用独立的资源，其所占资源由面积表示，如图 7-5 所示。

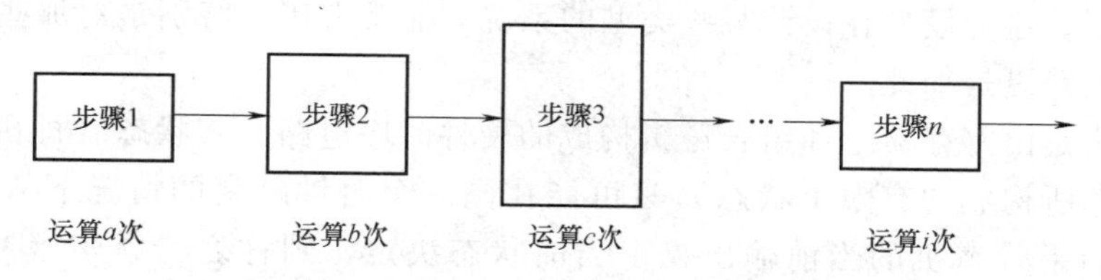

图 7-5　未使用速度换面积的流水线算法

假设这些算法中有可以重复的基本单元，人们可以利用某些模块的速度优势，通过配合算法次数计数器及流水线的输入/输出选择开关，重复利用这些基本单元模块。速度换面积的关键就是高速基本单元的复用。使用速度换面积的流水线算法如图 7-6 所示。

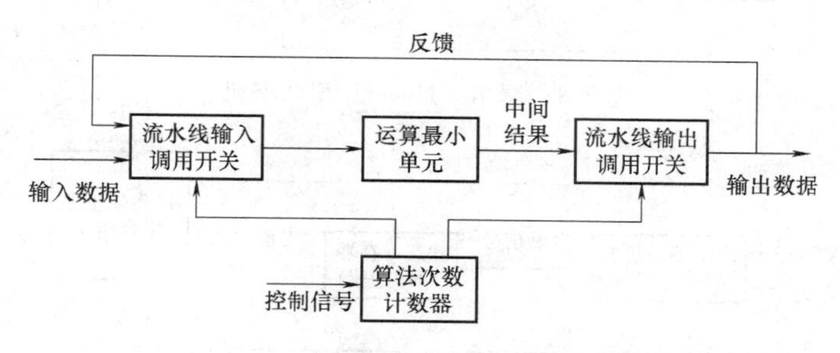

图 7-6　使用速度换面积的流水线算法

7.3.2　面积换速度

面积换速度和速度换面积正好相反，在这种方法中，面积的增大可以换取速度的提高。支持的速度越高，就意味着产品的性能越好。在诸如军事、航天等领域，往往关心的只是产品的性能，而并非成本。在这些产品中，往往采用并行处理，实现面积换速度。可编程逻辑器件的工作频率是有限制的，但是在实际的产品设计中，高频的处理需求越来越多，如何解决这个问题？人们首先使用简单的串/并转换实现多路的速度降频，如图 7-7 所示，300Mbit/s 的频率分为 3 路，每路 100Mbit/s，之后在每一路上使用相同算法设计处理模块进行低频的处理，最后将每一路的处理结果进行并/串转换成为高频的输出数据。

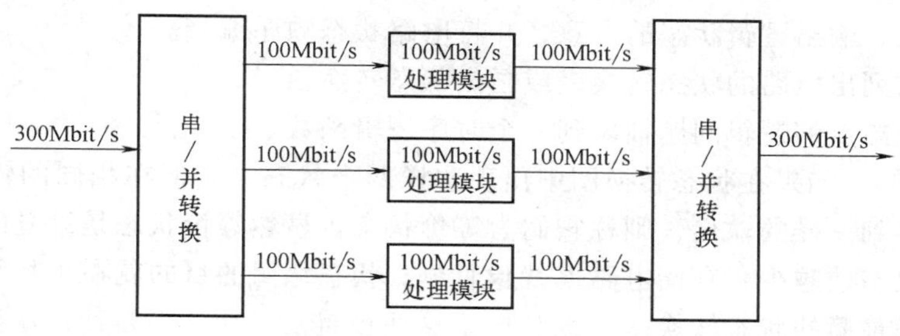

图 7-7　使用简单的串/并转换实现多路的速度降频

7.4　有限状态机设计

有限状态机（Finite State Machine，FSM）通常又称为状态机，是为时序逻辑电路设计创建的特殊模型，这种模型在设计某些类型的系统时非常有用，特别是对那些操作和控制流程非常明确的电路更是如此。

有限状态机是由寄存器组和组合逻辑构成的硬件时序电路，其状态（即由寄存器组的 1 和 0 的组合状态所构成的有限个状态）只可能在同一个时钟跳变的情况下从一个状态转向另一个状态。如果状态机的当前输出仅由当前状态决定，则称之为摩尔（Moore）型状态机，如图 7-8 所示。如果其转向某一状态或是留在原状态不但取决于各个输入值，还取决于当前所在状态，人们称之为米勒（Mealy）型状态机，如图 7-9 所示。

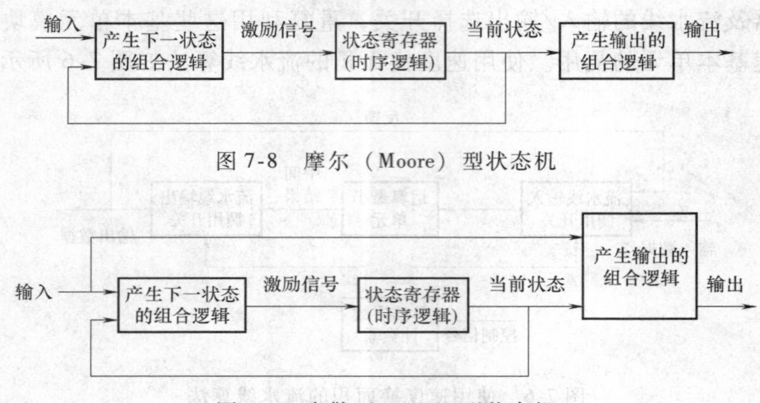

图 7-8　摩尔（Moore）型状态机

图 7-9　米勒（Mealy）型状态机

很明显，摩尔型状态机和米勒型状态机的电路结构除了在输出电路部分有些不同外，其他地方都是相同的。在实际设计工作中，其实大部分状态机都是米勒型的，因为状态机输出大部分都或多或少与输入组合逻辑有关，同时，也会有一部分输出只与当前状态有关。

7.4.1　有限状态机的设计步骤

有限状态机设计的一般步骤可以简单归纳为如下步骤：

1）逻辑抽象，得出状态转换图：就是把给出的一个实际逻辑关系表示为时序逻辑函数，可以用状态转换表来描述，也可以用状态转换图来描述。这就需要：

· 分析给定的逻辑问题，确定输入变量、输出变量以及电路的状态数。通常是取原因（或条件）作为输入变量，取结果作为输出变量。

· 定义输入、输出逻辑状态的含意，并将电路状态顺序编号。

· 按照要求列出电路的状态转换表或画出状态转换图。

这样，就把给定的逻辑问题抽象到一个时序逻辑函数了。

2）状态化简：如果在状态转换图中出现这样两个状态，它们在相同的输入下转换到同一状态去，并得到一样的输出，则称它们为等价状态。显然等价状态是重复的，可以合并为一个。电路的状态数越少，存储电路也就越简单。状态化简的目的就在于将等价状态尽可能地合并，以得到最简的状态转换图。

3）状态分配：状态分配又称状态编码。通常有很多编码方法，编码方案选择得当，设计的电路可以简单，反之，选得不好，设计的电路就会复杂许多。实际设计时，需综合考虑电路复杂度与电路性能之间的折中，在触发器资源丰富的 FPGA 设计中采用独热码（one-hot-coding）既可以使电路性能得到保证又可充分利用其触发器数量多的优势。

4）选定触发器的类型并求出状态方程、驱动方程和输出方程。

5）按照方程得出逻辑图：用 Verilog HDL 来描述有限状态机，可以充分发挥硬件描述语言的抽象建模能力，使用 always 块语句和 case（if）等条件语句及赋值语句即可方便实现。具体的逻辑化简及逻辑电路到触发器映射均可由计算机自动完成，上述设计步骤中的第 2 步及第 4、5 步不再需要很多的人为干预，使电路设计工作得到简化，效率也有很大的提高。

7.4.2　有限状态机编码方式

在有限状态机中，经常用到的编码方式有二进制码（Binary code）、格雷码（Gray-code）和独热码（one-hot code）。

二进制码的优点是使用的状态向量最少，但从一个状态转换到相邻状态时，可能有多个位发生变化，瞬变次数多，易产生毛刺。而格雷码已经在数字电路中学习过，相邻的格雷码之间只有一位不同，因为其具有循环、单步的特性，在状态机中从一个状态向另一个状态转变的过程中跳变的比特位最少，从而在一定程度上消除了在这一过程中出现毛刺的可能。

独热码进行状态机的编码，有多少个状态独热码就有几位，并且每个独热码只有一个位是 1，其余都是 0。用独热码对上例 4 种状态编码如下：

```
parameter Idle = 4'b0001,
          Start = 4'b0010,
          Stop = 4'b0100,
          Clear = 4'b1000;
```

在可编程逻辑器件中，二进制码、格雷码使用最少的触发器，较多的组合逻辑。而独热码相反。由于 CPLD 更多的提供组合逻辑资源，而 FPGA 更多的提供触发器资源，所以 CPLD 多使用格雷码，而 FPGA 多使用独热码。另一方面，对于小型设计使用格雷码和二进制码更有效，而大型状态机使用独热码更高效。

7.4.3　用 Verilog HDL 设计可综合的状态机的指导原则

在建立状态机模型时，建议采用 case、casex 或 casez 语句。因为这些语句表达清晰明了，可以方便地从当前状态分支转向下一个状态并设置输出。不要忘记写上 case 语句的最后一个分支 default，并将状态变量设为'bx，这就等于告知综合器：case 语句已经指定了所有的状态，这样综合器就可以删除不需要的译码电路，使生成的电路简洁，并与设计要求一致。

如果将默认状态设置为某一确定的状态（例如，设置 default：state = state1），有一个问题需要注意。因为尽管综合器产生的逻辑和设置 default：state = 'bx 时相同，但是状态机的 Verilog HDL 模型综合前和综合后的仿真结果会不一致。为什么会是这样呢？因为启动仿真器时，状态机所有的输入都不确定，因此立即进入 default 状态，这样的设置便会将状态变量设为 state1，但是实际硬件电路的状态机在通电之后，进入的状态是不确定的，很可能不是 state1 的状态，因此还是设置 default：state = 'bx 与实际情况相一致。但在有多余状态的情况下还是应将默认状态设置为某一确定的有效状态，因为这样做能使状态机若偶然进入多余状态后仍能在下一时钟跳变沿时返回正常工作状态，否则会引起死锁。

7.4.4　状态机的 3 种设计风格

实现状态机的方法有很多种，它们各有优劣。在这里介绍 3 种状态机的设计风格，并且分析这些实现方式的优点与不足，通过 3 种设计风格的典型状态机的分析对比，以满足不同情况下的设计需要。

1. 设计风格 1

第一种设计风格的状态机，时序逻辑部分和组合逻辑部分可以分开独立设计，如图 7-10 所示。

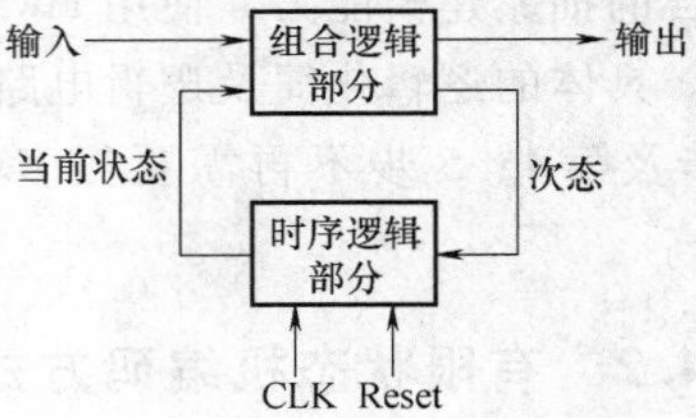

输入
组合逻辑部分
输出
当前状态
次态
时序逻辑部分
CLK　Reset

图 7-10　设计风格 1 状态机结构

设计风格 1 的 Verilog HDL 设计模板如下：

```
module module_name(
    clk,
    reset,
    input_signal,
    output_signal);
  input clk;
  input reset;
  input input_signal;
  output output_signal;
  reg output_signal;
  reg[n-1:0]pr_state;
  reg[n-1:0]nx_state;
  parameter  idle = 0,
          state1 = 1,
          state2 = 2,
          state3 = 3;
  //-------------------时序逻辑部分-------------------------------
  always @ (posedge clk)
  if(reset)
    pr_state < = idle;
  else
    pr_state < = nx_state;
  //------------------组合逻辑部分------------------------------
  always @ (input_signal,pr_state)
  begin
    case(pre_state)
    idle:begin
      if(input_signal)begin
        output_signal = < value > ;
```

```
              nx_state = state1;
              end
          else...
          end
      state1:begin
          if(input_signal)begin
              output_signal = <value>;
              nx_state = state2;
              end
          else ...
          end
      state2:begin
          if(input_signal)begin
              output = <value>;
              nx_state = state3;
              end
          else...
          end
      ...
      default:begin
          nx_state = 2'bx;
          output_signal = 'bx;
          end
      endcase
   end
endmodule
```

这种设计风格，有以下几点需要注意：

1）由于 output_signal 是在组合逻辑 always 块中进行赋值的，所以需要定义成 reg 型。根据前述内容，虽然其定义为 reg 型，但是综合得到的仍然是组合逻辑电路。

2）这里定义 n 位的寄存器组来存储 pr_stat，综合后会得到 n 位的寄存器；组合逻辑部分根据 pr_state 和 input_signal 决定 output_signal 和 nx_state，同样由于是在 always 块中对 nx_state 进行赋值的，虽然综合得到的是组合逻辑的电路，nx_state 仍应该定义成 reg 型。

3）这种模式的状态机的时序部分非常简单，只要在时钟上升沿到达后进行状态更新就可以了。

4）这种状态机模式的组合逻辑部分的功能比较复杂。

5）这里采用的是同步复位方式，设计者也可以根据前面所学的知识选择异步复位方式。

6）根据前述内容，应该在组合逻辑部分加入 default 分支项。

2. 设计风格 2

在很多应用中，需要同步的寄存器输出，输出信号只在时钟边沿出现时才能更新，此时必须先使用寄存器将输出结果保存起来，如图 7-11 所示，这个结构就是设计风格 2 对应的电路结构。

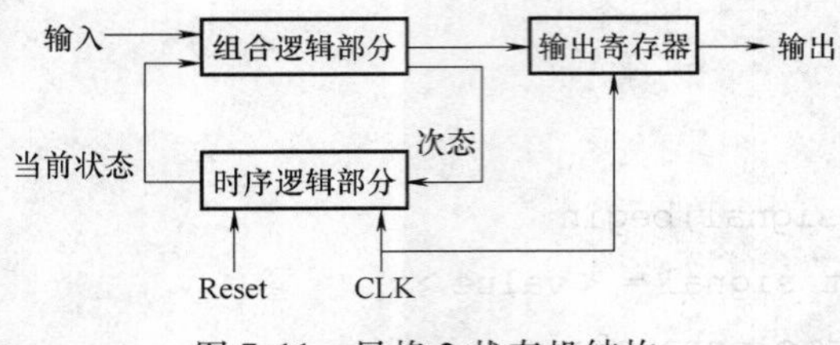

图 7-11　风格 2 状态机结构

要实现这种新的状态机结构，需要做一些简单的修改。例如，可以使用辅助信号来计算电路的输出值，但它的值只在某个时钟边沿出现时传递地给真正的输出信号。这个修改可以在下面的模板中体现出来。

```
module module_name(
      clk,
      reset,
      input_signal,
      output_signal);
   input clk;
   input reset;
   input input_signal;
   output output_signal;
   reg output_signal;
   reg[n-1:0]pr_state;
   reg[n-1:0]nx_state;
   reg[n-1:0]temp;
   parameter  idle=0,
                  state1=1,
                  state2=2,
                  state3=3;

//------------------时序逻辑部分------------------------------
   always @ (posedge clk)
   if(reset)
      pr_state<=idle;
   else
      begin
         output<=temp;
         pr_state<=nx_state;
      end
//------------------组合逻辑部分------------------------------
```

```
always@ (input_signal,pr_state)
    case(pr_state)
    idle:begin
        temp = < value > ;
        if(condition)nx_state = state1;
        end
    state1:begin
        temp- < value > ;
        if(condition)nx_state = state2;
        end
    state2:begin
        temp = < value > ;
        if(condition)nx_state = state3;
        end
    ...
    default:begin
        temp = < value > ;
        nx_state = < state > ;
        end
    endcase
endmodule
```

比较设计风格 1 和设计风格 2 会发现只有一个差别，那就是引入了内部信号 temp。这个信号承载输出结果，只有当所需的时钟边沿到来时才将它赋值给输出端口。

3. 设计风格 3

采用设计风格 2 时，输出数据采用寄存器输出的方式时会带来一个时钟周期的延时。可以采用寄存器输出，同时又避免该延迟，这种结构称为设计风格 3。

Verilog HDL 程序模板如下：

```
module module_name(
    clk,
    reset,
    input_signal,
    output_signal);
input clk;
input reset;
input input_signal;
output output_signal;
reg output_signal;
reg state;
parameter  idle = 0,
           state1 = 1,
```

```
        state2 = 2,
        state3 = 3;
always @ (posedge clk)
    if(reset)
        state < = idle;
        output_signal < = < value > ;
    else
        case(state)
        idle:begin
            if(input_signal = = ...)begin
                state < = < next_state > ;
                output_signal < = < value > ;
                end
            else if(input_signal = = ...)begin
                state < = < next_state > ;
                output_signal < = < value > ;
            end
            …
            else
        state1:begin
            if(input_signal = = ...)begin
                state < = < next_state > ;
                output_signal < = < value > ;
                end
            else if(input_signal = = ...)begin
                state < = < next_state > ;
                output_signal < = < value > ;
                end
            ...
            else
        state2:begin
            if(input_signal = = ...)begin
                state < = < next_state > ;
                output_signal < = < value > ;
                end
            else if(input_signal = = ...)begin
                state < = < next_state;
                output_signal < = < value > ;
                end
            ...
```

```
          else
        ...
        default:...
        endcase
endmodule
```

这里没有将状态机划分为两个 always 块，而是在同一个 always 块中根据当前状态和输入信号共同决定输出，并确定下一个状态。由于 always 块的敏感信号列表中存在时钟，所以输出是寄存器类型的。可以这样来看待设计风格 3 与前面两种设计风格的区别：在设计风格 1 中，时序 always 块进行状态更新，组合逻辑则根据当前状态和输入信号确定下一个状态和输出结果。设计风格 3 是在当前状态下，当时钟上升出现时，根据输入信号确定下一个状态和伴随着下一个状态同时出现的输出结果。

【例 7-1】 设计四状态的有限状态机如图 7-12 所示，它的同步时钟是 Clock，输入信号是 A 和 Reset，输出信号是 F 和 G。状态的转移只能在同步时钟的上升沿时发生。向哪一个状态转换取决于目前所在的状态和输入信号（Reset 和 A）。

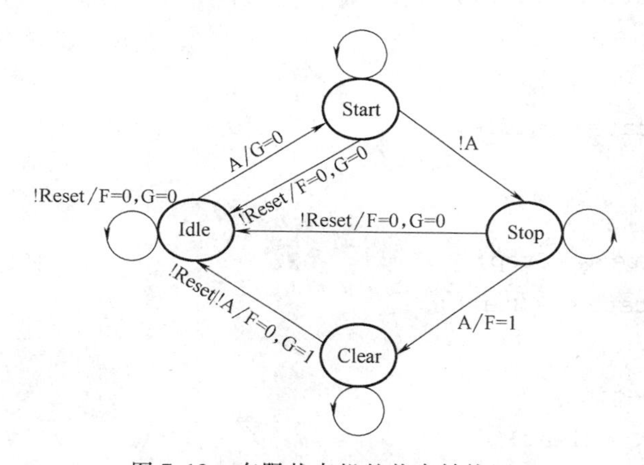

图 7-12　有限状态机的状态转换图

当状态机处于 Idle，如果 A 输入信号为“1”时，状态变为 Start，G 输出为“0”；当状态机处于 Start 时，如果输入信号 A 为“0”，状态变为 Stop；当状态机处于 Stop 时，如果输入信号 A 为“1”，状态变为 Clear，输出信号 F 为“1”；当状态机处于 Clear 时，如果输入信号 A 为“0”，状态变为 Idle，输出信息 F 为“0”、G 为“1”；无论状态机处于任何状态，只要输入信号 Reset 为“0”，状态都转换为 Idle，这时当状态为 Start、Stop 和 Idle 时输出信号 F 和 G 都为“0”，只有当状态为 Clear 时，输出信号 F 为“0”、G 为“1”。

这里给出一个该状态机的 Verilog HDL 模型：

```
module fsm(Clock,Reset,A,F,G);
input Clock,Reset,A;
output F,G;
reg F,G;
reg[1:0]state;
parameter Idle = 2'b00,Start = 2'b01,
Stop = 2'b10,Clear = 2'b11;
```

```
always @ (posedge Clock)
    if(! Reset)
        begin
          state < =Idle;F < =0;
        if(state !  =Clear)
            G < =0;
          else
            G < =1;
        end
    else
    case(state)
    Idle:begin
        if(A)begin
            state < =Start;
            G < =0;
        end
        else state < =Idle;
      end
    Start:
      if(! A)state < =Stop;
        else state < =Start;
    Stop:begin
        if(A)begin
        state < =Clear;
        F < =1;
        end
        else state < =Stop;
      end
    Clear:begin
        if(! A)begin
            state < =Idle;
            F < =0;G < =1;
        end
        else state < =Clear;
      end
    endcase

    endmodule
```

其仿真波形如图 7-13 所示。

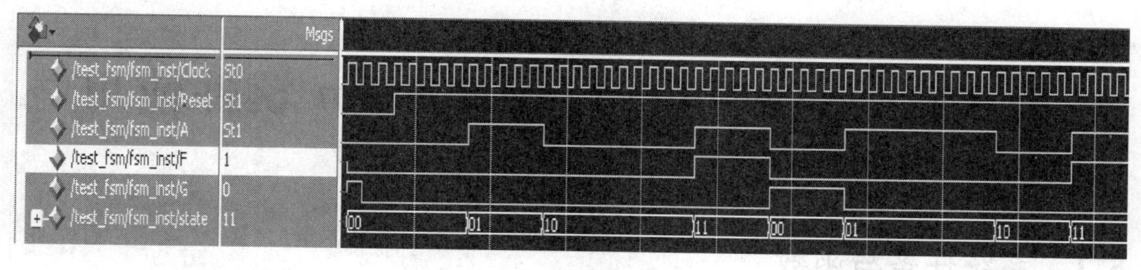

图7-13　仿真波形图

7.5　小结

本章首先介绍了可综合设计的概念及其过程、建立可综合模型的原则、综合结果的验证。其次，介绍了Verilog HDL设计优化，包括算术表达式优化、运算符优化、循环语句的优化、速度和面积的互换。最后，介绍了有限状态机设计，提供了状态机的3种设计风格。

7.6　习题

1. 综合的含义是什么？
2. Verilog HDL语法结构中综合工具不支持的结构有哪些？
3. 简述状态机的本质和适用的场合。
4. 状态机的基本要素有哪些？
5. 简述Verilog HDL设计可综合状态机的指导原则。
6. 比较状态机的3种设计风格。
7. 采用状态机设计一个8路彩灯控制电路。电路的时钟输入Clk频率为1kHz，需要分频产生约0.5ms的状态机控制时钟。电路复位信号reset为高电平有效，复位时所有的彩灯都点亮。输出控制总线dout为高电平有效，某一位为1时，对应的彩灯被点亮。输入控制信号control为1时输出要求（a）的操作，否则输出要求（b）的操作。

（a）依次点亮，然后依次熄灭并循环操作。

（b）奇数点亮，然后偶数点亮并循环操作。

第 8 章　系统仿真与 ModelSim 软件使用

8.1　系统任务与函数

在 Verilog 中定义了很多系统任务和函数，这些系统任务和函数主要用于仿真，有助于实现高效的仿真和有效的仿真分析。

1. $display 与$write

$display 和$write 是两个系统任务，两者的功能相同，都用于显示模拟结果，其区别是$display 在输出结束后能自动换行，而$write 不换行。

$display 和$write 的使用格式为

$display（“格式控制符”，输出变量名列表）

$write（“格式控制符”，输出变量名列表）

例如：

$display（$time,,,“a = %hb = %hc = %h”，a，b，c）;

上面的语句定义了信号显示的格式，即以十六进制格式显示信号 a、b、c 的值，两个相邻的逗号“,,”表示加入一个空格，格式控制符见表 8-1。

表 8-1　格式控制符

格式控制符	说　明	格式控制符	说　明
%h 或%H	以十六进制形式显示	%v 或%V	显示 net 型数据的驱动程度
%d 或%D	以十进制形式显示	%m 或%M	显示层次性
%o 或%O	以八进制形式显示	%s 或%S	以字符串形式输出
%b 或%B	以二进制形式显示	%t 或%T	以当前的时间格式显示
%c 或%C	以 ASCⅡ字符形式显示		

也可以用$display 显示字符串，例如：

$display（“it's a example for display \n”）;

上面的语句将直接输出引号中的字符串，而“\n”是转义字符，表示换行。Verilog 定义的转义字符见表 8-2。

表 8-2　转义字符

转义字符	说　明	转义字符	说　明
\n	换行	\"	符号"
\t	TAB 键	\ddd	八进制数 ddd 对应的 ASCII 字符
\\	符号\	%%	符号%

转义字符也用于输出格式的定义，例如：

```
module disp;
```

```
initial begin
$display("\\\t\\\n\"\123")
end
endomodule
```

上面程序的仿真输出为

```
\           \
"S                    //八进制数 123 对应的 ASCII 字符为 S(大写)
```

2. $monitor 和$strobe

与$display 和$write 类似，$monitor 和$strobe 也属于仿真结果显示与输出系统任务。它们的使用格式如下：

$monitor（“显示格式控制符”，输出变量列表)；

$strobe（“显示格式控制符”，输出变量列表)；

这里的显示格式控制符、输出变量列表与$display 和$write 中定义的完全相同，不同之处在于$display 和$write 只有执行到该语句时才进行相应的显示操作，而$monitor 就像有一个独立的监视器，每当输出变量列表中的变量发生变化时，$monitor 任务就执行一次。

$display 和$write 在执行方式上相似，都只在被调用时才执行一次，不能像$monitor 那样进行持续独立的监视。$strobe 与$display 的不同之处在于它是一个仿真时间点结束后才被调用执行，这有点像非阻塞赋值，只有当所有语句执行完毕后寄存器才被赋予新值。例 8-1 将$strobe 和$display 进行对比。

【例 8-1】 $strobe 和$display 对比的例子。

```
`timescale  1ns/100ps
module show
integer  i;
initial begin
        i=0;
        $display(i);
        $strobe(i);
        i=1;
        #20;
        i=5;
        $display(i);
        $strobe(i);
        i=10;
        #20;
        $stop;
        end
 endmodule
```

这段代码在 modelsim 下进行仿真后得到如下显示结果：

0（对应第一次调用$display)

1（对应第一次调用$strobe)

5（对应第二次调用$display）

10（对应第二次调用$strobe）

虽然从书写顺序上，i = 1 和 i = 10 分别在 i = 0 和 i = 5 后，但从仿真时间上看，i = 0 和 i = 1 都是在仿真时间为 0 时进行的，i = 5 和 i = 10 都是在仿真时间为 20 时进行的，最终在 0 ~ 20ns 时间里稳定的值是 1，在 20ns 之后稳定的值是 10。由此可以看出，$strobe 显示的是某个仿真时刻最终稳定的结果，而$display 显示的是即时的结果。

3. $time 和$realtime

$time 和$realtime 是显示仿真时间标度的系统任务，这两个系统任务被调用时，可以返回当前的仿真时刻表。两者的区别在于$time 返回的是整数时间值，$realtime 返回的是实数时间值。这两个系统任务经常与前述的显示任务配合使用。例 8-2 中使用了$time 显示仿真时间。

【例 8-2】 使用$time 显示仿真时间。

```
'timescale 1ns/1ps
module show1;
parameter  DELAY = 10.1;
integer a;
initial  begin
#DELAY  a = 1;
#DELAY  a = 2;
end
initial $monitor($time,"a = % d",a);
endmodule
```

在 modelsim 下仿真后输出结果显示如下：

```
#0      a = x
#10     a = 1
#20     a = 2
```

如果将$time 改为$realtime，那么仿真后输出显示如下：

```
#0      a = x
#10.1   a = 1
#20.2   a = 2
```

需要注意的是，使用$realtime 时仿真时间精度必须同时给予支持，例如这里就选取了 'timescale 1ns/1ps，如果选取 'timescale 1ns/1ns，那么即使用$realtime 也无法正确显示。

4. $finish 与$stop

系统任务$finish 与$stop 用于对仿真过程进行控制，分别表示结束仿真和中断仿真。

$finish 与$stop 的使用格式如下：

```
$stop;
$stop (n);
$finish;
$finish (n);
```

n 是$finish 与$stop 的参数，n 可以是 0、1、2 等值，分别表示以下含义：当 n = 0 时，不输出任何信息；当 n = 1 时，给出仿真时间和位置；当 n = 2 时，给出仿真时间和位置，还有其他一些运行统计数据。如果不带参数，则默认的参数是 1。

当仿真程序执行到$stop 语句时，将暂时停止仿真，此时设计者可以输入命令，对仿真器进行交互控制。而当仿真程序执行到$finish 语句时，终止仿真，返回主操作系统。下面是使用$finish 与$stop 的例子。

```
如:    if(...)
       $stop;               //在一定的条件下,中断仿真
再如:  #STEP...
       #STEP  $finish;      //在某一时刻,结束仿真
       …
```

5. $readmemh 与$readmemb

$readmemh 与$readmemb 是属于文件读写控制的系统任务，其作用都是从外部文件中读取数据并放入存储器中。两者的区别在于读取数据的格式不同，$readmemh 为读取十六进制数据，而$readmemb 为读取二进制数据。$readmemh 与$readmemb 的使用格式为

$readmemh（“数据文件名”，存储器名，起始地址，结束地址）；

$readmemb（“数据文件名”，存储器名，起始地址，结束地址）；

其中，起始地址和结束地址均可以采用默认，如果缺省起始地址，表示从存储器的首地址开始存储；如果缺省结束地址，表示一直存储到存储器的结束地址。

下面是使用$readmemh 的例子。

```
reg[7:0]my_mem[0:255];              //首先定义一个 256 个地址的存储器 my_mem
intial begin $ readmemh(“mem. hex”,my_mem);end
//将 mem. hex 中的数据装载到存储器 my_mem 中,起始地址从 0 开始
intial begin $ readmemh(“mem. hex”,my_mem,80);end
//将 mem. hex 中的数据装载到存储器 my_mem 中,起始地址从 80 开始
```

6. $random

$random 是产生随机数的系统函数，每次调用该函数将返回一个 32 位的随机数，该随机数是一个带符号的整数。

【例 8-3】　一个产生随机数的程序，用于说明$random 的功能。

$random 函数的使用源代码如下：

```
'timescale  10ns/1ns
module  random_tp;
integer  data;
integer  i;
parameter delay =10;
initial $monitor($time,,,"data = % b",data);
initial begin
        for(i =0;i < =100;i = i +1)
        #delay data =$random;  //每次产生一个随机数
        end
endmodule
```

用仿真器仿真，其输出大致如下，只不过每次显示的数据都是随机的。

```
0 data =
10 data = 11101001100000111101000000010000
20 data = 01000110001111001001111111111111
30 data = 11011111100110100101101000011001
40 data = 00100100001011000101101110101111
```

8.2　用户自定义原语

利用用户自定义原语（User Defined Primitives，UDP），用户可以自行定义和调用基本逻辑元件。用户定义基本单元（User Defined Primitive，UDP）和 Verilog HDL 内部的基本单元相似，但 UDP 只能用于仿真程序中，不能用于可综合的设计描述。用真值表可以描述组合逻辑 UDP 元件和时序逻辑 UDP 元件。

1. 定义 UDP 的语法

```
primitive 元件名（输出端口名，输入端口名 1，输入端口名 2，…）
    output 输出端口名;
    input 输入端口名 1，输入端口名 2，…;
    reg 输出端口名;
    initial   begin
              …
              end
    table
    …
    endtable
endprimitive
```

2. UDP 的应用

UDP 在 ASIC 库单元开发、中小型芯片设计中很有用，主要表现在以下方面：

1）可以使用 UDP 扩充已定义的基本单元集。

2）UDP 是自包容的，也就是不需要实例化其他模块。

3）UDP 可以表示时序元件和组合元件。

4）UDP 的行为由真值表表示。

5）UDP 实例化与基本单元实例化相同。

3. UDP 的特点

UDP 具有以下特点：

1）UDP 是一种非常紧凑的逻辑表示方法。

2）UDP 可以减少消极因素，因为一个 input 上的 x 不会像基本单元那样自动传送到 output。

3）一个 UDP 可以替代多个基本单元构成的逻辑，因此可以大幅减少仿真时间和存储需求。

4）UDP 只能有一个输出端，而且必定是端口说明列表的第一项，如果在功能上要求有多个输出，则需要在 UDP 输出端连接其他的基本单元，或者同时使用几个 UDP；UDP 可以有 1 ~ 10 个输入。

5）所有端口必须为标量且不允许双向端口；UDP 不可综合。

6）真值表中只允许出现 0、1、x，不支持逻辑值 z（高阻态）。

7）只有输出端才可以被定义为寄存器类型变量；initial 语句用于为时序电路内部寄存器赋初值，只允许赋 0、1、x 这 3 种逻辑值，默认为 x。

8.3 应用 Testbench 仿真验证

如何验证设计的正确性及其功能的实现是否达到了最初的设计目的，在项目实践中尤为重要。设计的过程实际上是从一种形式到另一种形式的转换，比如从设计要求到 RTL 代码、从 RTL 代码到门级网表、从门级网表到版图等。验证则是保证每一步的设计转换过程准确无误。

仿真的一般含义是使用 EDA 工具，通过对实际情况的模拟，验证设计的正确性。仿真的重点在于使用 EDA 软件工具模拟设计的实际工作情况。在 FPGA/CPLD 设计领域，最常用的仿真软件工具是 Modelsim 软件。

Testbench 即测试平台，用于仿真验证。在软环境中没有激励输入，也不能对用户的设计输出结果的正确性做出评估。因此就有必要模拟实际环境的输入激励和输出校验，在这个虚拟平台上用户可以对设计从软件层面上进行分析和校验，完成仿真验证。

当然，也不是每个工程都必须应用此平台进行测试验证。仿真因 EDA 工具和设计复杂度的不同而略有不同，对于简单的设计，特别是一些小规模的设计，一般可以直接使用开发工具内嵌的仿真波形工具绘制激励，然后进行功能仿真。另外一种常用的方法就是使用 Verilog HDL 编制 Testbench 仿真文件，通过波形或自动比较工具，分析设计的正确性，并分析 Testbench 自身的覆盖率和正确性。

接下来将简单介绍一下 Testbench 仿真文件的编写及其在 ModelSim 仿真中的应用。

8.3.1 基本结构

概括地讲，测试平台结构上包括两部分，即实例化被测设计（Design Under Test，DUT）并提供激励源和验证输出结果并校验其正确性。

Testbench 仿真文件同样可以使用 VHDL 或者 Verilog HDL 编写，包括模块声明，变量声明，顶层模块实例化，激励向量等，其基本结构框架（Verilog HDL 编写）如下所示。

```
'timescale 1ns/1ps              //定义延迟时间单位
module module_testbench         //定义模块名
reg...;                         //定义变量名
wire...;
initial
begin...end
always
begin...end
module_top u1(.in1(in1);      //实例化被测模块
              .in2(in2);
```

```
            .in3(in3);
            .out1(out1);
            .out2(out2);
            );
endmodule
```

8.3.2 验证过程

仿真验证过程主要包括：利用 Verilog HDL 编制 Testbench 仿真文件，通过波形或自动比较工具，分析设计的正确性，并分析测试平台自身的覆盖率和正确性。

如图 8-1 所示，测试平台向被验证模块施加激励信号时，激励信号必须定义为 reg 型，以保持信号值；被验证模块在激励信号的作用下产生输出，输出信号必须定义为 wire 型。

测试平台的仿真流程如图 8-2 所示，测试平台为被验证设计提供激励信号、正确实例化被验证设计、将仿真数据显示在终端或者存入文件。对于复杂设计可以使用 EDA 工具，或者通过用户接口实现自动检查。

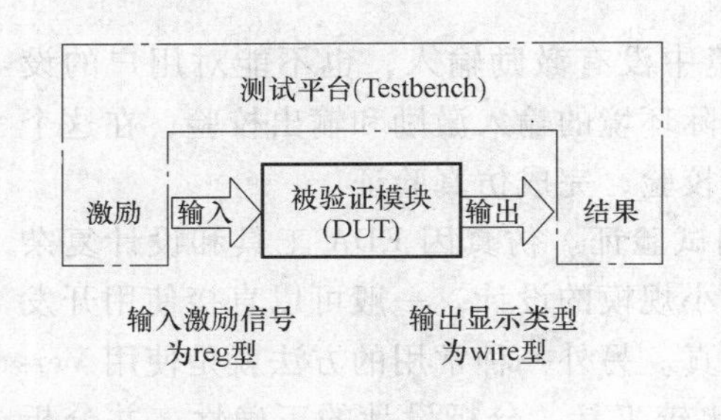

图 8-1　测试平台

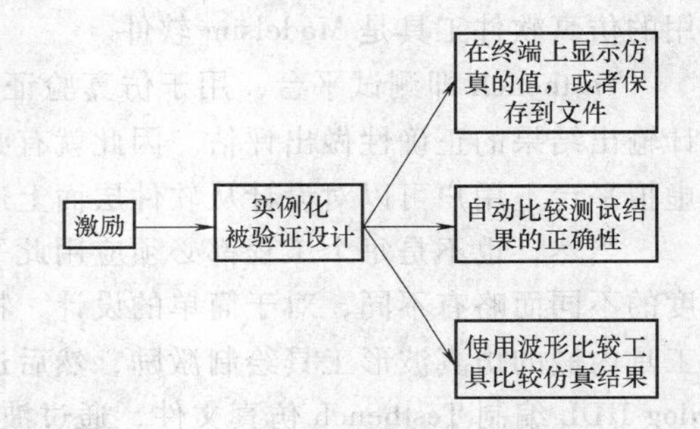

图 8-2　测试平台的仿真流程

测试程序的一般结构如图 8-3 所示，测试程序与一般的 Verilog 模块没有根本的区别，

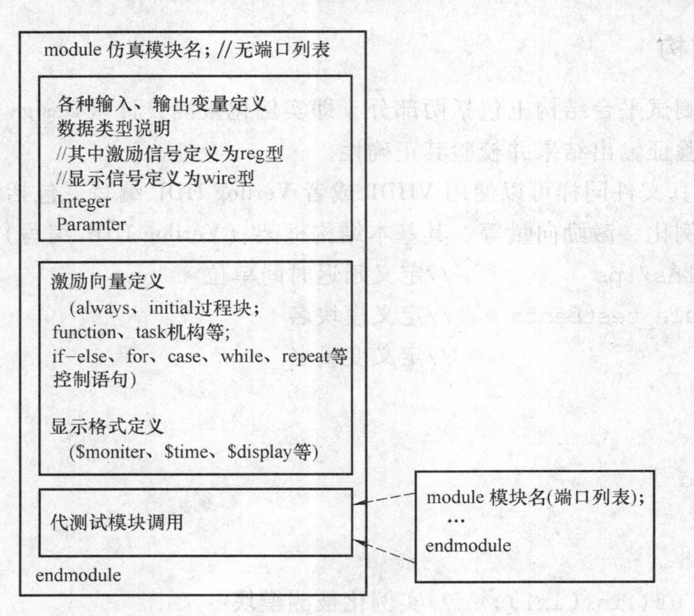

图 8-3　测试程序的一般结构

其特点表现为：①测试模块只有模块名字，没有端口列表。②输入信号（激励信号）必须定义为 reg 型，以保持信号值；输出信号（显示信号）必须定义为 wire 型。③在测试模块中调用被测试模块，调用时，应注意端口排列的顺序与模块定义时一致。④一般用 initial、always 过程块来定义激励信号波形；使用系统任务和系统函数来定义输出显示格式。

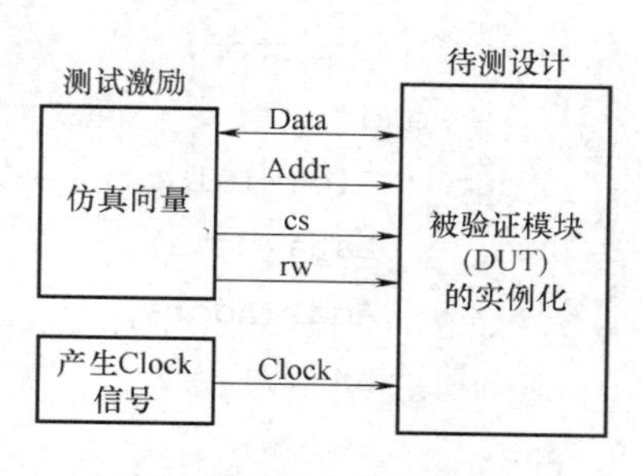

图 8-4　用户验证 DUT 模块接口示意图

一般的 Testbench 测试程序分为产生时钟激励信号、各种测试用例和设计模块实例等部分。用户验证 DUT 模块接口如图 8-4 所示。

下面介绍两种常用的 Testbench 测试程序结构。

(1) 使用 $random 指令产生激励，用 $display 指令输出仿真结果

```
module Testbench;    //Testbench 顶层模块
…
  //产生时钟激励
  initial
      begin
      clock = 0;
      forever
      # 5 Clock = ~Clock;
      end
  …
  //输出三态 Buffer,用于和接口数据总线相连
  assign Data = (oe)? Data_out:8`bz;
  //产生仿真向量
  initial
  begin:ACCESS
      for(i = 6'b101111;i > =0;i = i-1)   //遍历 47 ~ 0 地址
          begin
          …
          //用 $random 系统函数产生写入的数据
          Data_out = { $random}% 256;   //数据范围是 0 ~ 255
          //打印出写入的地址和数据信息
          $display("Addr:% b- > DataWrite:% d",Data_add,Data_out);
          //打印出读出的地址和数据信息
          $display("Addr:% b- > DataRead:% d",Data_add,Data_in);
          …
          $stop;        //仿真停止
          end
          …
```

```
        $ stop;
    end
  dut1 (.Clock(Clock),//设计模块实例化,DUT_Name 为被验证的设计模块名
      .Data(Data),
      .Addr(Addr),
      .cs(cs),
      .rw(rw)
      );
endmodule
```

在该 Testbench 中，使用系统函数$random 产生 0～255 的随机数，然后从地址47～0 写入，并在同一地址读出。将写入的地址和数据以及读出的地址和数据用系统函数$display 输出到仿真标准输出设备中进行比较。

(2) 使用 $ readmemh 指令从文件中读出数据，用 $ fdisplay 指令保存仿真结果

```
module Testbench;  //Testbench 顶层模块
    …
    reg[7:0]DataSource[0:47];  //定义一个数组
    integer Write_Out_File;    //定义文件指针
    //产生仿真向量
    initial
        begin:ACCESS
        …
        //将 Read_In_File.txt 文件中的数据读出,并写入到 DataSource 数组中
         $ readmemh("Read_In_File.txt",DataSource);

        //将 Write_Out_File.txt 文件打开,并将文件指针赋给 Write_Out_File
        Write_Out_File = $ fopen("Write_Out_File.txt");

          for(i = 6'b101111;i > =0;i = i-1)  //遍历 47～0 地址
            begin
            …
            //从 DataSource 数组中取数据
            Data_out = DataSource[i];
            …
            //将读出的地址和数据信号写入到 Write_Out_File 指定的文件中,
            //Data_add 为数据地址
             $ fdisplay(Write_Out_File,"@ % h\n% h",Data_add,Data_out);
            …
             $ fclose(Write_Out_File);  //关闭 Write_Out_File 文件,释放指针
             $ stop;    //仿真停止
            end
```

```
        ...
        $ stop;
       end
     end
  ...
endmodule
```

在 Read_In_File. txt 文件中，根据 Verilog 的语法，存储如下数据：

```
@ 2f
47
@ 2e
46
@ 2d
45
...
```

地址由 2f ~ 0 递减。

读出的地址和数据用系统函数$display 输出到仿真标准输出设备中，同时将输出数据和地址按照与 Read_In_File. txt 文件中一样的格式写入到文件 Write_Out_File. txt 中。运行完仿真后，在工程目录下会生成一个文件 Write_Out_File. txt。可以将它与文件 Read_In_File. txt 进行比较，如果一致，则说明仿真结果正确，否则结果错误。

8.3.3　验证的全面性与代码覆盖率分析

对于复杂的设计来说，Verilog 代码覆盖率检查是检查验证工作是否完全的一种重要方法。代码覆盖率（Code Coverge）可以指示 Verilog 代码描述的功能有多少在仿真过程中被验证过了，代码覆盖率分析包括以下分析内容。

1. 语句覆盖率（Statement Coverge）

语句覆盖率又称为声明覆盖率，用于分析每个声明在仿真过程中执行的次数。例如：

```
always@ (areq0 or areq1)      //areq0 和 areq1 为请求信号
  begin
    agnt0 =0;//语句 1,agnt0 为确认信号
    if(areq0 = =1)
    agnt0 =1;//语句 2
  end
```

仿真过程结束后将给出报告，说明整个仿真过程中每个语句执行了多少次。如果某些语句没有执行过，则需要进行补充仿真。

2. 分支覆盖率（Branch Coverge）

在设计中往往使用分支控制语句来根据不同的条件进行不同的操作，分支覆盖率分析可以指出所有分支是否执行了，路径覆盖率分析主要以 if-else 和 case 语句的各种分支为分析对象。例如：

```
if(areq0)
  begin
```

```
        …
        end
    if(areq1)
        begin
        …
        end
```

这段代码中存在 4 条路径，分别对应着从 areq0 = 0，areq1 = 0；areq0 = 0，areq1 = 1；areq0 = 1，areq1 = 0；areq0 = 1，areq1 = 1，经覆盖率就是要分析整个验证过程中所有分支路径都曾经出现过。

3. 有限状态机覆盖率（Finite State Machine Coverge）

分析 RTL 代码中有限状态机的覆盖率，统计在仿真过程中状态机发生了哪些跳转，这种分析可以防止验证过程中某些状态跳转从来没有发生过，从而造成设计隐患。

4. 翻转覆盖率（Toggle Coverge）

翻转覆盖率计算并分析特定节点的状态变化，分析用于检查在仿真过程中某些局部电路是否发生过由于某个信号的变化而进行运算和操作的情况。例如：

```
always@ (areq0 or areq1 or areq2)
begin
…
end
```

翻转覆盖率分析会检查该电路是否由于 areq0、areq1、areq2 的变化而被执行，如果仿真过程中没有出现过因某个信号（如 areq2）的变化而执行电路功能的情况，那么就会给出提示，验证者需要在 Testbench 中补充测试内容，以避免存在设计缺陷。

5. 表达式覆盖率（Expression Coverge）

表达覆盖率分析用于检查布尔表达式验证的充分性。例如，下面是连续赋值语句：

```
assign areq = areq0 || areq1;
```

可能出现的信号值组合如下：

areq0 = 0 areq1 = 0

areq0 = 0 areq1 = 1

areq0 = 1 areq1 = 0

areq0 = 1 areq1 = 1

表达式覆盖率分析，该分析针对的是这些组合在整个验证过程中是否出现过，并给出那些组合从未出现过。

上述覆盖率分析方法都是为了避免验证过程中某些情况从未仿真过。需要指出的是，百分之百的代码覆盖率仅表示代码都被执行了，不能证明设计的正确性。代码覆盖率可以用于衡量验证工作是否充分。设计者可以根据上面的分析编写仿真验证程序，后续还需要进一步考虑功能覆盖率。

【例 8-4】 总线仲裁器的设计与验证。

共享总线上的设备拥有共同的地址线和数据线，需要总线仲裁器决定哪个设备使用共享的总线。图 8-5 是两个设备共享一个总线的总线状态机。master1 和 master2 是共享总线的两个设备，areq0 和 areq1 是 master1 和 master2 设备请求使用总线的请求信号，agnt0 和 agnt1

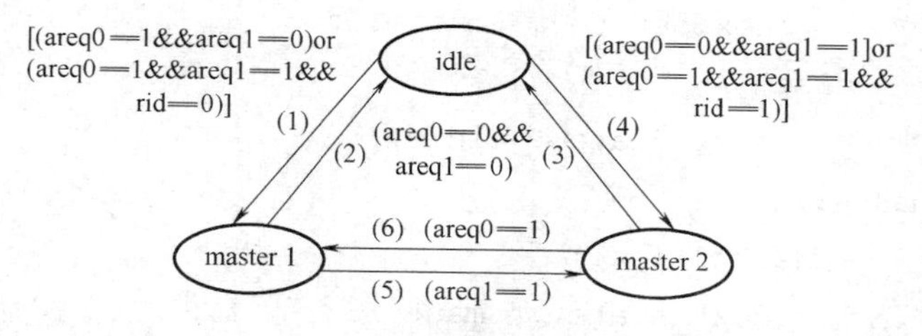

图 8-5 总线仲裁器状态机示意图

是 master1 和 master2 设备使用总线的确认信号，rid 是仲裁方式选择信号。当 rid = 1 时，master2 拥有比 master1 更高的优先级使用总线；当 rid = 0 时，master2 和 master1 循环使用总线。

当 master1 和 master2 设备同时发出请求时，总线仲裁器根据内部控制寄存器 rid 的值按照优先级或者循环使用两种机制给相应的总线设备发出确认信号。

以下是实现总线仲裁器的 Verilog 程序代码。

```
`timescale 1ns/1ns
module arbiter(clk,reset,areq0,areq1,agnt0,agnt1,rid);
  //输入
    input clk,reset;
    input areq0,areq1;
    input rid;
    //输出
    output agnt0,agnt1;

    reg[1:0]current_state,next_state;
    parameter idle = 2'b00,master1 = 2'b01,master2 = 2'b10;
    always @ (posedge clk or posedge reset)
        if(reset)
            current_state < = idle;
        else
            current_state < = next_state;

    always @ (current_state or areq1 or areq0 or rid)
        begin
            case(current_state)
            idle:
                if(areq0 = =0 && areq1 = =1)
                    next_state < =master2;
                else if(areq0 = =1 && areq1 = =0)
                    next_state < =master1;
                else if(areq0 = =1 && areq1 = =1 && ! rid)
                    next_state < =master1;
                else if(areq0 = =1 && areq1 = =1 && rid)
```

```
                    next_state < =master2;
                else
                    next_state < =idle;
            master1:
                if(areq1 = =1)
                    next_state < =master2;
                else if(areq1 = =0 && areq0 = =0)
                    next_state < =idle;
                else
                    next_state < =master1;
            master2:
                if(areq0 = =0 && areq1 = =0)
                    next_state < =idle;
                else if(areq0 = =1 && rid = =0)
                  next_state < =master1;
                else if(areq0 = =1 && areq1 = =1 && rid = =1)
                  next_state < =master2;
                else
                  next_state < =master2;
            default:
                next_state < =idle;
            endcase
        end
   assign agnt0 = (current_state = =master1)? 1:0;
   assign agnt1 = (current_state = =master2)? 1:0;
endmodule
```

总线仲裁器状态机的跳转条件涉及多个输入信号，跳转的路径比较多，在验证时需要考虑的组合情况也比较多，在仿真验证过程中可能出现某些路径没有被仿真到的情况，此时可以考虑编写仿真检查列表，以避免遗漏。表 8-3 是一个验证项目列表，列出了对仲裁器需要验证的项目，与此表相对应，可以编写测试代码并观测仿真结果，以实现全面的验证。

表 8-3　验证项目列表

验证项目	状态机路径(参见总线仲裁器状态机示意图)	验 证 方 法
1	路径(1)- >(2)	rid =0,修改 areq0 和 areq1 的值;rid =1,修改 areq0 和 areq1 的值;观察状态机跳转结果
2	路径(4)- >(3)	rid =0,修改 areq0 和 areq1 的值;rid =1,修改 areq0 和 areq1 的值;观察状态机跳转结果
3	路径(1)- >(5)- >(6)- >(2)	修改 areq0 和 areq1 的值,形成符合路径所需的跳转条件,观察状态机跳转结果

下面是对应的测试代码。

```
`timescale 1ns/1ps
```

```
module arbiter_test_v;
    reg clk;
    reg reset;
    reg areq0;
    reg areq1;
    reg rid;
    wire agnt0;
    wire agnt1;
    always
        begin
        #10 clk = 1;
        #10 clk = 0;
        end
    initial
        begin
        //输入信号初始化
            clk = 0;reset = 1;areq0 = 0;areq1 = 0;rid = 0;
            #100;
            reset = 0;
            //rid = 0,路径(1)- > (2)
            repeat(1)@ (posedge clk);
            #2;
            areq0 = 1;areq1 = 1;
            repeat(1)@ (posedge clk);
            #2;
            areq0 = 0;areq1 = 0;
            repeat(1)@ (posedge clk);
            #2;
            areq0 = 1;areq1 = 1;
            repeat(1)@ (posedge clk);
            #2;
            areq0 = 0;areq1 = 0;
            //rid = 0,路径(4)- > (3)
            repeat(4)@ (posedge clk);
            #2;
            rid = 1;areq0 = 0;areq1 = 1;
            repeat(1)@ (posedge clk);
            #2;
            areq0 = 0;areq1 = 0;
            repeat(1)@ (posedge clk);
```

```
        #2;
        areq0 =1;areq1 =1;
        repeat(1)@ (posedge clk);
        #2;
        areq0 =0;areq1 =0;
        //路径(1)->(5)->(6)->(2)
        repeat(4)@ (posedge clk);
        #2;
        rid=1;areq0 =1;areq1 =0;
        repeat(1)@ (posedge clk);
        #2;
        areq0 =0;areq1 =1;
        repeat(1)@ (posedge clk);
        #2;
        areq0 =1;areq1 =0;
        repeat(1)@ (posedge clk);
        #2;
        areq0 =0;areq1 =0;
    end
  arbiter u1(.clk(clk),.reset(reset),.areq0(areq0),.areq1(areq1),
    .agnt0(agnt0),.agnt1(agnt1),.rid(rid));
endmodule
```

总线仲裁器仿真测试结果如图 8-6 所示。

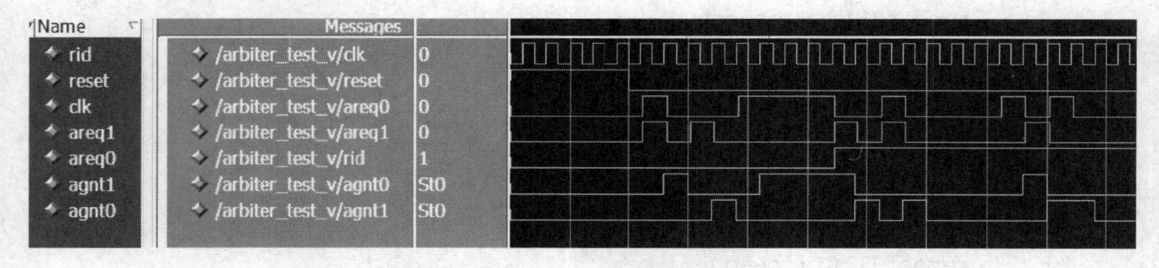

图 8-6　总线仲裁器仿真测试结果

8.4　应用 ModelSim 软件仿真

8.4.1　软件简介

ModelSim 是业界最优秀的 HDL 仿真器，为用户提供了最友好的调试环境，而且是唯一的单内核支持 VHDL 和 Verilog 混合仿真的仿真器，可以说是 FPGA/ASIC 设计 RTL 级和门级电路仿真的首选。

1. ModelSim 的主要特点

1）RTL 和门级优化，本地编译结构，编译仿真速度快。

2）单内核 VHDL 和 Verilog 混合仿真。

3）拥有源代码模板和助手，方便项目管理。

4）集成了性能分析、波形比较、代码覆盖等功能。

5）支持数据流 ChaseX、Signal Spy、C 和 Tcl/Tk 接口、C 调试等功能。

2. ModelSim 的调试功能

1）先进的数据流窗口，可以迅速追踪到产生不定或者错误状态的原因。

2）性能分析工具帮助分析性能瓶颈，加速仿真；代码覆盖率检查确保测试的完备。

3）多种模式的波形比较功能；先进的 Signal Spy 功能，可以方便地访问 VHDL 或者 VHDL 和 Verilog 混合设计中的底层信号。

4）支持加密 IP。

5）可以实现与 Matlab 的 Simulink 的联合仿真。

3. ModelSim 的版本

ModelSim 有几种不同的版本：SE、PE、LE 和 OEM。

1）OEM 版本一般集成在 FPGA 厂商的设计开发工具中，如 Altera 公司提供的 OEM 版本是 ModelSim-Altera，Xilinx 公司提供的版本是 ModelSim XE。

2）PE 为个人版本，功能最少，支持的操作系统是 32 位 Windows 98/NT/ME/2000/XP。

3）SE 是最高级的版本，ModelSim SE 专业版具有快速的仿真性能和最先进的调试能力，全面支持 UNIX（包括 64 位）、Linux、HP-UX、Solaris 和 Windows 等平台。

8.4.2 ModelSim 软件的安装过程

本书中相关示例均是采用 ModelSim SE 6.2 版本。

（1）双击运行 ModelSim SE 6.2 目录下 setup.exe 程序，弹出如图 8-7 所示对话框，选择安装产品类型。

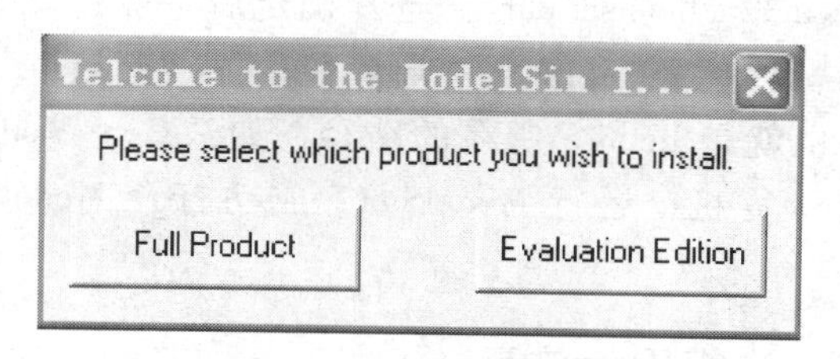

图 8-7　安装类型选择对话框

（2）选择“Full Product”安装完全版，弹出如图 8-8 所示对话框，直接单击“Next”，进入如图 8-9 所示对话框，单击“Yes”进入如图 8-10 所示对话框。

（3）在图 8-10 所示的对话框下选择软件安装路径，默认路径为“C:\Modeltech_6.2b”，也可自己选择安装目录，如图 8-11 所示。

（4）确定后开始安装，显示出安装进度对话框，如图 8-12 所示，直到安装完成，出现如图 8-13 所示界面。

此时，重启 ModelSim 软件仍不能正常使用，这是因为用户还未获取许可文件。用户可登录 Mentor 公司官网，在线申请或发送电子邮件获取其许可文件。

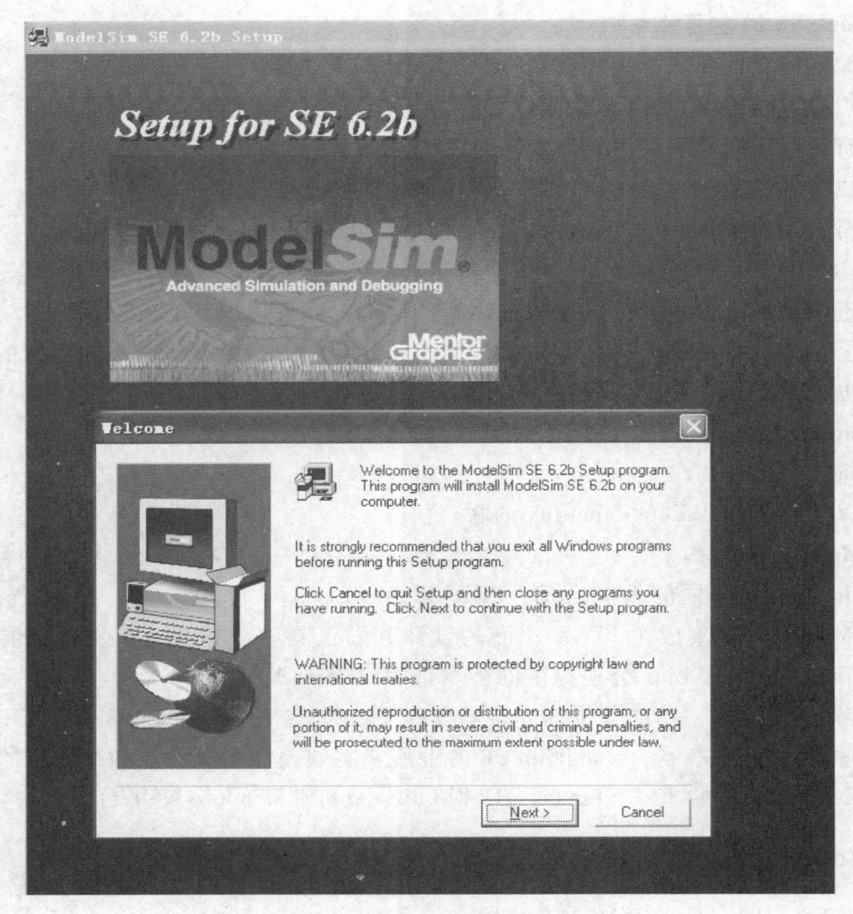

图 8-8　ModelSim 安装第一步

当询问 security key 的时候，在“License Wizard”中选择 license 所在路径，默认为“C：\Modeltech_ 6.2b\win32\license.dat”。选择确定后一般还要进一步作环境变量配置：右键单击“我的电脑”→“属性”→“高级”→“环境变量”→“新建”，新建变量名为“LM_LICENSE_ FILE”，变量值也就是 license 所在的路径，如“C：\Modeltech_ 6.2b\win32\license.dat”，完成后重启计算机，运行 ModelSim，成功打开 ModelSim 软件界面如图 8-14 所示。

8.4.3　使用 ModelSim 进行设计仿真

利用 ModelSim 软件仿真包括功能仿真和时序仿真。下面简单介绍一下 ModelSim 的仿真过程。

1. 新建工程

双击运行 ModelSim 软件，如果之前已经使用 ModelSim 建立过工程，此时会自动打开上一次所建立的工程。在软件界面选择“File”→“New-Project”建立新工程，并在该对话框中填写和选择工程名称、路径和仿真库（注意命名或路径中同样只能由英文字母、数字和下画线组成，且只能以英文字母作开头），如图 8-15 所示。

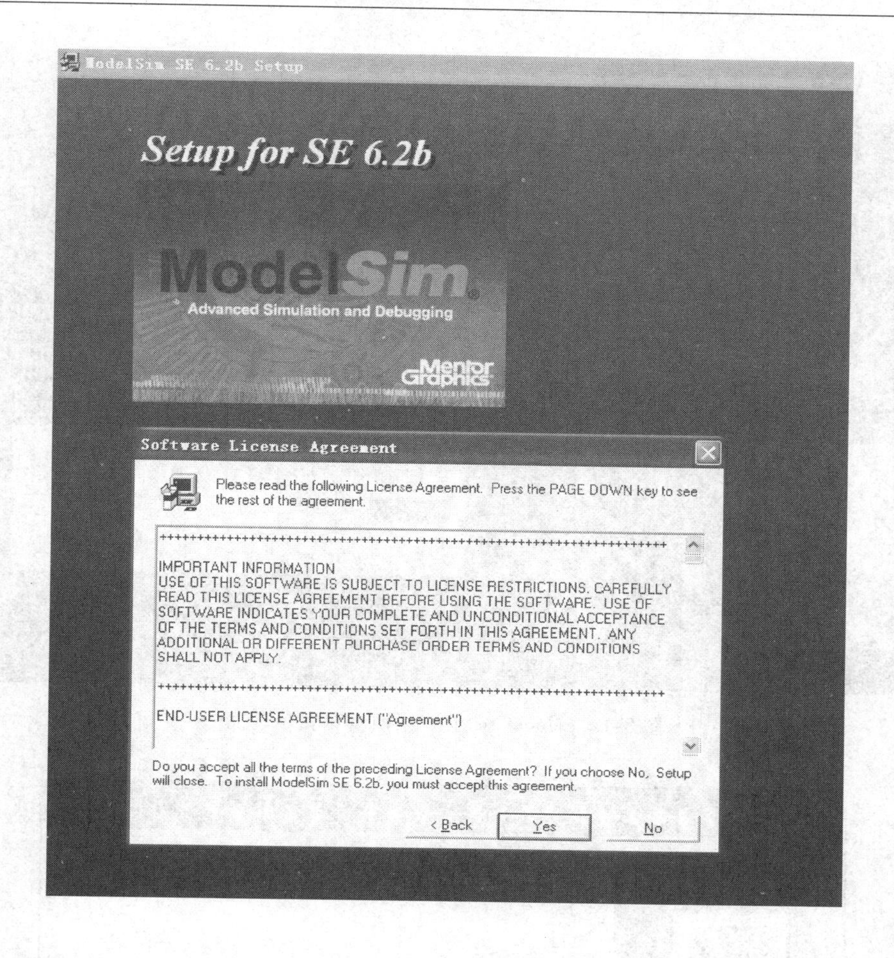

图 8-9　ModelSim 安装第二步

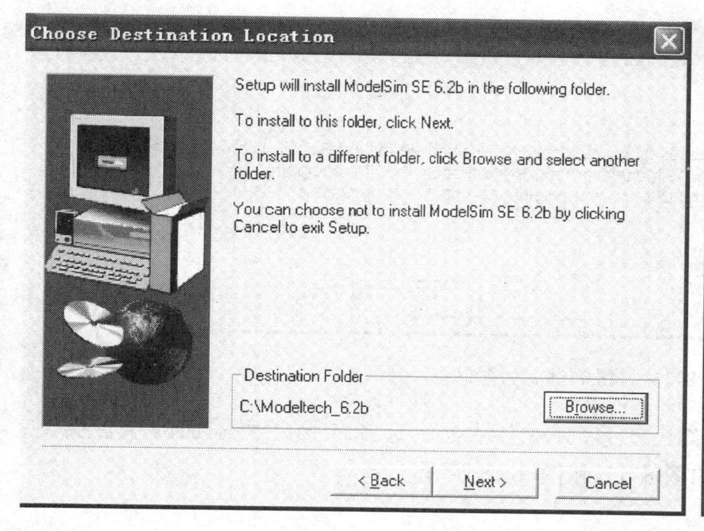

图 8-10　ModelSim 安装第三步：默认安装路径

图 8-11　自选安装路径

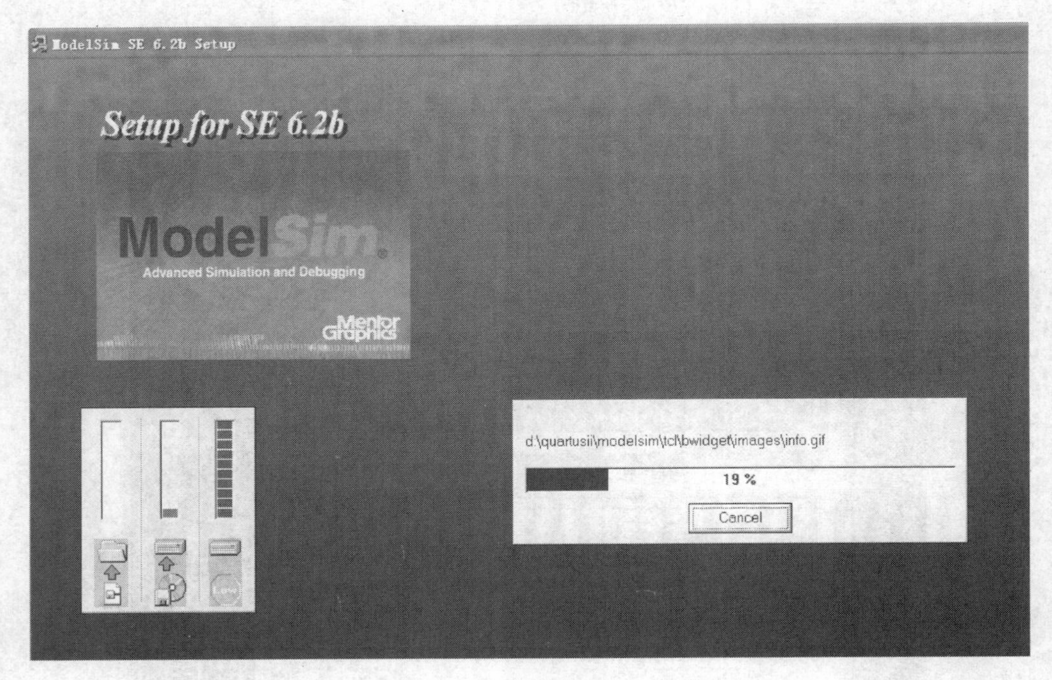

图 8-12　ModelSim 安装第四步：安装进度

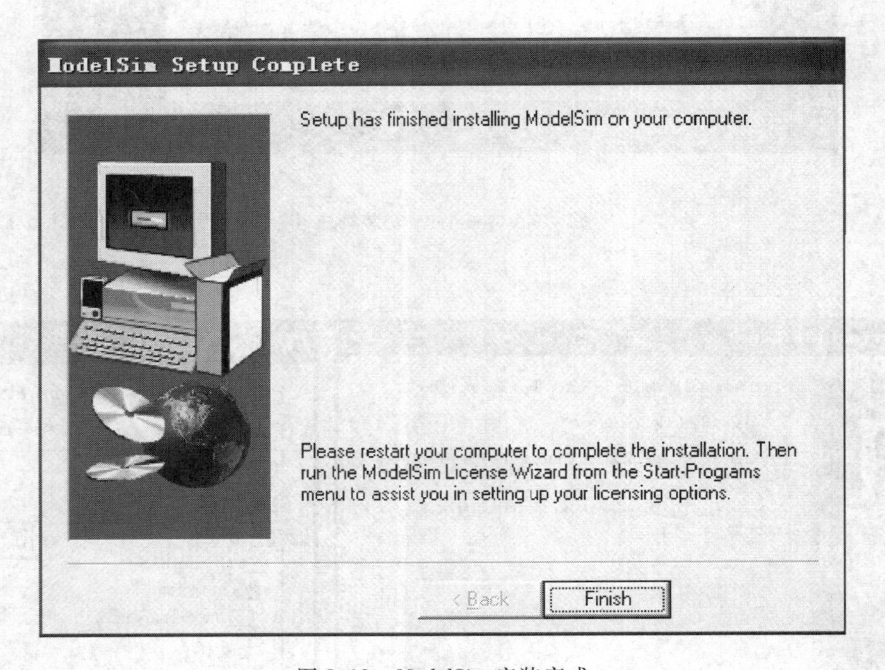

图 8-13　ModelSim 安装完成

确定后单击“OK”按钮，弹出如图 8-16 所示对话框，选择向该工程添加的项目类型，可以新建，也可以添加已有文件，如图 8-17 和图 8-18 所示。

2. 编译仿真

在文件上右键选择“Compile”→“Compile All”开始编译，如图 8-19 所示。当状态栏中的问号都变成对钩时编译成功。

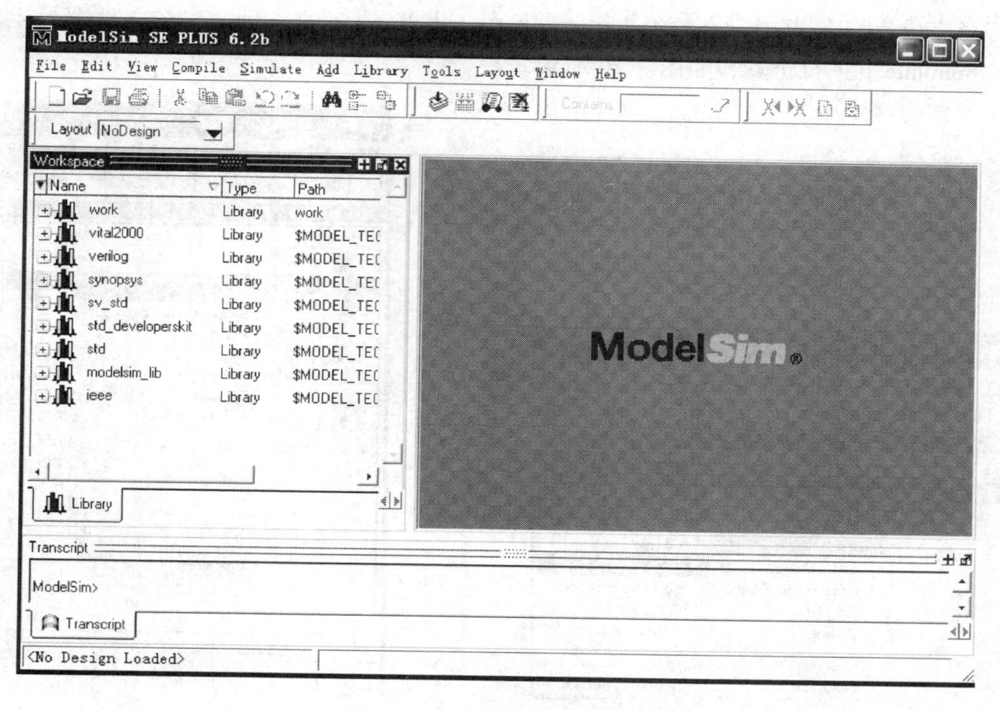

图 8-14　ModelSim 软件界面

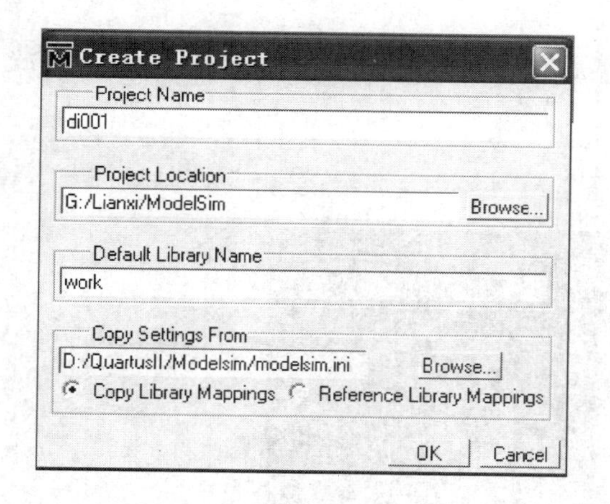

图 8-15　新建仿真工程图

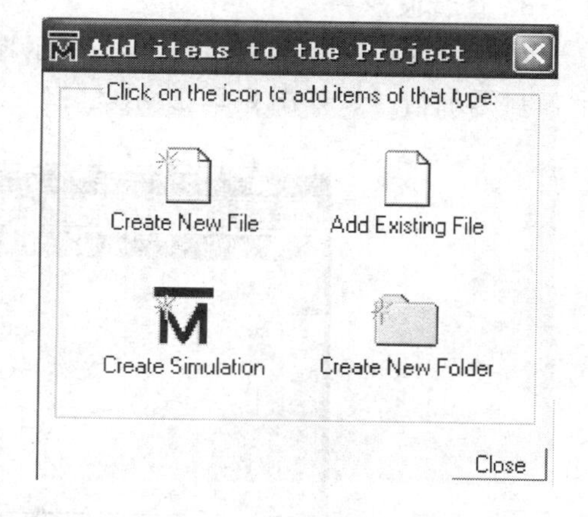

图 8-16　选择添加项目类型

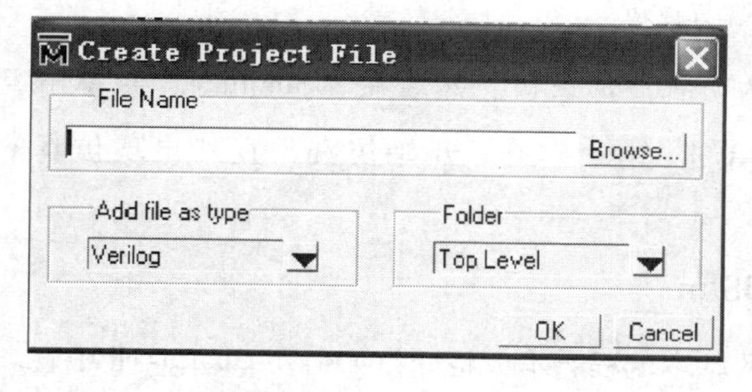

图 8-17　创建新文件界面

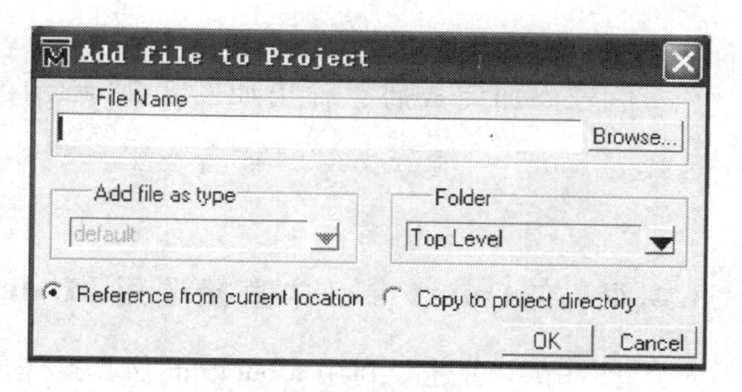

图 8-18　添加已有文件界面

编译完成后，在 Workspace 的“Library”中，点开 work 的子目录，在文件图标上右键选择“Simulate”进行仿真，如图 8-20 所示。

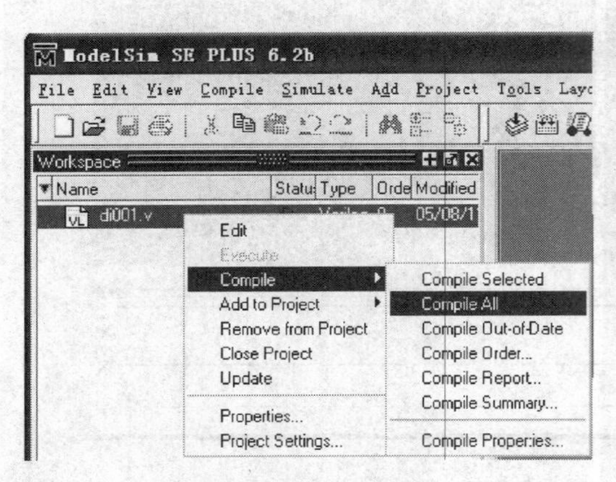

图 8-19　文件编译

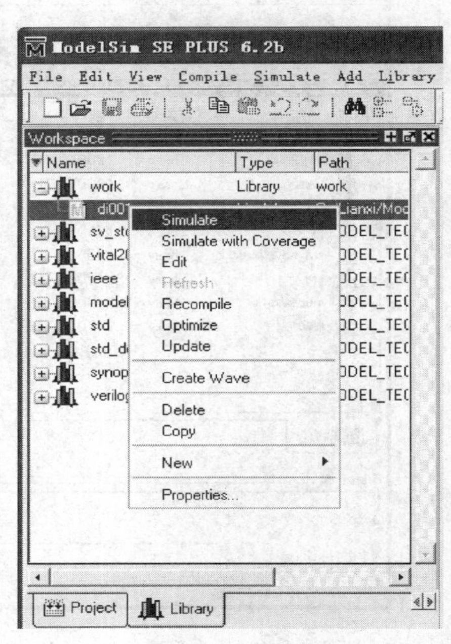

图 8-20　选择文件进行仿真

3. 查看波形

仿真编译成功后出现如图 8-21 所示界面，然后右键选择“Add”→“Add to Wave”为波形窗口添加信号，如图 8-22 所示。

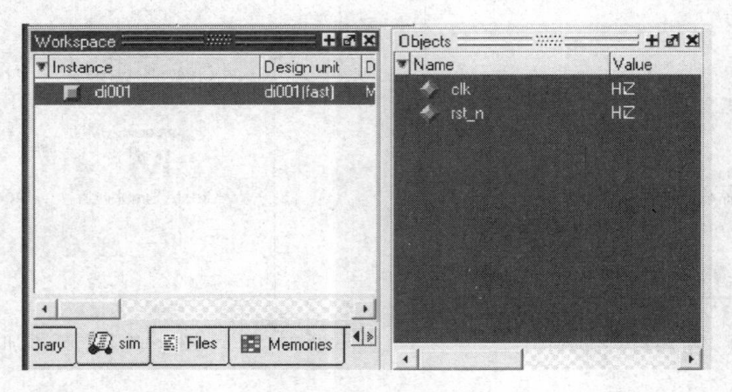

图 8-21　编译成功

信号添加完成后，弹出如图 8-23 所示的仿真波形窗口，然后在“Simulate”菜单下选择“Run”→“Run All”，或者在工具栏中单击“ ”图标开始仿真，直到出现仿真波形。

8.4.4　在 Quartus Ⅱ 中直接调用 ModelSim

上一节中讲述了利用 ModelSim 仿真操作的基本流程，本节将介绍如何在 Quartus Ⅱ 中直接调用 ModelSim 进行仿真。这节内容的关键在于几处设置，下面将逐步介绍。

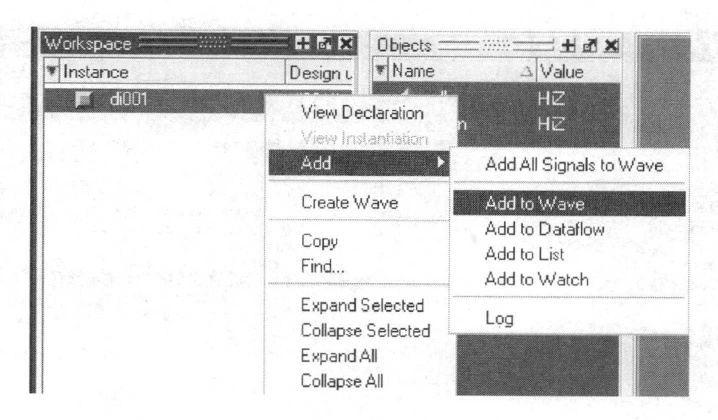

图 8-22　为波形窗口添加信号

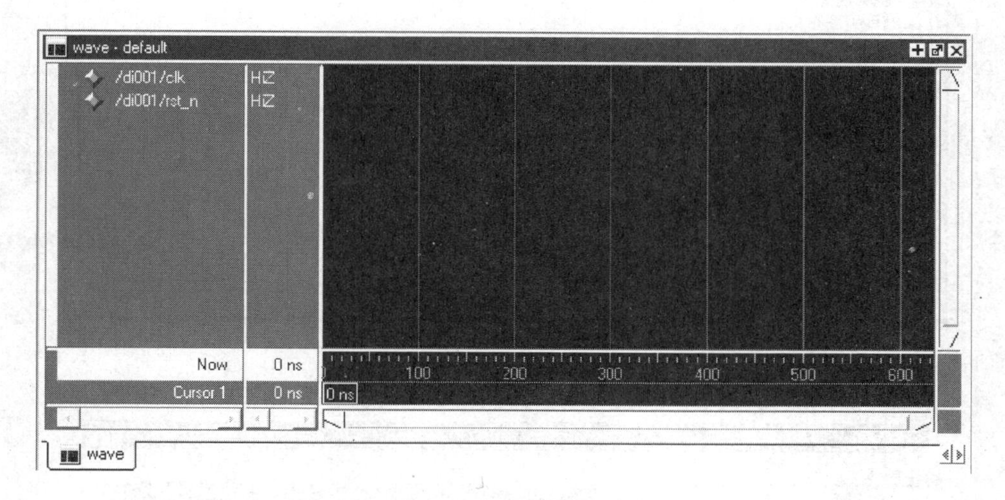

图 8-23　仿真波形窗口

1. 软件路径设置

打开 Quartus Ⅱ软件，在“Assignments”菜单下选择“Settings”→“General”选项，根据自己的 ModelSim 软件安装位置，在“EDA Tool Options”界面下设置 ModelSim 的安装路径，如图 8-24 所示。

2. 仿真测试平台设置

在“Assignments”菜单下选择“Settings”→“EDA Tool Settings”选项，在“Simulation”界面下的进行设置，“Format for output netlist”一项中选择输出网表的语言类型（本书选用 Verilog，网表文件为 . VO 格式，VHDL 中生成的网表文件为 . VHO 文件），“Output directory”一项选择输出网表的保存路径等，如图 8-25 所示。将下方的“NativeLink settings”改为“Compile test bench”这一项，然后单击“Test Benches…”，弹出如图 8-26 所示对话框，单击“New”新建仿真测试文件，弹出如图 8-27 所示对话框，在此填写 Testbench 名、实体名、调用顶层模块时的例化名以及执行仿真的时间。在“File name”后选择 Testbench 文件，单击“Add”添加，完成后确定返回。

完成了各项设置之后，就可以在 Quartus Ⅱ中直接调用 ModelSim 执行仿真。在“Tools”菜单下选择“Run EDA Simulation Tool”选项下的“EDA RTL Simulation”，如图 8-28 所示，

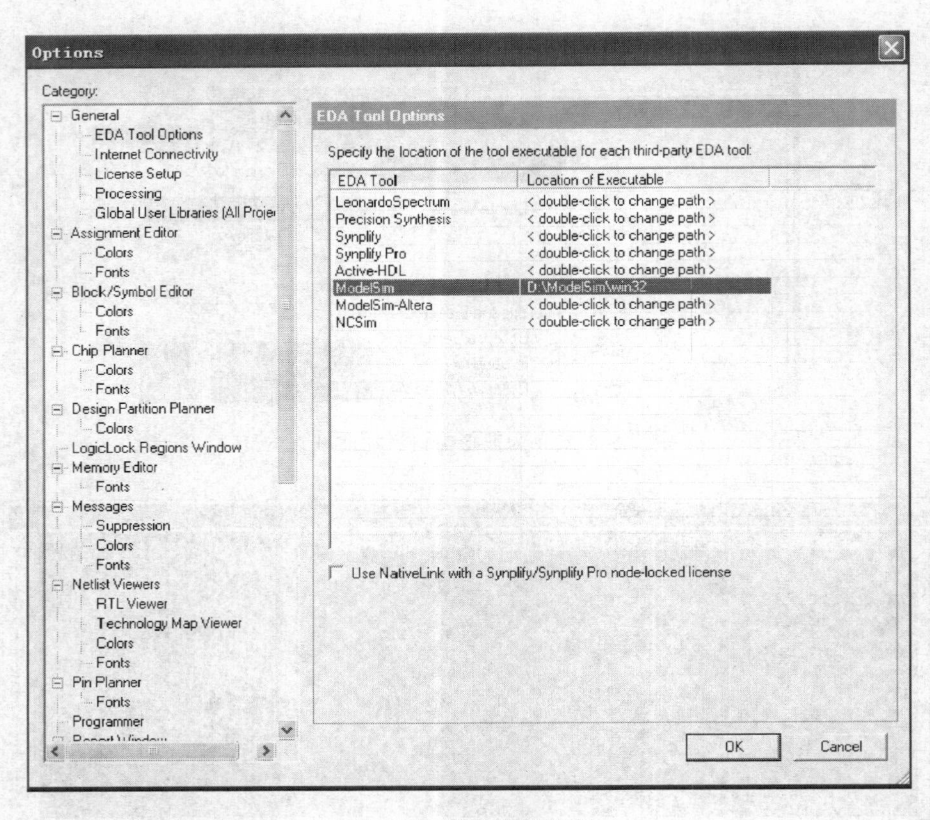

图 8-24　软件路径设置

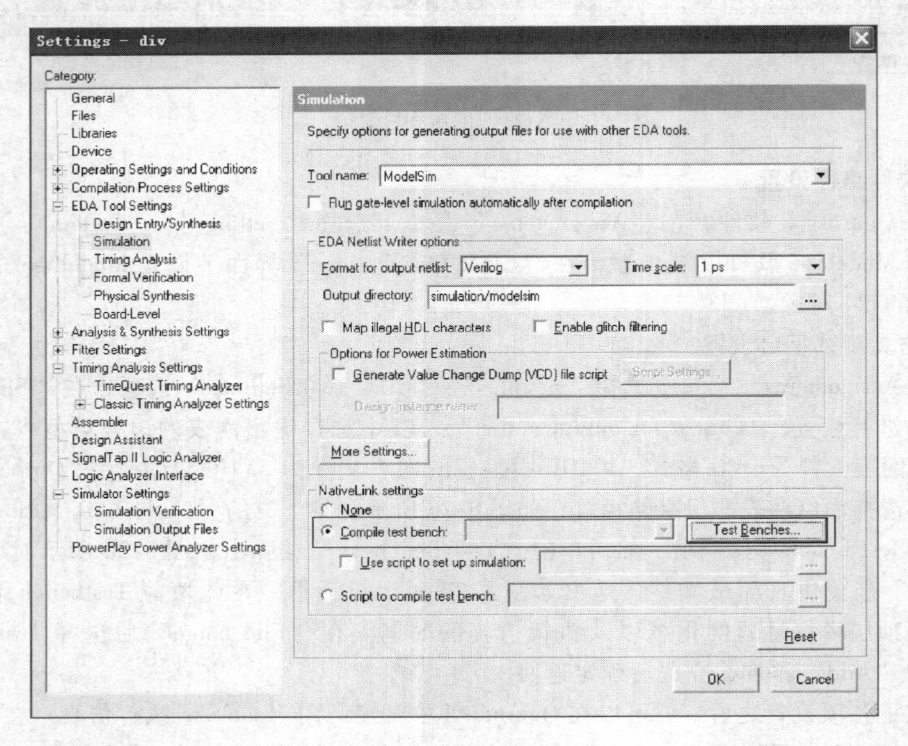

图 8-25　仿真设置

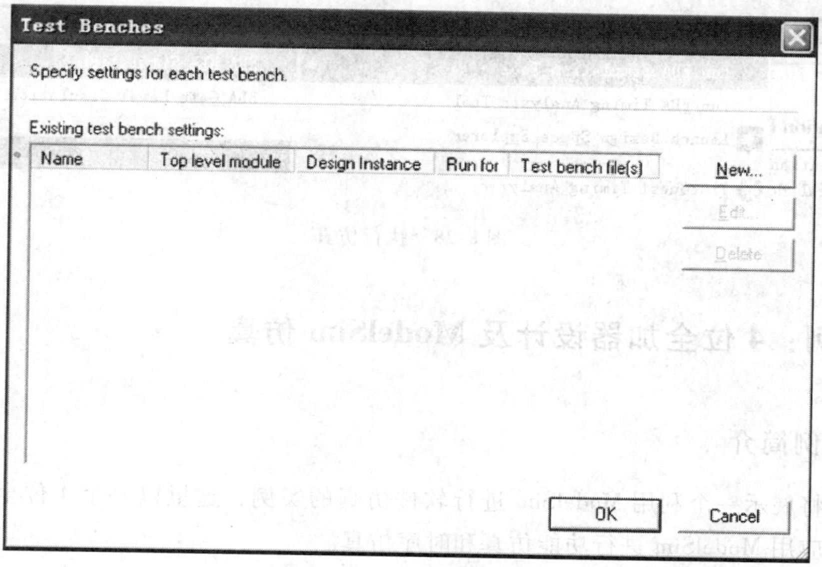

图 8-26　新建 Test Benches 文件

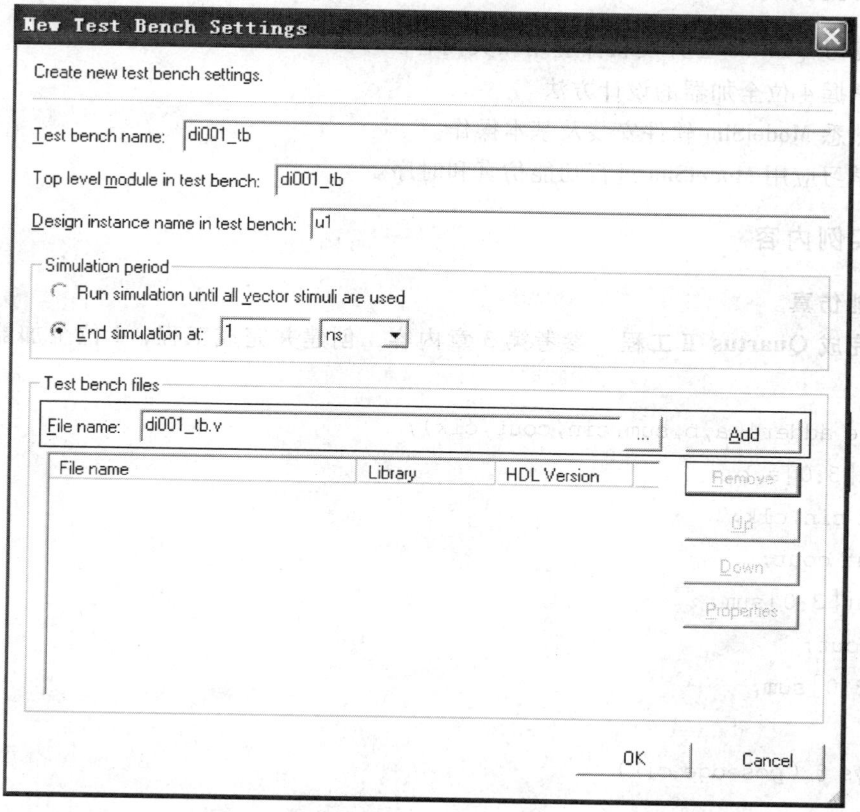

图 8-27　添加 Test bench 及相关设置

即调用 ModelSim 进行 RTL 级仿真（功能仿真），此时 ModelSim 能够自动完成加载、编译等过程，最后同样弹出仿真波形窗口。同理，如果选择“EDA GATE Level Simulation”即可进行门级仿真（时序仿真）。

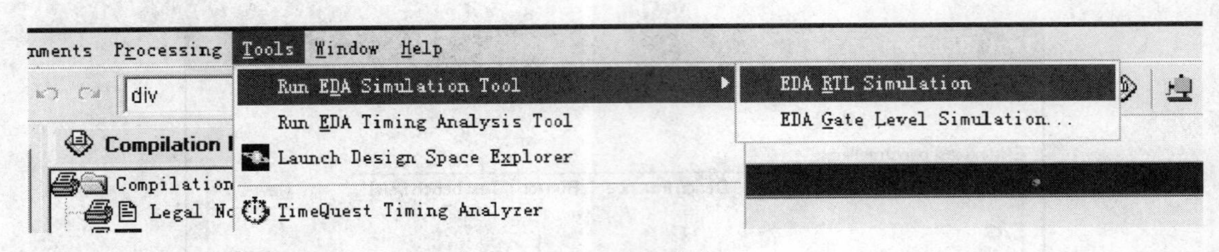

图 8-28 执行仿真

8.5 实例：4 位全加器设计及 ModelSim 仿真

8.5.1 实例简介

接下来将展示一个利用 ModelSim 进行软件仿真的实例，这里以一个 4 位全加器设计为例讲解如何应用 ModelSim 进行功能仿真和时序仿真。

8.5.2 实例目的

（1）复习 Quartus Ⅱ开发软件应用相关内容。

（2）掌握 4 位全加器的设计方法。

（3）熟悉 ModelSim 软件安装及基本操作。

（4）学习应用 ModelSim 进行功能仿真和时序。

8.5.3 实例内容

1. 功能仿真

（1）完成 Quartus Ⅱ工程　参考第 3 章内容，创建并完成工程，4 位全加器的源代码如下：

```
module adder4(a,b,sum,cin,cout,clk);
input[3:0]a,b;
input cin,clk;
output cout;
output[3:0]sum;
reg cout;
reg[3:0]sum;

always @ (posedge clk)
begin
    (cout,sum) = a + b + cin;
end

endmodule
```

（2）仿真前的设置和准备　在工程全编译通过之后，还要做进一步设置来为 ModelSim 仿真作准备。在 Assignments 菜单下选择“Settings”，进入设置界面，并在“EDA Tool Settings”栏下的“Simulation”界面作如图 8-29 所示各项的设置。

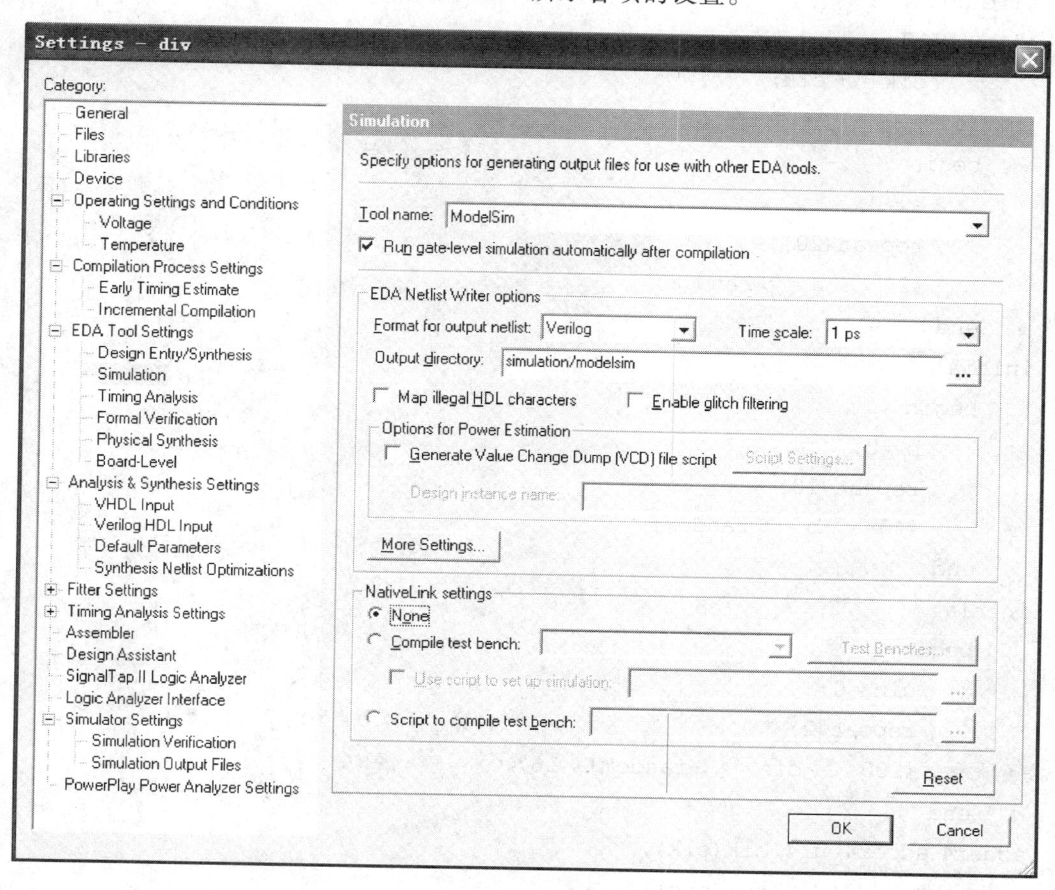

图 8-29　仿真设置

设置完成后，对此工程再进行一次全编译，在工程目录下会自动生成一个“simulation”文件夹，此文件夹中还有一个“modelsim”文件夹，仿真需要用到此文件夹中生成的几个文件，而且还需要把其他几个文件也复制到该文件夹内。

在 Quartus Ⅱ软件的安装目录下打开仿真库，其路径为 D：\ QuartusII \ quartus \ eda \ sim_ lib，此处将其安装在 D 盘，请用户视实际情况而定。在此目录下找到“220model. v”、“altera_ mf. v”和“cycloneII_ atoms. v”（注意这个文件必须与建立工程时所用的器件型号保持一致）3 个文件，并复制到上述工程的“modelsim”文件夹中。

在过程中新建一个“. v”文件，命名为 adder4_ tb，编写仿真用的测试程序 Testbench。

本例中的 Testbench 参考代码如下：

```
'timesacle 1ns/10ps
'include"adder4. v"
module adder4_tb;
reg[3:0]a,b;
reg cin;
```

```
reg clk = 0;
wire[3:0]sum;
wire cout;
always #10
      clk = ~clk;
initial
   begin
      a = 0;
      repeat(20)
      #20    a = $random;
   end
initial
   begin
      b = 0;
      repeat(10)
      #40    b = $random;
   end
initial
   begin
      cin = 0;
      repeat(2)
      #200    cin = {$random}% 16;
   end
adder4 adder4_u1(.clk(clk),
                 .sum(sum),
                 .cout(cout),
                 .cin(cin),
                 .a(a),
                 .b(b)
                 );
initial
   begin
      $monitor($time,,,"%b + %b + %b = {%b,%b}",a,b,cin,cout,sum);
      #400  $finish;
   end
endmodule
```

到此，仿真前的准备工作就基本完成了。

(3) 仿真过程　打开 ModelSim，新建工程并添加已有文件，即上述 Quartus Ⅱ 工程中“modelsim”文件夹包含的仿真库文件。添加成功后软件界面如图 8-30 所示。

然后进行一次全编译，当所有问号变成对勾时表示编译通过。在“Library”一栏里的

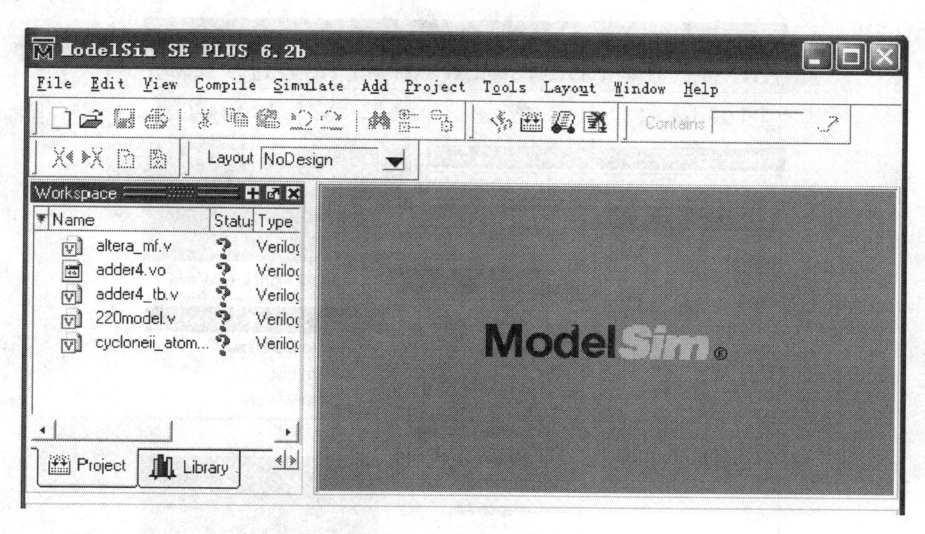

图 8-30　添加仿真库文件

“work” 选项下找到 “adder4_tb”，右键选中 “Simulate”，弹出仿真信号界面，如图 8-31 和图 8-32 所示。如果仿真时不能显示出端口的信号，可按两种情况来分析：（1）可能是开启了优化，即仿真（start simulation）时选中了 Enable Optimization 副选框，设定了 No design object visibility。此时改设定为 Apply full visibility to all modules 即可；（2）modelsim. ini 设置中默认开启了优化，即 VoptFlow = 1，其值 1 表示开启优化，0 表示不开启优化，去掉 . ini文件只读属性，改为 VoptFlow = 0 即可。

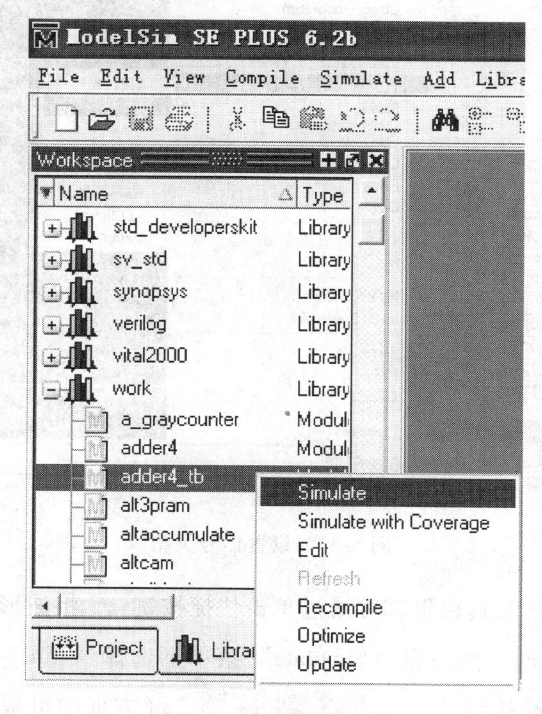

图 8-31　找到仿真文件

在弹出的波形界面中，可以看到添加进来的各个信号，为了便于观察，这里进一步把各

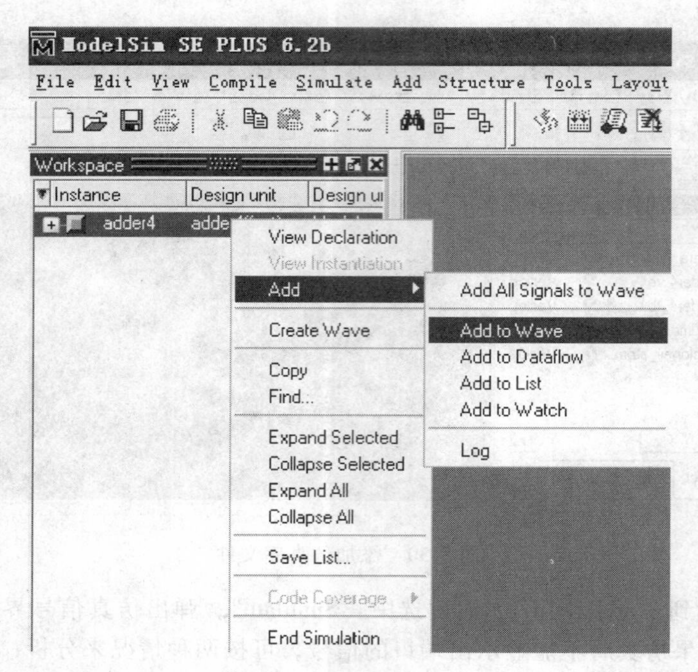

图 8-32　添加仿真信号

信号设置为二进制形式，如图 8-33 所示。

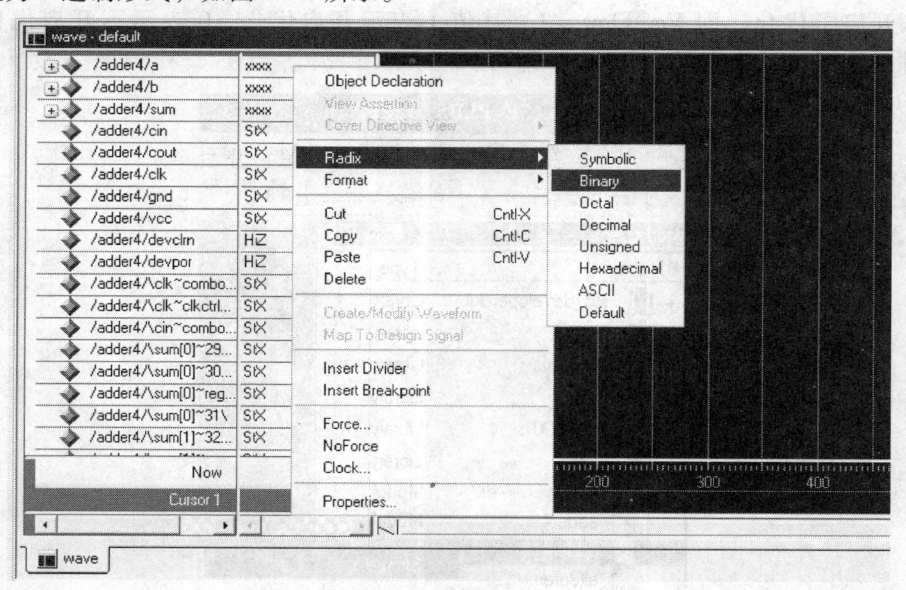

图 8-33　设置信号类型

在波形界面的右上角工具栏里，可通过单击快捷按键将波形解锁为一个单独的对话框，单击可返回原界面。然后在“Simulate”菜单下选择“Run”→“Run All”，或者直接在工具栏里直接单击快捷按键“1ns”（方框中可根据要求输入仿真时间），输出仿真波形，如图 8-34 所示。

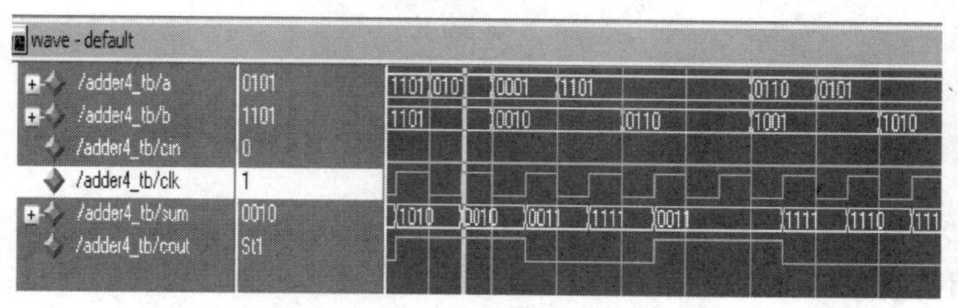

图 8-34　仿真输出波形

2. 时序仿真

时序仿真过程和功能仿真过程大同小异。时序仿真要用到的文件如下：

1）综合布局布线生成的网表文件。

2）综合布局布线生成的延时文件。

3）Testbench 文件（只要测试程序即可，不需要 HDL 源代码）。

4）仿真元件库。

在功能仿真的图 8-29 仿真设置中，已对网表文件进行了相关设置，所以成功编译后就能自动生成网表文件（.VO 格式）和延时文件（SDF 文件，为 .SDO 格式）。

在 ModelSim 中进行时序仿真，和功能仿真的主要区别就在于这些所添加的文件不同，其他步骤仍可循序而行。

8.6　小结

本章首先介绍了 Verilog HDL 的系统任务与函数、用户自定义原语，其次介绍了应用 Testbench 仿真验证的基本结构和验证过程，最后介绍了 ModelSim 仿真软件的使用，并通过 4 位全加器设计及 ModelSim 仿真例子演示了仿真过程。利用 ModelSim 仿真 4 位计数器的例子简单易懂，同时也涵盖了 ModelSim 仿真过程中的所有基本操作。ModelSim 仿真软件是 FPGA 开发过程中强有力的工具，想在学习中熟练掌握 ModelSim，还要通过更多实例进行实际操作，不断训练。

8.7　习题

1. 什么是系统任务？有什么特征？
2. 输出显示包括哪些系统任务？简要描述输出显示任务的使用方法。
3. 利用 Verilog HDL 完成文件读取，假设在文件中存储了 1 ~ 65535 这 65535 个数据。
4. 简述仿真时间的概念。
5. 编写代码，产生 0 ~ 100 的随机数，其中小于 50 的数的比例为 80%。
6. 仿真验证的原理和作用是什么？
7. 简要描述 Testbench 的结构。
8. 简要描述 UDP 的使用方法。
9. 简要描述使用 ModelSim 进行仿真的过程。
10. 编写一个 4 位循环计数器的设计代码和仿真测试代码，并使用$monitor 显示计数器每次翻转时的时钟、复位信号和输出的数值。

第9章　数字设计实例

本章介绍了卷积编码和通用异步收发器的设计实例，希望读者能够通过实例掌握 Verilog HDL，并学以致用。

9.1　卷积编码 Verilog HDL 设计

差错控制码可分为卷积码和分组码两种。如果分组码码组长度为 n，信息位长度为 k，则每一码组的（$n-k$）个校验位仅与本码组的 k 个信息位有关，而与别的码组的信息位无关。为了达到一定的纠错能力和编码效率（$Rc=k/n$），分组码的码组长度 n 通常都比较大。编译码时必须把整个信息码组存储起来，由此产生的延时随着 n 的增加而线性增加。

为了减少这个延迟，人们提出了各种解决方案，其中卷积码就是一种较好的信道编码方式。而对卷积码而言，如果码段长度为 n_0 位，该段由 k_0 个信息位，则该码的一个码段的（n_0-k_0）个校验位不仅与本段的 k_0 个信息位有关，且也与前 m 段的信息位有关。这种编码方式同样是把 k 个信息位编成 n 个位，但 k 和 n 通常很小，特别适宜于以串行形式传输信息，减小了编码延时。

与分组码不同，卷积码中编码后的 n 个码元不仅与当前段的 k 个信息有关，而且也与前面（$N-1$）段的信息有关，编码过程中相互关联的码元为 nN 个。因此，这 N 时间内的码元数目 nN 通常被称为这种码的约束长度。卷积码的纠错能力随着 N 的增加而增大，在编码器复杂程度相同的情况下，卷积码的性能优于分组码。

9.1.1　卷积码的编码工作原理

正如前面已经指出的那样，卷积码编码器在一段时间内输出的 n 位码，不仅与本段时间内的 k 位信息位有关，而且还与前面 m 段规定时间内的信息位有关，这里的 $m=N-1$，通常用（n，k，N）表示卷积码（注意：有些文献中也用（n，k，m）来表示卷积码）。

卷积码的编码器是由一个有 k 个输入端、n 个输出端、$N-1$ 个移位寄存器构成的有限状态的有记忆系统，通常称为时序网络。在硬件实现的时候，一般采用多项式法来描述，可以与延迟链的硬件结构相对应，如（2,1,3）卷积码的生成多项式矩阵为

$$G(D)=[1+D+D_2,1+D_2]$$

式中，D 为延迟算子，生成多项式的第一项为 $1+D+D_2$，表示输出编码的第一个码元等于输入码元 $x(n)$ 与前面两个时刻输入的码元 $x(n-1)$、$x(n-2)$ 的模2和，同理第二项类似。

图9-1就是一个（2,1,3）卷积码的编码器。

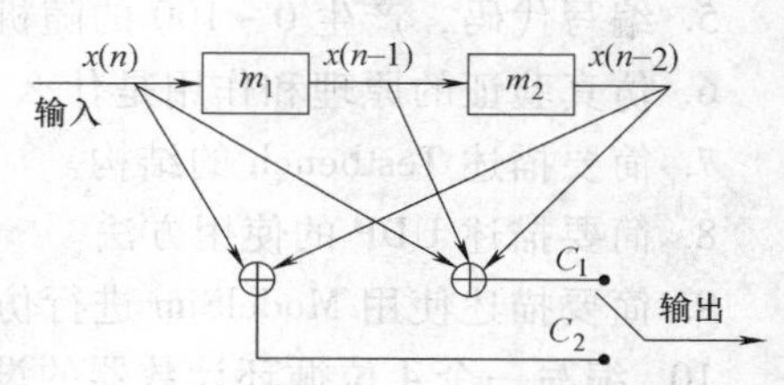

图9-1　（2，1，3）卷积码编码器

该卷积码的 $n=2$，$k=1$，$N=3$，因此，它的约束长度 $nN=2\times3=6$。m_1 与 m_2 为移位寄存器，它们的起始状态均为零。C_1、C_2 与 $x(n)$、$x(n-1)$、$x(n-2)$ 之间的关系如下：

$$C_1 = x(n) + x(n-1) + x(n-2);$$

$$C_2 = x(n) + x(n-2)$$

假如输入的信息为 $x = [11010]$，为了使信息 x 全部通过移位寄存器，还必须在信息位后面加 3 个零。表 9-1 列出了对信息 x 进行卷积编码时的状态。

表 9-1 信息 x 进行卷积编码时的状态

输入信息 x	1	1	0	1	0	0	0	0
$m_2 m_1$	0 0	0 1	1 1	1 0	0 1	1 0	0 0	0 0
输出 $C_1 C_2$	1 1	0 1	0 1	0 0	1 0	1 1	0 0	0 0

9.1.2 卷积码的 Verilog 实现

由于（2,1,7）卷积码具有较好的纠错性能和可接受的复杂性，因而对其的研究最为广泛。利用计算机搜索到的具有最大自由距离（$d = 10$）、无恶性传播、适合于 Viterbi 译码算法、约束长度为 7 的卷积码的子生成元为 g(1,1) = 133OCT，g(1,2) = 171OCT，其编码器的结构如图 9-2 所示。图中⊕表示模 2 加，输出数据在上下分支之间切换。

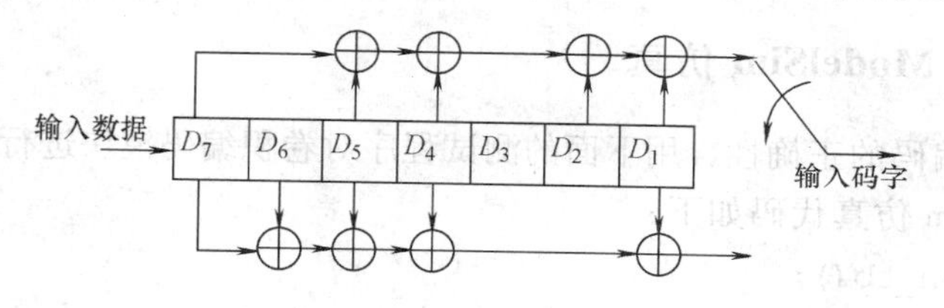

图 9-2 （2,1,7）卷积编码器

在充分理解卷积码编码器电路工作原理的基础上，（2,1,7）卷积编码的 Verilog 实现如下所示：

```
module convolution (clk,reset,code_in,code_out);
    input clk;//输入时钟
    input reset;//全局清零信号
    input code_in;//基带输入数据
    output[1:0] code_out;//编码以后的输出数据
    wire [1:0]  code_out;
    reg          dout_h,dout_v;
    reg  [6 : 0] shiftreg;
    reg  [2 : 0] i;

    always @ (posedge clk or negedge reset)
    begin
        if (! reset) //全局置零有效的时候,所有的寄存器置零
            begin
                for (i=0[i < =6;i=i+1)
                    shiftreg[i] < =1'b0;
```

```
            dout_h < =1'b0;
            dout_v < =1'b0;
        end
    else
        begin
            for ( i =1 ;i  < =6;i = i  +1)
                shiftreg[ i]  < = shiftreg [ i -1];
            shiftreg[0]  < = code_in;
            dout_h < =shiftreg[0]^shiftreg[2]^shiftreg[3]^shiftreg[5] ^ shiftreg[6];
            dout_v < =shiftreg[0]^shiftreg[1]^shiftreg[2]^shiftreg[3] ^ shiftreg[6];
//输入数据进行卷积编码,根据前面介绍的卷积编码原理中的生成多项式对应产生抽头系数
        end
    end
    assign code_out = {dout_h,dout_v};
endmodule
```

9.1.3 卷积码的 ModelSim 仿真

为了测试卷积编码的正确性，用下面的测试程序对卷积编码模块进行功能测试。(2,1,7) 卷积编码的 ModelSim 仿真代码如下：

```
module convolution_tb();
  //inputs
  reg clk;
  reg code_in;
  reg reset;
  //outputs
  wire[1:0] code_out;
  convolution vencoder(
            . clk(clk),
            . reset(reset),
            . code_in(code_in),
            . code_out(code_out));
  initial begin
      clk =0;
      code_in =0;
      reset  =0;
      #10 reset  =1;
          code_in  =1'b1;
      #20 code_in  =1'b1;
      #10 code_in  =1'b0;
      #20 code_in  =1'b1;
```

```
        #10 code_in =1'b0;
        #20 code_in =1'b1;
        #10 code_in =1'b0;
        #70 code_in =1'b0;
            #10 $finish;
    end
    always #5 clk= ~clk;
endmodule
```

(2,1,7）卷积编码仿真结果如图 9-3 所示，从仿真可以看出，当输入数据是 1110010010000000 时，输出的编码以后的数据是 11,10,01,01,00,10,00,10,11,01,01,00,00,10,11,00，完全符合卷积编码产生的多项式。

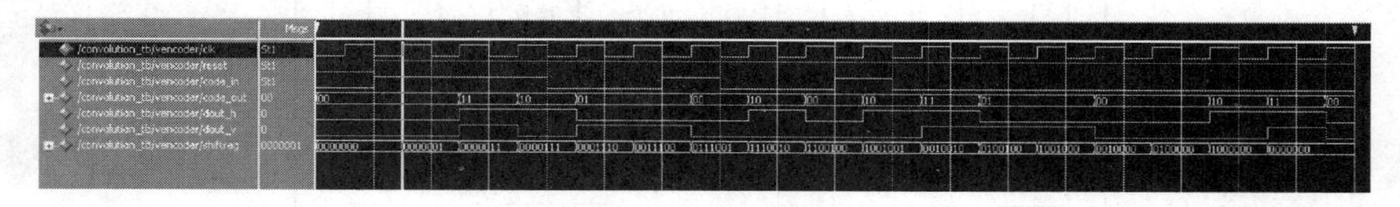

图 9-3　(2,1,7）卷积编码仿真图

9.2　通用异步收发器的 Verilog HDL 设计与验证

9.2.1　通用异步收发器的规范

通用异步收发器（Universal Asynchronous Receiver/Transmitter，UART）是实现设备之间低速数据通信的一种标准协议。异步传输方式就是指通信双方事先约好需要传输数据的格式、传输的速度，通过一条线路实现从一方到达另一方的数据传送。

UART 以字符的方式进行数据通信，每个字符由 4 部分组成：起始位、数据位、奇偶校验位和停止位。

通用异步收发器的数据传输格式如图 9-4 所示。起始位为“0”，占用 1 位，用来表示 1 个字符数据的开始；其后是数据位，可以是 7 位或 8 位，传输时待发送数据的低位在前，高位在后；接下来是奇偶校验位；最后是停止位，用逻辑“1”表示一个字符信息的结束。

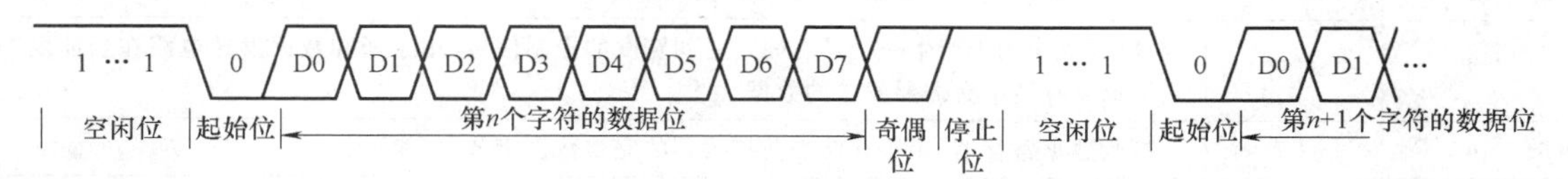

图 9-4　通用异步收发器的数据传输格式

UART 采用的是一种起止式异步协议，特点是一个字符一个字符地传输，并且传送一个字符总是以起始位开始，以停止位结束，字符之间没有固定的时间间隔要求。一个字符传送完成后，奇偶校验位之后的停止位和空闲位都规定为高电平，而起始位为低电平，这样就保证起始位开始处一定有一个下降沿，这个下降沿用来界定一个字符传输的开始，它的到来表示下面是数据位，要准备接收；而停止位标志一个字符的结束，它的出现表示一个字符传送

完成，这样就为通信双方提供了何时开始收发、何时结束的标志。

异步通信是按字符传输的，每传输一个字符，就用起始位通知接收方准备接收新的数据，以此来重新建立收发双方的同步。若接收设备和发送设备之间的本地时钟频率略有偏差，则这种方式可以避免因偏差的积累，所以异步串行通信的可靠性很高，并且实现方式简单。

9.2.2　电路结构设计

图 9-5 是 CPU 采用 UART 进行通信的应用示意图。CPU 通过总线与 UART 相连，两个 UART 通过外部线路互连。

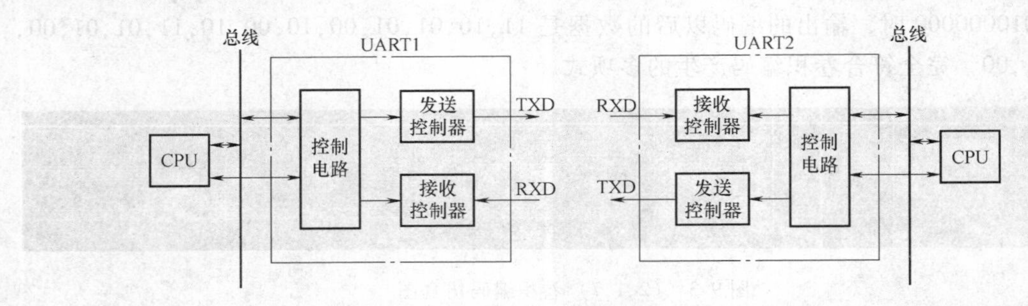

图 9-5　CPU 采用 UART 进行通信的应用示意图

UART 内部需要多个寄存器，CPU 通过对寄存器进行读写操作达到对内部电路的控制和管理，实现数据收发操作的功能。这些寄存器包括可读/可写、只读、只写和读清零 4 种类型。

表 9-2 给出了 UART 中内部寄存器的具体定义。CPU 只要对这些寄存器进行有效操作就可以同 UART 进行有效的通信。

表 9-2　UART 中内部寄存器的具体定义

字节地址	属性	说　明
0	可读/可写	可以对 reg0 的低 3 位比特进行读写操作 reg0[0]用于对发送电路进行复位，高电平有效 reg0[1]用于对接收电路进行复位，高电平有效 reg0[2]用于对中断控制电路进行复位。其余比特位没有定义
1	可读/可写	用于对分频控制计数器 clk_div_ctl 进行读/写操作，确定收发操作时的计数分频比
2	只写	用于将需要发送的数据锁存到 xmt_data 中
3	只写	读/写操作用于产生一个具有固定时间宽度的控制信号，用于通知数据发送电路在当前发送数据寄存器中有需要发送的数据
4	只读	接收数据寄存器，用于存储当前接收到的完整数据字节
5	读清零	比特 0 用于指示当前接收数据的状态。如果为 1，则表示接收数据有奇偶校验错误；如果为 0，表示接收数据没有奇偶校验错误 比特 1 用于显示是否存在接收中断，如果为 1 表示有中断，说明有供 CPU 读取的数据；如果为 0 表示没有中断，说明没有供 CPU 读取的数据。对此寄存器的读操作会将中断指示位清零。其余比特位没有定义
6	读清零	比特 0 显示是否存在发送中断，1 表示有中断，说明当前数据已经发送完成，CPU 可以继续发送新的数据；0 表示没有中断，CPU 需要根据前面是否发送过数据来判断发送电路处于数据发送状态还是空闲状态。对此寄存器的读操作会将中断指示位清零

UART 与 CPU 之间及 UART 内部模块之间的信号关系如图 9-6 所示。

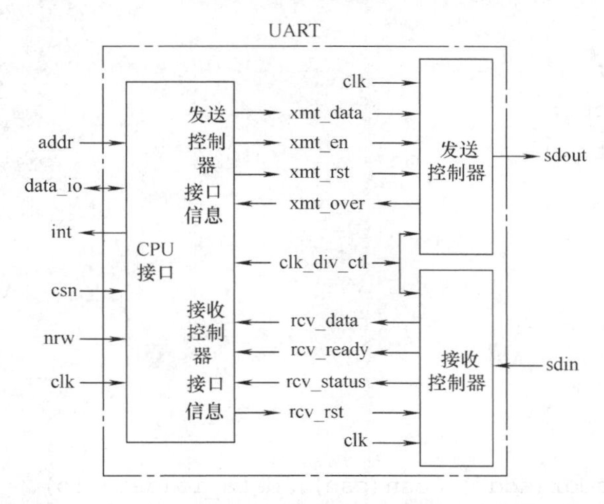

图 9-6　UART 与 CPU 之间及 UART 内部模块之间的信号关系

UART 中的 CPU 接口电路实现以下主要功能：

1）与 CPU 接口，将 CPU 对内部控制寄存器的写操作转化为对发送控制器和接收控制器的控制信号。

2）将 CPU 写入到内部数据发送寄存器的数据进行锁存并提供给发送控制器。

3）将接收控制器接收的数据交给 CPU，同时提交接收数据的状态信号。

4）对收、发控制器的中断进行管理。对于中断寄存器的读操作的同时对寄存器清零，以避免重复产生中断，这需要专门的电路进行维护和管理。

UART 中的发送控制器实现以下主要功能：

1）根据 clk_div_ctl 给出的时钟分频比将 xmt_data 上的数据按照从低位到高位的顺序依次发出。在数据发送过程中需要根据规范插入起始位、奇偶校验位和停止位。

2）发送控制器在 xmt_en 为高电平时开始向线路方向发送数据。完成当前字节发送后通过 xmt_over 通知控制电路当前发送完成，由控制电路负责产生中断和进行中断管理。

UART 中的接收控制器实现以下主要功能：

1）检测接收数据中的起始位，并完整地接收数据。

2）根据接收数据进行奇偶校验，判断数据是否正确接收，并产生接收数据状态 rcv_status，接收控制器通过 rcv_readay 通知控制电路当前 rcv_data 上的数据是当前接收的有效数据。由控制电路锁存该数据并产生中断，通知 CPU 存在需要处理的接收数据。

UART 顶层电路模块包括 3 个子模块，它的 Verilog 设计代码如下。

```
module uart_system(clk,addr,csn,data_io,int,nrw,sdout,sdin);
//以下定义各端口
input clk;
input [2:0] addr;
input csn;
inout [7:0] data_io;
output int;
input nrw;
output sdout;
```

```
input sdin;
//定义 wire 型变量
wire [7:0] xmt_data;
wire [7:0] clk_div_ctl;
wire xmt_rst,rcv_rst;
wire xmt_en;
wire xmt_over;
wire [7:0] rcv_data;
wire rcv_ready;
wire rcv_error;
//u1 子模块的实例化
uart_ctl u1(
        .clk(clk),.addr(addr),.csn(csn),.data_io(data_io),
        .int(int),.nrw(nrw),.clk_div_ctl(clk_div_ctl),
        .xmt_rst(xmt_rst),.xmt_data(xmt_data),.xmt_en(xmt_en),
        .xmt_over(xmt_over),.rcv_rst(rcv_rst),.rcv_data(rcv_data),
        .rcv_ready(rcv_ready),.rcv_status(rcv_error));
//u2 子模块的实例化
uart_xmt u2(
        .clk(clk),.clk_div_ctl(clk_div_ctl),.xmt_rst(xmt_rst),
        .xmt_data(xmt_data),.xmt_en(xmt_en),.xmt_over(xmt_over),
        .sdout(sdout));
//u3 子模块的实例化
uart_rcv u3(
        .clk(clk),.rcv_rst(rcv_rst),.clk_div_ctl(clk_div_ctl),
        .rcv_data(rcv_data),.rcv_ready(rcv_ready),
        .rcv_error(rcv_error),.sdin(sdin));

endmodule
```

9.2.3 UART 控制电路模块的代码设计与分析

uart_ctl 电路的设计代码如下：

```
module uart_ctl(clk,addr,csn,data_io,int,nrw,clk_div_ctl,
        xmt_rst,xmt_data,xmt_en,xmt_over,rcv_rst,rcv_data,
        rcv_ready,rcv_status);
//与微处理器的接口
input clk;
input nrw,csn;
input [2:0] addr;
output int;
```

```
//双向数据 I/O 的描述
inout [7:0] data_io;
wire [7:0] data_in;
reg [7:0] data_out;
assign data_io = (! csn&! nrw)? data_out:8'hz;
assign data_in = (! csn&nrw)? data_io:8'h0;
//与发送控制电路连接的信号
output [7:0] clk_div_ctl;
reg [7:0] clk_div_ctl;
output xmt_rst,xmt_en;
input xmt_over;
reg xmt_rst,xmt_en;
output [7:0] xmt_data;
reg [7:0] xmt_data;
//与接收控制电路连接的接口
output rcv_rst;
reg rcv_rst;
input rcv_ready;
input [7:0] rcv_data;
input rcv_status;
//电路内部信号
reg ctl_rst,int_xmt,int_rcv,rcv_error;
//写入需要锁存的写入数据
always @  (csn or nrw or addr or data_in)
begin
    if(! csn && nrw)
        case (addr)
        0:{ctl_rst,xmt_rst,rcv_rst} = data_in[2:0];
        1:clk_div_ctl = data_in[7:0];
        2:xmt_data = data_in[7:0];
        endcase
end

//数据发送触发信号产生
always @  (csn or nrw or addr)
   if(! csn && nrw && (addr = =3))
       xmt_en =1;
   else xmt_en =0;

//读操作
```

```
always @ (csn or nrw or addr)
    if(! csn && ! nrw)
        case(addr)
        0:data_out = {5'b0,ctl_rst,xmt_rst,rcv_rst};
        1:data_out = clk_div_ctl;
        4:data_out = rcv_data;
        5:data_out = {6'b0,int_rcv,rcv_error};
        6:data_out = {7'b0,int_xmt};
        endcase

//发送电路中断控制与管理
reg [1:0] int_xmt_state;
always @ (posedge clk or posedge ctl_rst)
    if(ctl_rst)
    begin
        int_xmt < = 0;
        int_xmt_state < = 0;
    end
    else
        case(int_xmt_state)
        0:if(! xmt_over)
            begin
                int_xmt < = 0;
                int_xmt_state < = 0;
            end
            else
            begin
                int_xmt_state < = 1;
            end
        1:if(! (! csn&&! nrw&&(addr = = 6)))
            begin
                int_xmt < = 1;
                int_xmt_state < = 2;
            end
        2:if(! csn&&! nrw&&(addr = = 6))
                int_xmt_state < = 3;
        3:if(! csn&&! nrw&&(addr = = 6))
            begin
                int_xmt < = 0;
                int_xmt_state < = 0;
```

```
          end
        endcase

//接收电路中断控制与管理
reg [1:0] int_rcv_state;
always @  (posedge clk or posedge ctl_rst)
    if(ctl_rst)
    begin
        int_rcv <=0;
        rcv_error <=0;
        int_rcv_state <=0;
    end
    else
        case(int_rcv_state)
        0:if(! rcv_ready)
            begin
                int_rcv <=0;
                int_rcv_state <=0;
            end
            else
            begin
                int_rcv_state <=1;
                rcv_error <=rcv_status;
            end
        1:if(! (! csn&&! nrw&&(addr==5)))
            begin
                int_rcv <=1;
                int_rcv_state <=2;
            end
        2:if(! csn&&! nrw&&(addr==5))
                int_rcv_state <=3;
        3:if(! csn&&! nrw&&(addr==5))
            begin
                int_rcv <=0;
                int_rcv_state <=0;
            end
        endcase

assign int=int_rcv|int_xmt;
endmodule
```

在这段代码中，收发中断控制部分内，分别使用了一个状态机对中断的产生和清除进行管理，这两个状态机的工作方式相同，图9-7所示的是发送控制器的中断控制状态转换图。在0状态下发现xmt_over有效后，电路进入状态1，如果当前没有针对地址6的读操作，则进入状态2，同时将int_xmt置位，申请中断。在状态2时，如果出现了对地址6的读操作，则进入状态3，当对地址6的读操作完成后int_xmt清除并进入状态0。接收电路中断控制与管理与发送电路的类似。

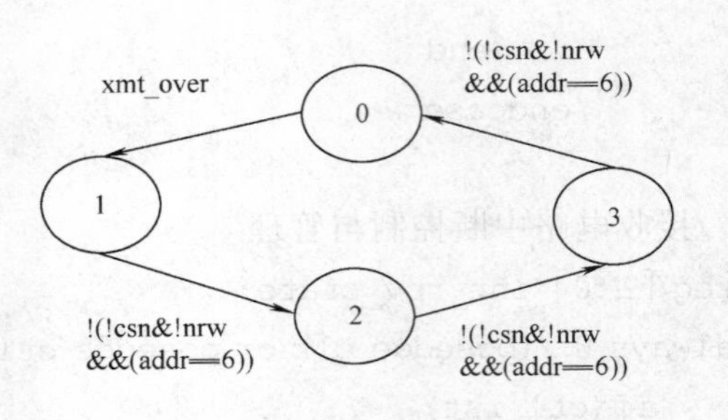

图9-7 发送控制器的中断控制状态转换图

9.2.4 发送电路的代码设计与仿真分析

UART发送电路的代码如下。对它的分析需要参考UART的字符格式。

```
module uart_xmt(clk,clk_div_ctl,xmt_rst,xmt_data,xmt_en,xmt_over,sdout);
input clk;
//与uart_ctl接口的信号
input[7:0]clk_div_ctl;
input xmt_rst;
input[7:0] xmt_data;
input xmt_en;
output xmt_over;
reg xmt_over;
//串行输出口
output sdout;
reg sdout;
//内部信号
reg [7:0] clk_cnt;
reg [2:0] xmt_state;
reg [2:0] data_bit_cnt;
wire sample;
reg clk_cnt_clr;
parameter idle=0,start=1,data=2,parity=3,stop=4,waiting=5;
always @ (posedge clk or posedge xmt_rst)
   if(xmt_rst)
   begin
      xmt_state< =0;
      sdout< =1;
      data_bit_cnt< =0;
      xmt_over< =0;
      clk_cnt_clr< =0;
```

```
    end
    else
    begin
      case (xmt_state)
      idle:begin
          xmt_over < =0;
          if(xmt_en)begin
          xmt_state  < =start;
          clk_cnt_clr < =1;
          end
     end
     start:begin                         //发送字符的起始位
         clk_cnt_clr < =0;
         if(sample)begin
             sdout < =0;
             xmt_state < =data;
             data_bit_cnt < =0;
             end
         end
     data:begin                          //发送用户数据
        if(sample & (data_bit_cnt <7))begin
            data_bit_cnt < =data_bit_cnt +1;
            sdout < =xmt_data[data_bit_cnt];
            xmt_state < =data;
            end
        else if(sample & (data_bit_cnt = =7))begin
            data_bit_cnt < =0;
            sdout < =xmt_data[data_bit_cnt];
            xmt_state < =parity;
            end
        else
            xmt_state < =data;
    end
  parity:begin  //发送奇偶校验位
    if(sample)begin
       sdout < =^xmt_data;
       xmt_state < =stop;
       end
    else
       xmt_state < =parity;
```

```
        end
    stop:begin                              //发送停止位
        if(sample)begin
            sdout < =1;
            xmt_state < =waiting;
            end
        else
            xmt_state < =stop;
        end
    waiting:begin   //等待当前字节发送结束
        if(sample)begin
            xmt_state < =idle;
            xmt_over < =1;
            end
        else begin
            xmt_state < =waiting;
            end
        end
    default:begin
        xmt_state < =idle;
        sdout < =1;
        end
    endcase
    end

//下面是由 clk_div_ctl 决定的计数器
always @  (posedge clk or posedge xmt_rst)
    if(xmt_rst) clk_cnt < =0;
    else if (clk_cnt_clr) clk_cnt < =0;
    else begin
        if(clk_cnt < clk_div_ctl) clk_cnt < =clk_cnt +1;
        else clk_cnt < =0;
        end
//sample 用于指示计数器计数中间值出现的时刻
assign sample = (clk_cnt = ={1'b0,clk_div_ctl[7:1]})? 1:0;
Endmodule
```

为了对发送电路的功能进行仿真验证,编写测试代码如下:

```
'timescale 1ns/1ps
module xmt_test_v  ;
reg clk;
```

```
reg [7:0] clk_div_ctl;
reg xmt_rst;
reg [7:0] xmt_data;
reg xmt_en;
wire xmt_over;
wire sdout;
always #20 clk = ~clk;
initial begin
// initialize inputs
    clk = 0;
    clk_div_ctl = 8'b00001000;
    xmt_rst = 1;
    xmt_data = 0;
    xmt_en = 0;
    #100 xmt_rst = 0;
    xmt_data = 8'b11000101;
    xmt_en = 1;
    #50;
    xmt_en = 0;
    end
uart_xmt  u1 (
        .xmt_over (xmt_over ) ,
        .xmt_rst (xmt_rst ) ,
        .xmt_data (xmt_data ) ,
        .clk_div_ctl (clk_div_ctl ) ,
        .clk (clk ) ,
        .sdout (sdout ) ,
        .xmt_en (xmt_en ) );
endmodule
```

图 9-8 是发送控制器的仿真波形。

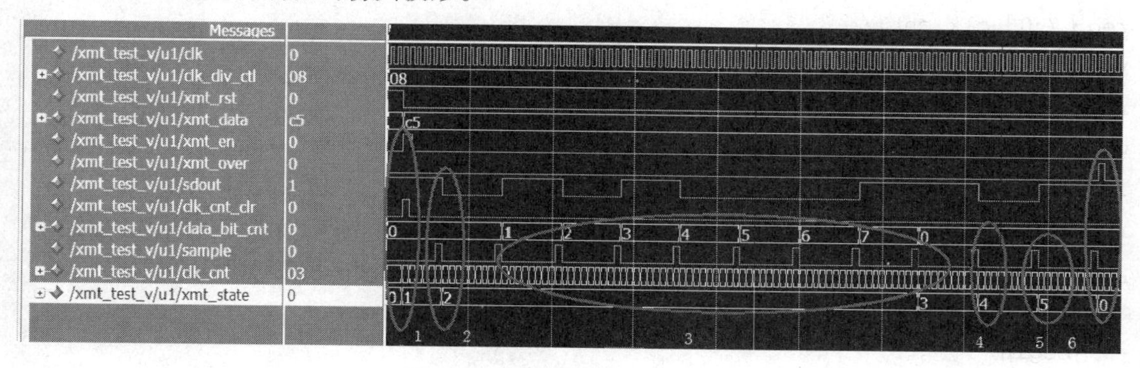

图 9-8　发送控制器的仿真波形

具体说明如下：

1）当发送状态机处于 idel 状态时，如果 xmt_en 有效，则产生一个 clk_cnt_clr 信号，用于对时钟计数器清零，同时进入 start 状态。

2）在 start 状态下，如果 sample 有效，则输出起始位，同时进入 data 状态。

3）在 data 状态下，当 sample 有效时连续输出 8 位数据。最后一个比特开始输出后进入 parity 状态，准备输出奇偶校验位。

4）在 parity 状态下，如果出现 sample，则进入 stop 状态，在 stop 状态下，如果 sample 有效则输出停止位，并进入 waiting 状态。

5）在 waiting 状态下，停止位保持有效，并在 sample 有效时进入 idle 状态，sdout 持续为 1。

6）在由 waiting 进入 idle 状态时，输出 xmt_over 信号，通知控制电路当前数据发送完成。注意这里的 xmt_over 信号只在一个时钟周期内保持有效。

9.2.5　接收电路的代码设计与仿真

UART 接收电路的操作与数据帧的结构密切相关，UART 接收电路的操作代码如下：

```
module uart_rcv(clk,rcv_rst,clk_div_ctl,rcv_data,rcv_ready,sdin,rcv_error);

input clk;
//与 uart_ctl 接口的信号
input rcv_rst;
input[7:0]clk_div_ctl;
output rcv_ready;
reg rcv_ready;
output[7:0] rcv_data;
reg[7:0] rcv_data;
   output  rcv_error;
reg  rcv_error;
//串行数据输入
input sdin;
//内部信号
reg [7:0] clk_cnt;
reg [2:0] rcv_state;
reg [2:0] data_bit_cnt;
wire sample;
reg [7:0] rcv_data_reg;
reg sdin_delay1,sdin_delay2;
parameter idle = 0,start = 1,data = 2,parity = 3,stop = 4,warting = 5;
always @ (posedge clk)
   begin
      sdin_delay1 < = sdin;
```

```
        sdin_delay2 < = sdin_delay1;
    end
assign sof = (rcv_state = = idle) & (sdin_delay1 = = 0) & (sdin_delay2 = = 1);
always @ (posedge clk or posedge rcv_rst)
    if(rcv_rst)
    begin
        rcv_state < = 0;
        rcv_data_reg < = 0;
        data_bit_cnt < = 0;
        rcv_ready < = 0;
        rcv_error < = 0;
    end
    else begin
        case (rcv_state)
        idle:begin
            rcv_ready < = 0;
            if(sof)
            rcv_state  < = start;
            else rcv_state  < = idle;

    end
        start:begin                          //发送字符的起始位

            if(sample)begin

                rcv_state  < = data;
                data_bit_cnt < = 0;
                end
            end
        data:begin                           //发送用户数据
            if(sample & (data_bit_cnt < 7))begin
                data_bit_cnt < = data_bit_cnt + 1;
                rcv_data_reg;data_bit_cnt] < = sdin_delay2;
                rcv_state < = data;
                end
            else if(sample & (data_bit_cnt = = 7))begin
                data_bit_cnt < = 0;
                rcv_data_reg[data_bit_cnt] < = sdin_delay2;
                rcv_state < = parity;
                end
```

```
            else
                rcv_state < = data;
        end
    parity:begin
        if(sample)begin
            if(sdin_delay2 = = ^rcv_data_reg)rcv_error < =0;
            else rcv_error < =1;
            rcv_state < = stop;
            end
        else
            rcv_state < = parity;
        end
    stop:begin
        if(sample)begin
            rcv_ready < =1;
            rcv_state < = idle;
            end
        end
    default:begin
        rcv_state < = idle;
        rcv_ready < =0;
        end
    endcase
    end

//下面是由 clk_div_ctl 决定的计数器
always @  (posedge clk or posedge rcv_rst)
    if(rcv_rst) clk_cnt < =0;
    else if (sof) clk_cnt < =0;
    else begin
        if(clk_cnt < clk_div_ctl) clk_cnt < =clk_cnt +1;
        else clk_cnt < =0;
        end
always @ (posedge clk)
    if(parity &sample)rcv_data < =rcv_data_reg;
//sample 用于指示计数器计数中间值出现的时刻
assign sample = (clk_cnt = ={1'b0,clk_div_ctl[7:1]})? 1:0;
Endmodule
```

UART 接收控制器的测试代码如下：

```
'timescale 1ns/1ps
```

```
module rcv_test_v;
reg clk;
reg rcv_rst;
reg [7:0] clk_div_ctl;
reg sdin;
wire [7:0] rcv_data;
wire rcv_ready;
wire rcv_error;

parameter clk_prd = 40;
always #20 clk = ~clk;

initial begin
    clk = 0;
    rcv_rst = 1;
    clk_div_ctl = 8;
    sdin = 1;
    #100;
    rcv_rst = 0;
    sdin = 1;
    repeat(9)@ (posedge clk);
    data_gen(8'b10010011,0,0);
    repeat(9)@ (posedge clk);
    data_gen(8'b10010011,1,0);
    repeat(9)@ (posedge clk);
    data_gen(8'b10010011,0,1);
    repeat(9)@ (posedge clk);
    data_gen(8'b10010011,0,0);
    end

task data_gen;
input [7:0] din;
input parity_error;
input length_error;
reg [4:0] i;
for (i = 0;i < = 10;i = i + 1)
   begin
       if(i = = 0) sdin = 0;
       else if(i = = 9) begin
           if(parity_error) sdin = ! (^din);
```

```
            else sdin = ^din;
            end
        else if(i = =10)begin
            if(length_error = =0) sdin =1;
            else sdin =0;
            end
        else sdin = din[ i-1];
        repeat(9) @ (posedge clk);
        #2;
    end
endtask

uart_rcv u1(
    . clk(clk),. rcv_rst(rcv_rst),. clk_div_ctl(clk_div_ctl),
    . rcv_data(rcv_data),. rcv_ready(rcv_ready),. sdin(sdin),
    . rcv_error(rcv_error));

endmodule
```

图 9-9 是接收电路的典型工作波形。

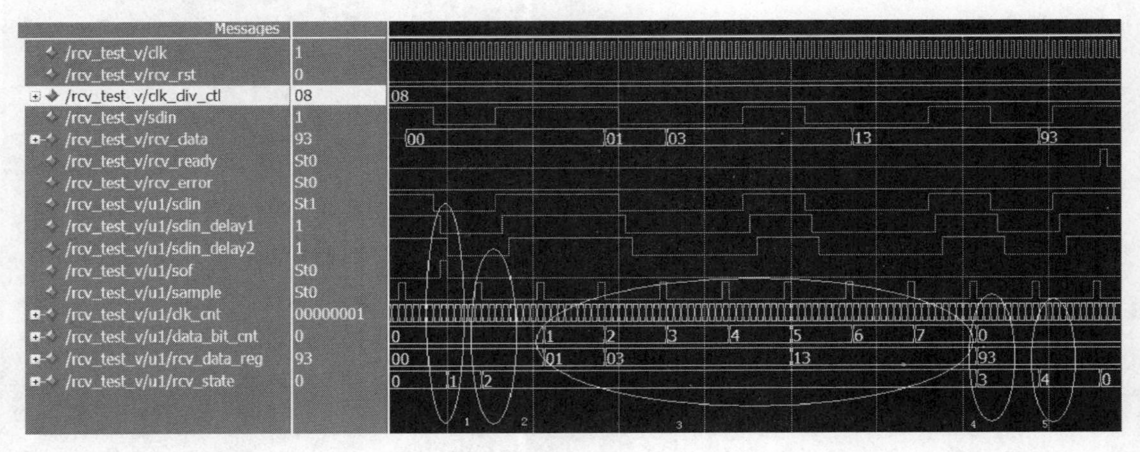

图 9-9　接收电路的典型工作波形

具体说明如下：

1）当接收状态机处于 idle 状态时，如果 sof 有效，则时钟计数器将被清零，同时进入 start 状态。

2）在 start 状态下，如果 sample 有效，则进入 data 状态。

3）在 data 状态下，当 sample 有效时，连续接收 8 个输入数据。最后一个比特开始输出后进入 parity 状态。

4）在 parity 状态下，如果出现 sample，则进入 stop 状态，同时将前面接收的 8 个比特按位异或得到的当前数据偶校验值和当前收到的 sdin 进行比较，如果两者相同，则将 rcv_error 置 1，否则置 0。

5）在 stop 状态下，sample 有效时，sdin 应该为 1，表明是停止位，此后进入 idle 状态。

9.2.6　UART 系统仿真

将 sdin 与 sdout 在电路模块之外直接连接，进行测试。如果接收到的数据与发送的数据相同，则表明电路可以正常工作。为了对整个电路工作过程进行模拟，需要建立模拟 CPU 读/写操作的读/写任务，然后将这些任务组合起来与被测电路一起模拟整个电路的工作特征。

系统仿真的测试代码如下：

```
'timescale 1ns/1ps
module uart_test_v;
reg clk;
reg [2:0] addr;
reg csn;
reg nrw;
wire sdin;
wire int;
wire sdout;
wire [7:0] data_io;
reg [7:0] data_input;
wire [7:0] data_output;
always #20 clk = ~clk;

initial begin
    clk = 0;addr = 0;csn = 1;nrw = 0;
    #200;
    //在地址 0 写入 3'b111,表示 3 个电路模块内的状态机进行复位
    cpu_wr(0,3'b111);
    #100;
    //在地址 0 写入 3'b000,表示清除 3 个电路模块内的状态机复位
    cpu_wr(0,3'b00);
    #100;
    //在地址 1 写入时钟计数器的上限值
    cpu_wr(1,8'b00001000);
    #100;
    //在地址 2 写入需要发送的数据
    cpu_wr(2,8'b11001001);
    #100;
    //在地址 3 进行写操作,产生发送命令
    cpu_wr(3,0);
    #100;
```

```
    //等待中断产生,进行中断处理
    while(! int) repeat(1)@ (posedge clk);
    cpu_rd(6);
    while(! int) repeat(1)@ (posedge clk);
    cpu_rd(5);
    #200;
    cpu_rd(4);
    end
    //cpu 写任务,将数据 data 写入 address 地址
task cpu_wr;
input [2:0] address;
input [7:0] data;
begin
    addr = address;
    data_input = data;
    #50;csn = 0;nrw = 1;
    #60;csn = 1;nrw = 0;
    #50;
end
endtask
//cpu 读任务,将数据从 address 地址中读出
task cpu_rd;
input [2:0] address;
begin
    addr  = address;
    #50;csn = 0;nrw = 0;
    #60;csn = 1;nrw = 0;
    #50;
end
endtask
assign data_output  = data_io;
assign data_io = (! nrw)? 8'bz:data_input;
uart_system uut(. clk(clk),. addr(addr),. csn(csn),
    . data_io(data_io),. int(int),. sdout(sdout),
    . nrw(nrw),. sdin(sdin));
assign #100 sdin = sdout;
endmodule
```

UART 系统单个字节发送和接收操作过程的仿真波形，如图 9-10 所示，信号由 A 和 B 部分组成。图 9-11 是 UART 系统单个字节发送和接收操作过程仿真波形 A 部分的放大图，图 9-12 是 UART 系统单个字节发送和接收操作过程仿真波形 B 部分的放大图。

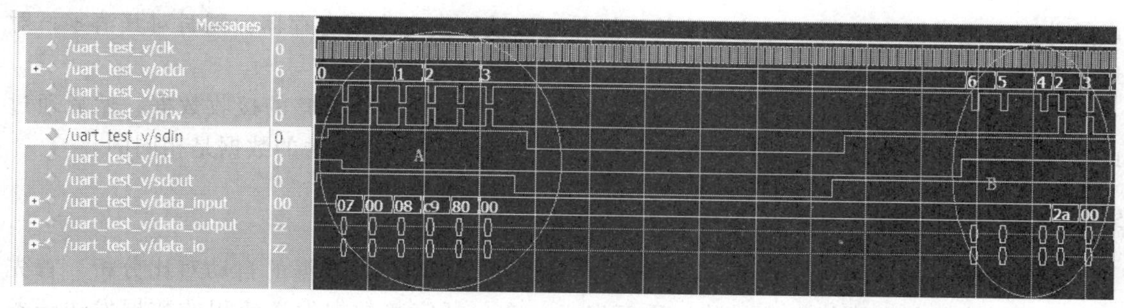

图 9-10　UART 系统单个字节发送和接收操作过程的仿真波形图

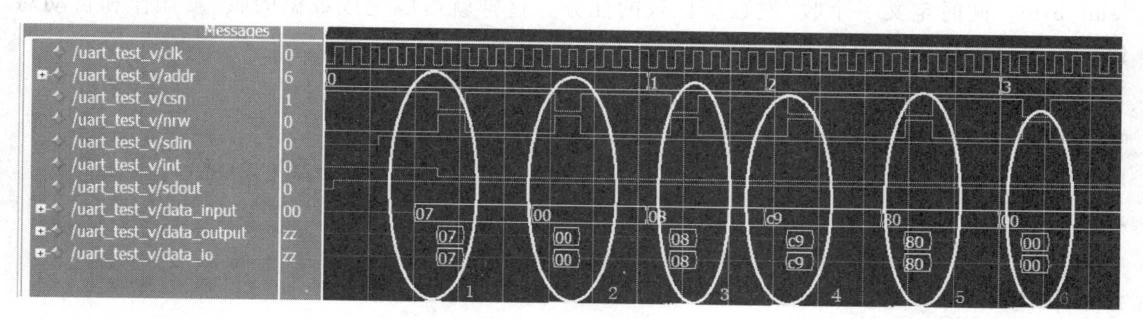

图 9-11　UART 系统单个字节发送和接收操作过程仿真波形 A 部分的放大图

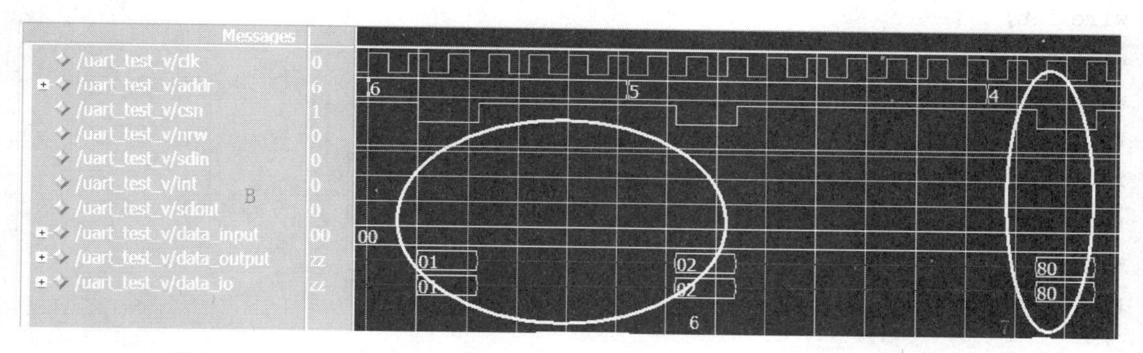

图 9-12　UART 系统单个字节发送和接收操作过程仿真波形 B 部分的放大图

1）第一次调用 CPU 写任务操作的波形，该操作将数据 7 写入地址 0，根据代码可知这会对 UART 的发送控制器、接收控制器和控制电路中的状态机都进行复位操作，使它们进入初始工作状态。

2）第二次调用 CPU 写任务操作的波形，该操作将数据 0 写入地址 0，用于清除 UART 发送控制器、接收控制器和控制电路中对状态机的复位操作，使它们进入正常工作状态。

3）第三次调用 CPU 写任务操作的波形，该操作将数据 8 写入地址 1，用于设置 UART 内部计数器的时钟分频比。

4）第四次调用 CPU 写任务操作的波形，该操作将数据 8'hC9 写入地址 2，这是后面需要发送的数据。

5）第五次调用 CPU 写任务操作的波形，它是一个对地址 3 的写操作，对具体写入的数据不关心，用于产生使能数据发送的控制信号。

6）在测试过程中将 sdout 和 sdin 进行连接，当前发送的信号经过延迟后直接送到本端 UART 的接收电路中，所以在发送过程中同时在进行数据接收操作。串行数据发送和接收完成后分别产生了两个中断，对地址 6 的读操作可以读取发送中断寄存器，同时对其清零；对地址 5 的读操作可以读取接收中断寄存器，同时对其清零。

7）CPU 根据接收中断寄存器中的内容知道 UART 中有一个完整的接收数据，然后通过此次读操作将该数据读出。可以看出读出的数据是 8'hC9，这与发送的数据是相同的。

9.2.7 UART 自动测试 Testbench

如果对大量数据的对比分析，容易出错，有必要进行收/发数据的自动对比分析。首先将测试代码中的任务进行组合封装，重新定义一个包括完整数据发送流程的数据发送任务 send_byte，同时定义一个收/发数据比较的任务，这样就可以完成数据的收/发操作和自动对比工作，这种任务结构更为清晰和易于维护。

```
`timescale 1ns/1ps
module uart_test_v;
reg clk;
reg [2:0] addr;
reg csn;
reg nrw;
wire sdin;
wire int;
wire sdout;
wire [7:0] data_io;
reg [7:0] data_input;
reg [7:0] data_received;
reg [7:0] data_to_send;
wire [7:0] data_output;
reg error;

integer i;
always #20 clk = ~clk;

initial begin
   clk = 0;addr = 0;csn = 1;nrw = 0;data_to_send = 0;error = 0;
   i = 0;
   #200;
   //在地址 0 写入 3'b111,表示 3 个电路模块内的状态机进行复位
   cpu_wr(0,3'b111);
   #100;
   //在地址 0 写入 3'b000,表示清除 3 个电路模块内的状态机复位
   cpu_wr(0,3'b00);
   #100;
   //在地址 1 写入时钟计数器的上限值
```

```
    cpu_wr(1,8'b00001000);
    #100;
    //在地址2写入需要发送的数据
    cpu_wr(2,8'b11001001);
    #100;
    //循环调用数据发送、数据接收任务,并进行收发数据的自动对比
    for(i=0;i<=9;i=i+1)begin
        data_to_send= $random% 255;
        send_byte(data_to_send);
        read_byte;
        compare(data_to_send,data_received);
        end
    end

    //cpu写任务,将数据data写入address地址
task cpu_wr;
input [2:0] address;
input [7:0] data;
begin
    addr=address;
    data_input=data;
    #50;csn=0;nrw=1;
    #60;csn=1;nrw=0;
    #50;
end
endtask
//cpu读任务,将数据从address地址中读出
task cpu_rd;
input [2:0] address;
output [7:0] data;
begin
    addr =address;
    #50;csn=0;nrw=0;
    #60;data=data_output;csn=1;nrw=0;
    #50;
end
endtask
//定义了独立的数据发送任务,它调用了前面定义的cpu_wr和cpu_rd任务
task send_byte;
input [7:0] data;
```

```
begin
//向地址 2 写入需要发送的数据
    cpu_wr(2,data);
    #100;
//向地址 3 进行写操作,产生发送命令
    cpu_wr(3,0);
    #100;
//等待中断产生,进行中断处理
    while(! int) repeat(1)@ (posedge clk);
    cpu_rd(6,data_received);
    #100;
end
endtask

//定义了独立的数据接收任务,它调用了前面定义的 cpu_rd 任务
task read_byte;
begin
    while(! int) repeat(1)@ (posedge clk);
    cpu_rd(5,data_received);
    #200;
    cpu_rd(4,data_received);
end
endtask

//定义了数据比较任务,它可以使用寄存器和系统显示任务给出比较结果
task compare;
input [7:0] data_to_send;
input [7:0] data_received;
begin
    if(data_to_send = = data_received)begin
        error = 0;
        //使用系统命令 $ display,在仿真器中显示没有发现错误
        $ display("There is no error");
        end
    else begin
        error = 1;
        //使用系统命令 $ display,在仿真器中显示发现有错误
        $ display("there is one error");
        end
    end
```

```
endtask

assign data_output =data_io;//output 是针对 uart 而言的
assign data_io = (! nrw)? 8'bz:data_input;//input 是针对 uart 而言的

uart_system u1(.clk(clk),.addr(addr),.csn(csn),
    .data_io(data_io),.int(int),.nrw(nrw),.sdout(sdout),
    .sdin(sdin));
assign #100 sdin = sdout;
endmodule
```

如图 9-13 所示，上面的代码仿真后会连续 10 次打印“# There is no error”，这样即可知道 10 个字节都被正确发送和接收了。通过这个例子可以看出，采用抽象程度较高的语法结构编写测试代码可以大大提高验证的效率，对提高电路设计的可靠性大有帮助。这部分内容参考了《Verilog HDL 数字系统设计与验证》（作者乔庐峰）的相关内容，在此表示感谢！

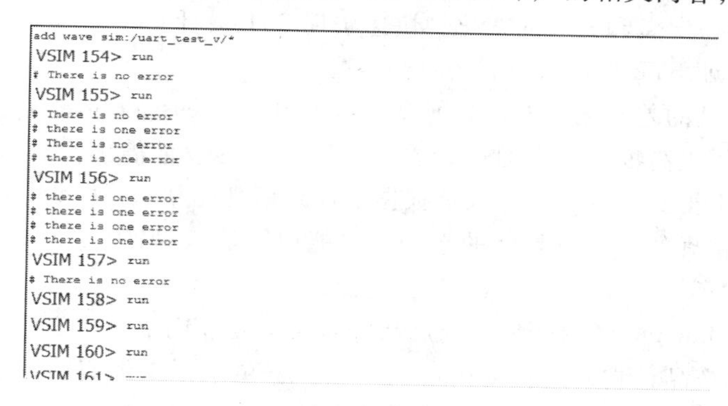

图 9-13　UART 自动测试结果显示

9.3　小结

本章首先介绍了卷积编码的工作原理、卷积编码器的 Verilog 实现和 ModelSim 仿真。其次，介绍了通用异步收发器的设计与验证，整个设计在自顶向下、逐层分割的层次化设计思想的指导下完成。顶层模块设计对系统给出一个全面、宏观的规划，并调用其他处理子模块。

9.4　习题

1. 简述卷积码的编码原理。
2. 异步数据传输有哪些优缺点？
3. 如何实现数据从发送缓冲器到发送移位寄存器的正确传输？
4. 如何实现数据从接收缓冲器到接收移位寄存器的正确传输？

第10章　C/C++语言开发可编程逻辑器件

10.1　基于C/C++的硬件设计方法

随着设计规模和复杂度的增加，使得设计者需要考虑的问题越来越多，而激烈的市场竞争也使得电子产品上市时间的压力越来越大，采用传统的RTL级的Verilog设计已导致了许多估计不到的难度：

1）如何能够在上市时间的巨大压力之下，快速地找到一种优化的结构来实现？

2）由于系统设计和RTL设计之间存在鸿沟，如何避免理解上的偏差，减少RTL设计中的错误？

3）如何根据接口定义和要求的变化，快速实现RTL设计？

4）如何快速验证RTL是否与原有的算法匹配？

5）如何进行产品的差异化开发，如何真正做到IP的Reuse？

因此，需要采用更高抽象层次的设计方法来满足新的设计需求。而原来的RTL级描述可由高层次综合技术得到，硬件设计人员根据设计约束既能利用系统设计人员产生的算法源程序自动产生一条精确的、可重复性的途径，也能由算法模型产生RTL描述，且速度远快于传统的人工方法。

Calypto公司的Catapult® Synthesis高层次综合工具是业内第一个也是最成熟的综合无定时的ANSI C++的产品，它采用自动生成的方法，避免了手工编码引入设计的错误，且速度比手工编码的方法快10~20倍。由于传统的设计方法是劳动密集型的，它们几乎没有给设计者留下评估其他可选架构的时间。硬件设计者被迫提前对架构进行选择，从而不可避免地导致非优化的硬件实现；而ANSI C++代码并没有规定硬件实现细节，可以在整个设计空间中探索，并能快速探索不同的微架构对实现结果的影响，从而可以快速找到一种性能、面积和功耗之间适当折中的最佳实现方案。它与传统设计流程的差别如图10-1所示。

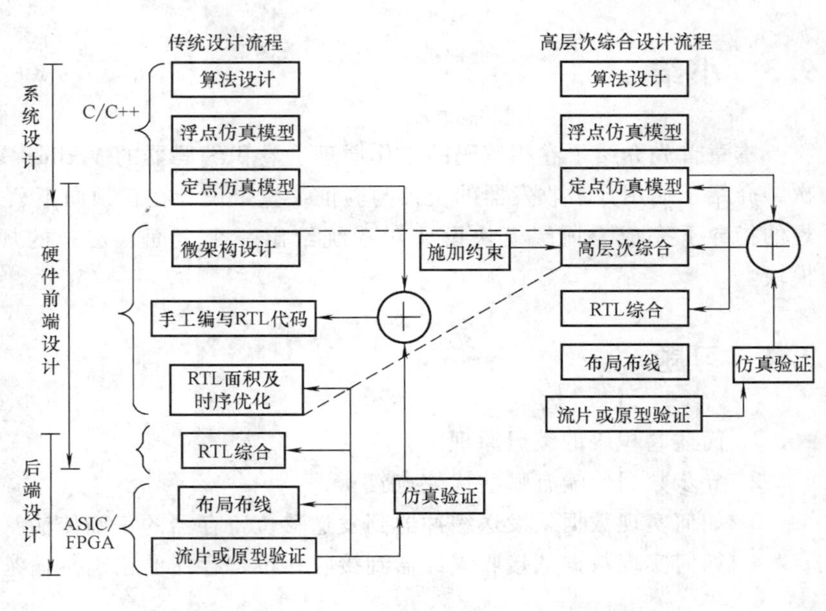

图10-1　高层次综合设计流程和传统设计流程的差别

10.2　硬件设计的 C + + 数据类型

传统的 C/C + + 的程序设计中，一般采用 bool、char、short int、int、float、double 等常规的数据类型，如果直接综合成 RTL 代码，其硬件开销较大，而实际的设计可能是 7、13 或任意位宽的数据，为了生成更有效的 Verilog 代码，硬件设计人员需将参数的数据类型由整型、浮点或双精度的数据类型改为 Calypto 公司的定点算法 C 数据类型即可进行硬件实现。该数据类型采用 C + + 语言常用的模板技术，具有参数化、可配置性高、信息隐藏等优点，其位宽、舍入方式、溢出处理等均为模板参数，可以灵活修改，可从 Calypto 网站免费下载。

Calypto 公司提供了两种算法 C 数据类型：ac_int 和 ac_fixed，其仿真速度要比相应的 SystemC 的数据类型（sc_int，sc_bigint、sc_fixed，sc_fixed_fast）的仿真速度要快 3 ~ 100 倍。

10.2.1　ac_int 型

Calypto 算法 C 的整型可以使得设计者将一个有符号或无符号的位向量定义为静态位精确的类型，与如今 RTL 设计人员使用的 Verilog 和 VHDL 的位宽限制一致，支持任意宽度的整数数据类型，如 ac_ int <W,S>，W 为所需表示的整数的位宽，S 为布尔类型，代表是有符号数还是无符号数。

ac_int <W，false>表示的是 W 位的无符号整数，其数值范围为 $0 \sim 2^W - 1$，而 ac_int <W，true>表示的是 W 位的有符号整数，其数值范围为 $-2^{W-1} \sim 2^{W-1} - 1$。

10.2.2　ac_fixed 型

Calypto 算法 C 的定点数据类型可以使设计者将一个有符号或无符号的位向量定义为静态定点精确的类型，这是 RTL 描述不能直接做到的，也是高层次综合的一个好处。由于 RTL 描述中采用的整型数据，需要设计者自己追踪小数点的位置，进行相应的移位操作和舍入操作，而带小数点的数据类型 ac_ fixed 会自动处理。

ac_fixed <W，I，S，Q，O>，W 为所需表示的定点数的位宽，I 代表整数的位宽，S 为布尔类型，代表是有符号数还是无符号数，Q 代表量化的类型，O 代表溢出处理方式。

ac_fixed <W，I，false>表示的是总共有 W 位无符号的定点数，其中整数为 I 位，小数有 $W-I$ 位，其数值范围为 $0 \sim (1-2^{-W})2^I$，而 ac_fixed <W，I，true>表示的是总共有 W 位有符号的定点数，其中整数为 I 位，小数有 $W-I$ 位，其数值范围为 $(-0.5)2^I \sim (0.5-2^{-W})2^I$。

ac_fixed 类型默认的舍入方式是截取最低位 AC_TRAN，其误差范围为一个量化区间，而 AC_RND 为四舍五入，其误差范围为半个量化区间。如果将一个变量 1.5 赋给采用不同舍入方式的 ac_ fixed 类型的话，其结果也是不同的。

```
ac_fixed<16,16,true,AC_TRN,AC_WRAP> a=1.5;     //a=1
ac_fixed<16,16,true,AC_RND,AC_WRAP> b=1.5;     //b=2
```

ac_fixed 类型默认的溢出模式为 AC_ WRAP，直接舍掉最高位，没有硬件开销，但误差很大，而 AC_ SAT 模式是当有溢出时，用该数据类型所能表示的最大和最小值表示。

```
ac_fixed<4,4,true,AC_RND,AC_WRAP>  c=16;      //c=0
ac_fixed<4,4,true,AC_RND,AC_SAT  >  d=16;     //d=7
```

10.3 C/C++ FIR 滤波器设计

10.3.1 直接型 FIR 滤波器

数字滤波器是语音与图像处理、模式识别、雷达信号处理、频谱分析等应用中广泛使用的基本单元。有限冲激响应（FIR）滤波器又称为移动均值滤波器，用当前和过去输入样值的加权和来形成它的输出，滤波器的每一级都保存了一个已延时的输入样值，各级的输入连接和输出连接被称为抽头，并且系数集合 $\{hk\}$ 称为滤波器的抽头系数。一个 M 阶的滤波器有 $M+1$ 个抽头，它对一个离散事件冲激的响应在 M 个时钟周期之后为零，以 $M=27$ 为例，其前馈差分方程如式（10-1）所示。

$$y(n) = \sum_{i=1}^{M-1} x(n-i)h(i) \tag{10-1}$$

如果用 Verilog 描述，可在通过移位寄存器用每个时钟边沿 n（时间下标）处的数据流采样值乘以抽头，并且求和得到输出 $y(n)$。

如果用 C/C++描述，可以简单地描述如下，其中抽头系数以 coeffes [TAPS_ SIZE] 表示，而其端口的数据类型在头文件中设置，如下所示。

```
#ifndef FIR_FIXED_H
#define  TAPS_SIZE27
#include "ac_fixed.h"
typedef ac_int<12,true> IN_TYPE ;
typedef ac_fixed<12,12,true,AC_RND,AC_SAT> OUT_TYPE ;
typedef ac_fixed<16,1,true,AC_RND,AC_WRAP> COEFF_TYPE ;
typedef ac_fixed<33,17,true,AC_TRN,AC_WRAP> MAC_TYPE ;
// Function prototype
void fir_filter (
    IN_TYPE      &input,
    COEFF_TYPE  coeffs[TAPS_SIZE],
    OUT_TYPE    &output ) ;
#endif
```

头文件中采用 typedef，如果需要修改参数，比较方便，无须改动函数本身，更符合可复用的思想。而直接型 FIR 函数的描述如下。

```
#include "fir_fixed.h"
void fir_filter (
IN_TYPE             &input,
COEFF_TYPE          coeffs[TAPS_SIZE],
OUT_TYPE            &output
) {
```

```
static IN_TYPE regs[ TAPS_SIZE];
MAC_TYPE temp = 0. 0;
SHIFT:for (int i = TAPS_SIZE-1 ; i > =0; i--) {
    if (i = =0) { regs[ i] = input ; }
    else { regs[ i] = regs[ i -1] ; }}
MAC:for (int j =0[ j < TAPS_SIZE ; j + + ) {
    temp + = regs[ j] *  coeffs[ j] ;     }
output = temp ; // Assign to different type
}
```

10. 3. 2　奇对称 FIR 滤波器

采用 C/C + + 来描述硬件，可以使设计更快速，效率更高。如果抽头系数以 coeffes [TAPS_ SIZE] 为奇对称，则可以简单改动如下。

```
#include "fir_fixed. h"
void fir_filter (
IN_TYPE              &input,
COEFF_TYPE           coeffs[ TAPS_SIZE],
OUT_TYPE             &output
) {
static IN_TYPE regs[ TAPS_SIZE];
MAC_TYPE fold[ (TAPS_SIZE > >1 ) +1] ;
MAC_TYPE temp = 0. 0;
SHIFT:for (int i =  TAPS_SIZE-1; i > =0; i--) {
    if (i = =0) { regs[ i] = input ; }
    else { regs[i] = regs[i-1] ; }}
FOLD:for (int i =0 ; i <  (TAPS_SIZE > >1 ) +1; i + + ) {
    if(i = =  (TAPS_SIZE > >1 ) )   fold[ i] = regs[ i] ;
    else fold[ i] = regs[ i] +  regs[ TAPS_SIZE -1- i] ;}
MAC:for (int j =0 ; j  < (TAPS_SIZE > >1 ) +1 ; j + + ) {
    temp + =  fold[ j] *  coeffs[ j] ;   }
output = temp ; // Assign to different type
}
```

同理，如果系数为偶对称，可以调整标号为 FOLD 和 MAC 部分代码。

```
FOLD:for (int i =0 ; i <  (TAPS_SIZE > >1 ); i + +) {
    fold[ i] = regs[ i]  +  regs[ TAPS_SIZE -1- i] ;}
MAC:for (int j =0 ; j  <  (TAPS_SIZE  > >1 ) ; j + + ) {
    temp + =  fold[ j] *  coeffs[ j] ;     }
```

10. 3. 3　转置型 FIR 滤波器

转置型 FIR 滤波器是将乘法器的结果进行寄存，而不是寄存输入的数据。其基本的实现方法是将输入的数据 input 和每一个系数都进行相乘，然后将乘得的结果暂存在寄存器中。其优点是相对于直接型 FIR 滤波器，转置型 FIR 滤波器是延迟小，不管是多少阶数 FIR，都可以在一个周期完成一次滤波。其代码描述如下：

```
#include "fir_fixed.h"
void fir_filter (
IN_TYPE &input,
COEFF_TYPE coeffs[TAPS_SIZE],
OUT_TYPE&output
) {
MAC_TYPE temp[TAPS_SIZE] ;
static MAC_TYPE sum[TAPS_SIZE] ;
MPY:for (int i =0 ; i < TAPS_SIZE ; i + + )
    temp[i] = input *  coeffs[i] ;
SUM:for (int i =0 ; i <TAPS_SIZE; i + + ) {
    if (i = =26) sum[i] = temp[i] ;
    else sum[i] = temp[i]  + sum[i +1] ;}
output = sum[0] ; // Assign to different type
}
```

10.4　C + +滤波器的可编程逻辑实现及验证

10.4.1　C + + FIR 滤波器的实现

以直接型 FIR 的实现为例，FIR 滤波器的实现通常有并行和串行两种实现方法。第一种方法采用多个乘加器（MAC）并行运算，能以很高的吞吐率进行运算，延迟较小，代价是其硬件规模较大，串行方法用一个乘加器完成 FIR 的各级运算，使用的硬件资源较少，但相应的延迟较长。采用传统的设计方法学，如果要实现 FIR 的话，需要根据特定的应用，决定采用串行或并行的架构，再编写相应的 RTL 代码，如果根据前一个项目的串行要求编写的代码，需要复用与下一个要求高吞吐率的项目中时，就不能满足应用的要求。这也是采用 Verilog 代码描述不能进行真正 IP 复用的主要原因。

FIR 的硬件实现流程如下。

1）导入函数实现的 cpp 文件（fir_fixed. cpp），如图 10-2 所示。

2）指定期望的可编程器件的类型和工作频率，如“Altea Stratix Ⅱ”，“100MHz”，如图 10-3 所示。

3）直接生成 Verilog 代码，得到延迟、吞吐率和面积的信息，本例中默认采用的是串行结构，有 82 个时钟周期的延迟，每 84 个周期可处理完一次 27 阶滤波，如图 10-4 所示。

4）改变硬件微架构约束，采用部分并行，如 8 份硬件来完成标号为 MAC 的循环，如图 10-5 所示。

5）直接生成 Verilog 代码，并得到延迟为 10、吞吐率为 11 个时钟周期的硬件实现，如图 10-6 所示。

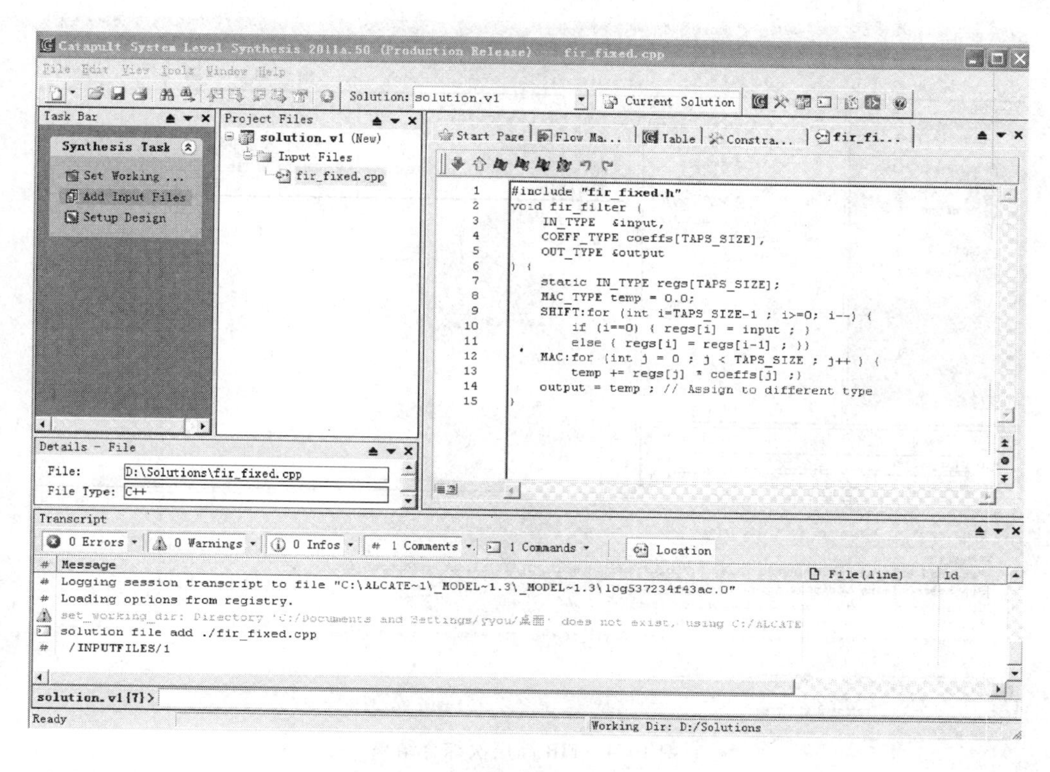

图 10-2　导入函数实现的 cpp 文件

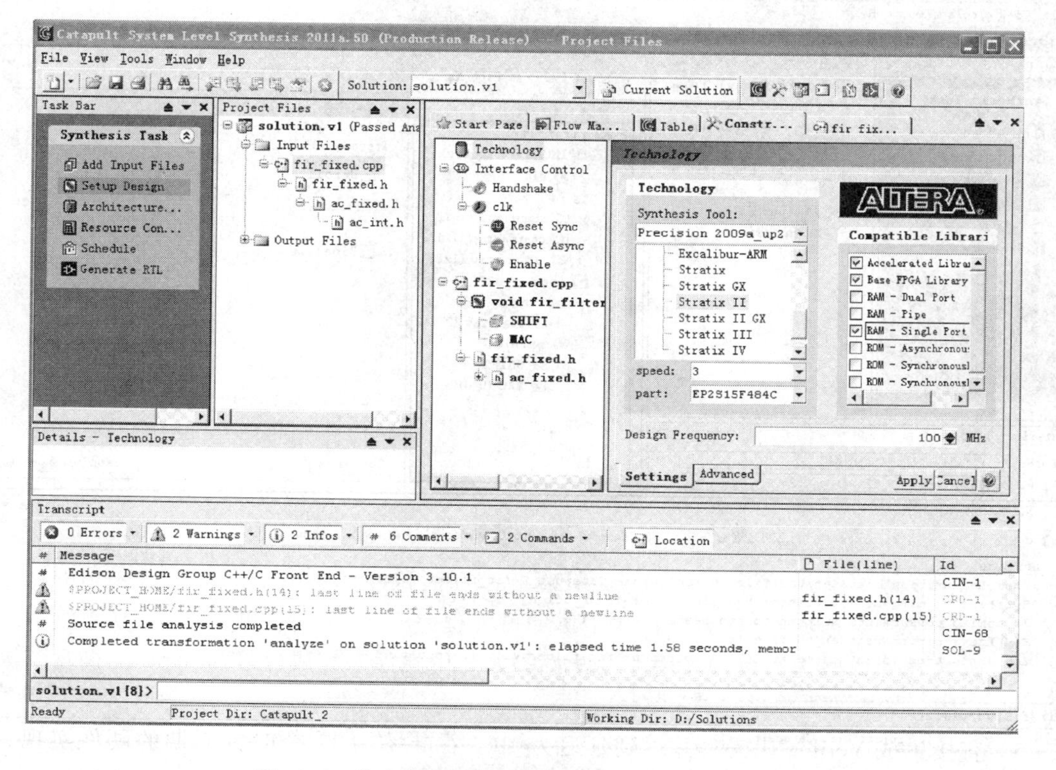

图 10-3　指定期望的可编程器件的类型和工作频率

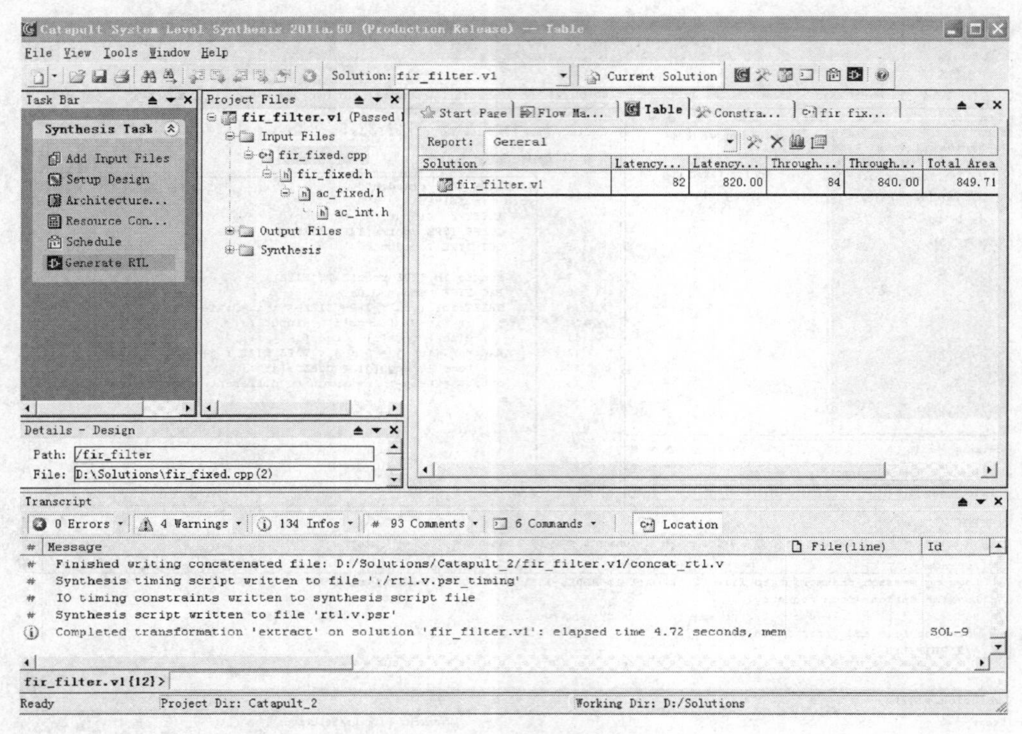

图 10-4　FIR 高层次综合结果

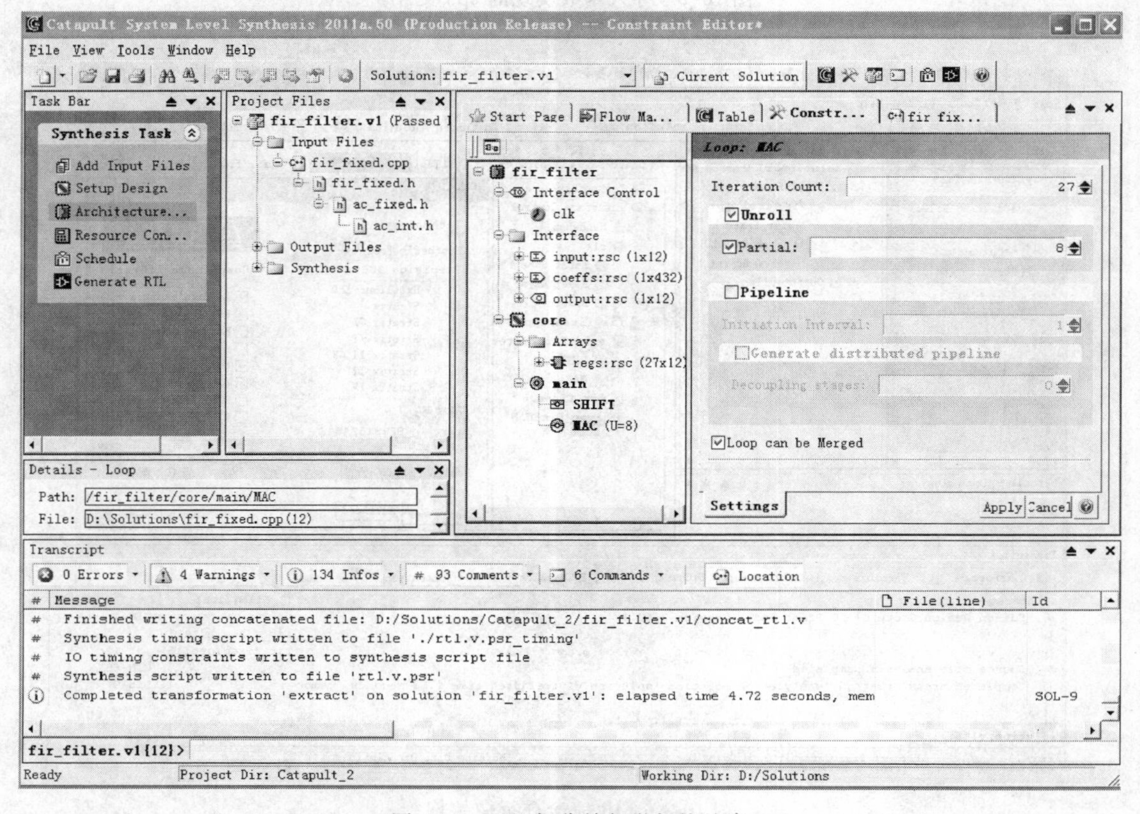

图 10-5　FIR 部分并行微架构约束

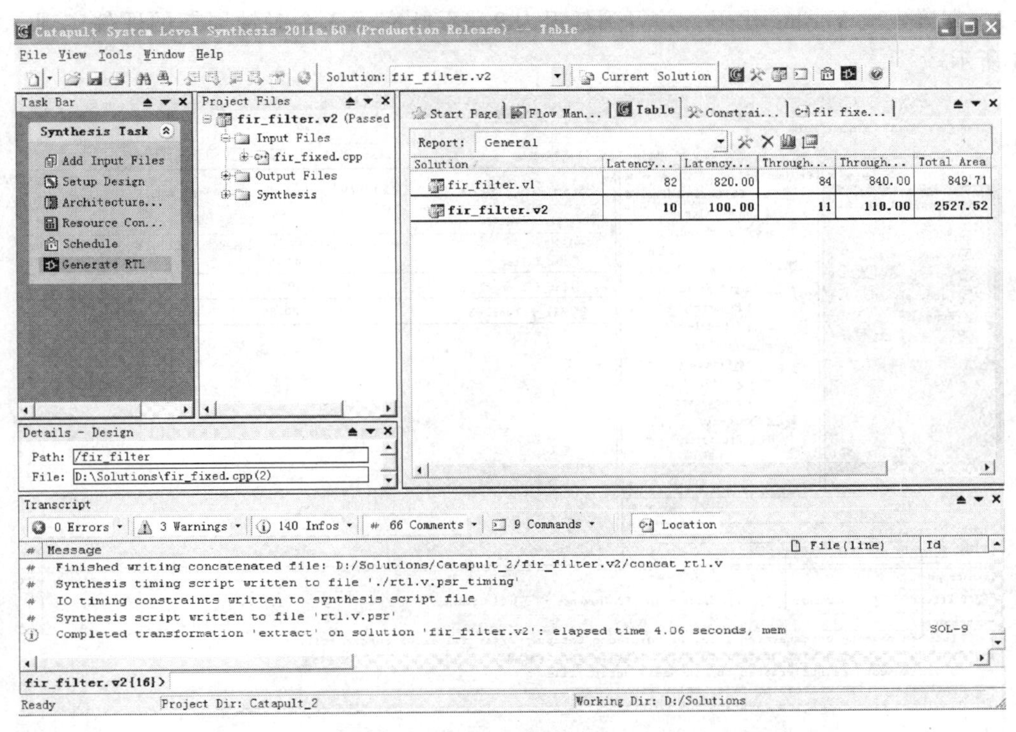

图 10-6　FIR 部分并行高层次综合结果

6）改变硬件微架构约束，采用完全并行，如 27 份硬件来完成标号为 MAC 的循环，如图 10-7 所示。

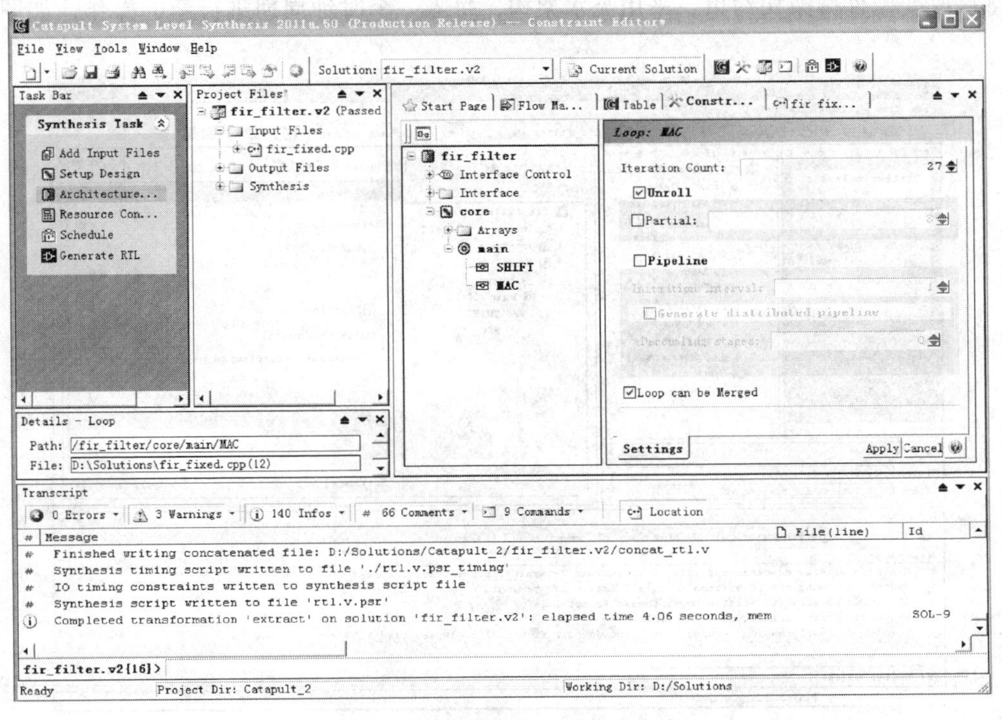

图 10-7　FIR 完全并行微架构约束

7）直接生成 Verilog 代码，并得到延迟为 2、吞吐率为 3 个时钟周期的硬件实现，如图 10-8 所示。

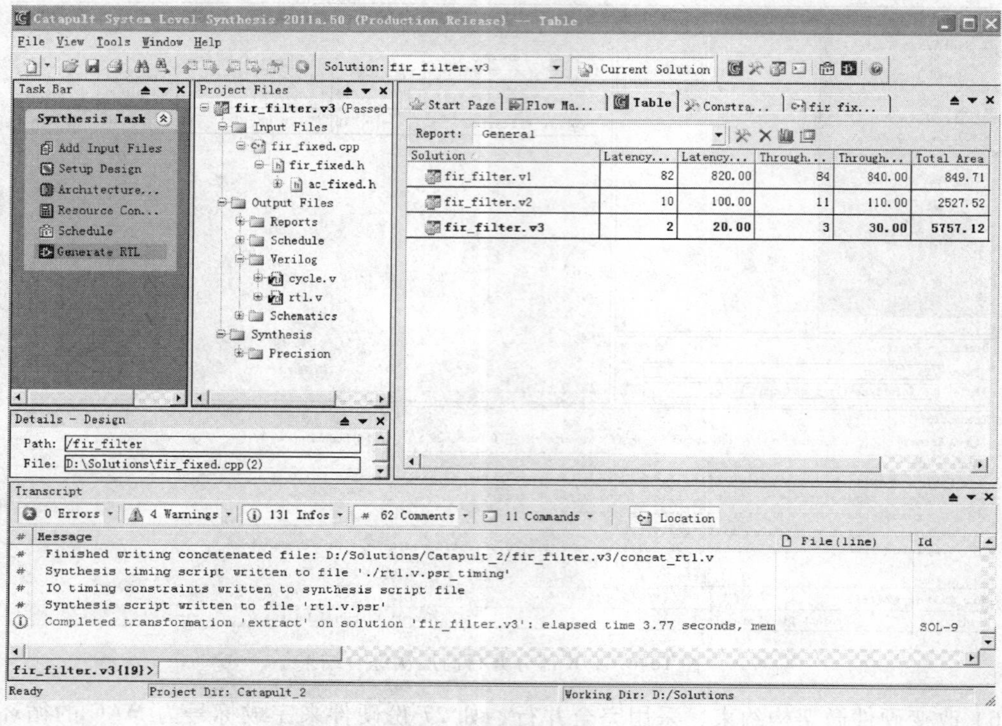

图 10-8　FIR 全并行高层次综合结果

8）改变硬件微架构约束，采用流水架构，每隔一个时钟周期进行新的操作，如图 10-9 所示。

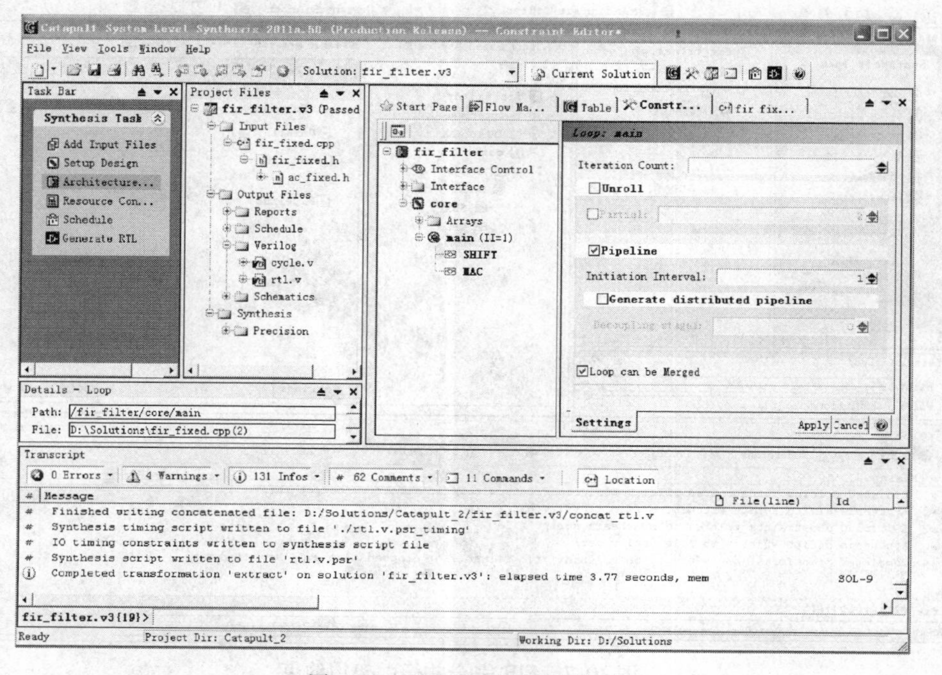

图 10-9　FIR 流水微架构约束

9）直接生成 Verilog 代码，并得到延迟为 2、吞吐率为 1 个时钟周期的硬件实现，如图 10-10 所示。

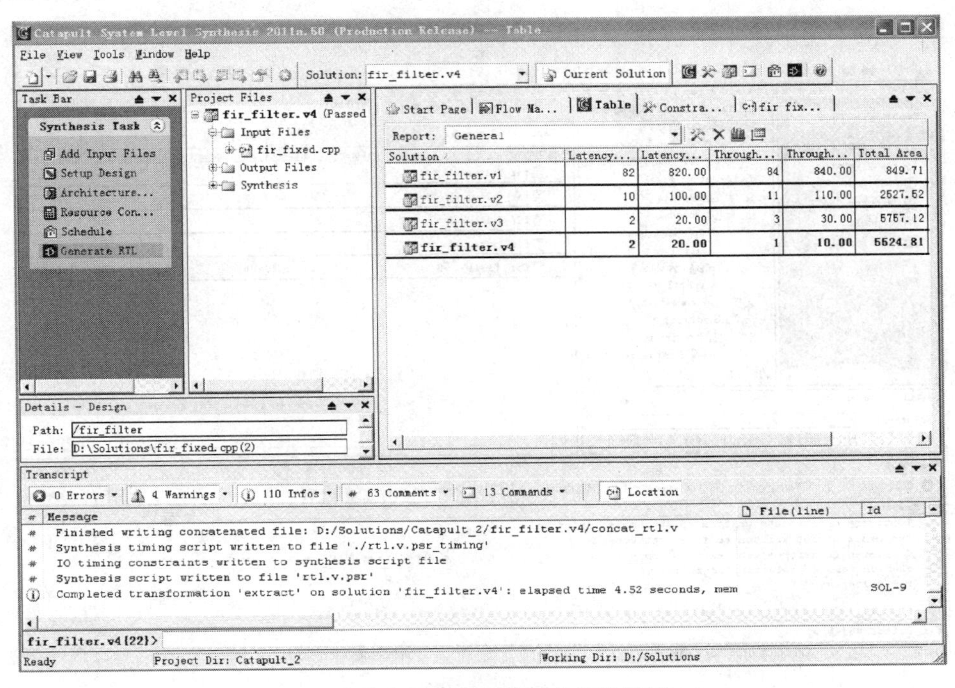

图 10-10　FIR 流水高层次综合结果

10）同样，可以导入奇对称的 FIR 代码，并导入 Testbench 代码，但在综合阶段将其排除，指定 FPGA 型号，期望的工作频率和微架构约束，如图 10-11 所示。

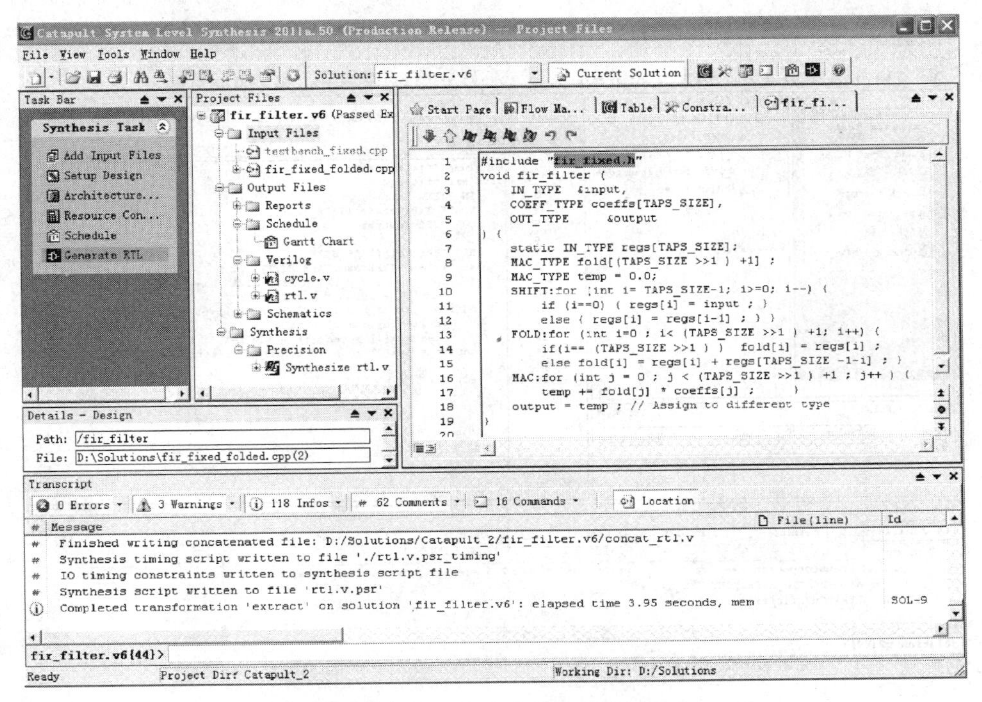

图 10-11　奇对称 FIR 设计输入

11）直接生成 Verilog 代码，并得到延迟为 2、吞吐率为 1 个时钟周期的硬件实现，但考虑到系数的对称性，其面积比上文的 FIR 小 40% 左右，如图 10-12 所示。

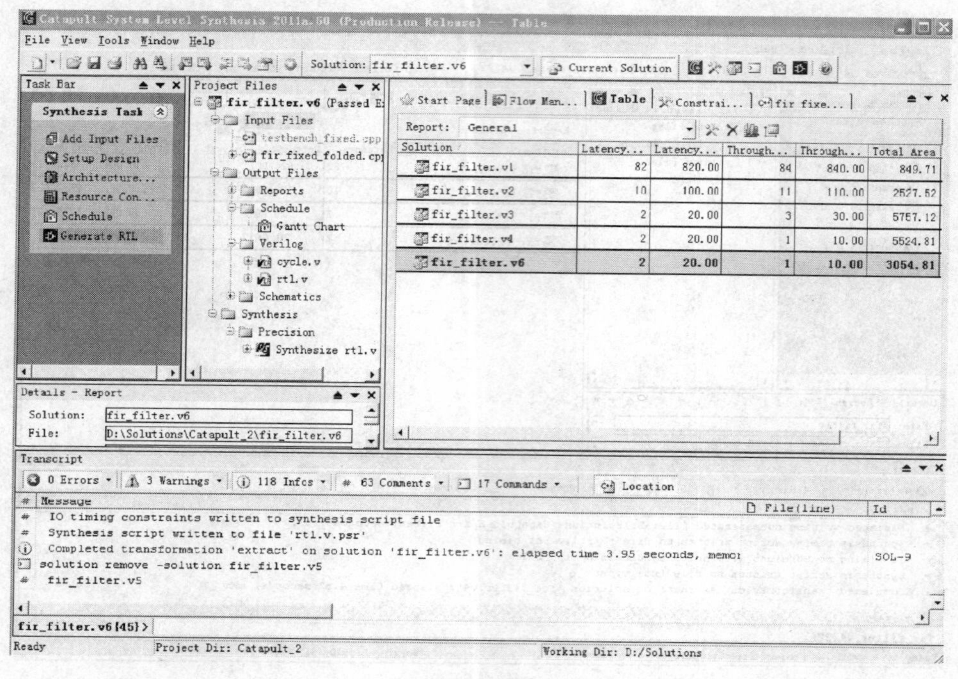

图 10-12　奇对称 FIR 高层次综合结果

12）同样，可以导入转置型的 FIR 代码，指定 FPGA 型号、期望的工作频率和微架构约束，如图 10-13 所示。

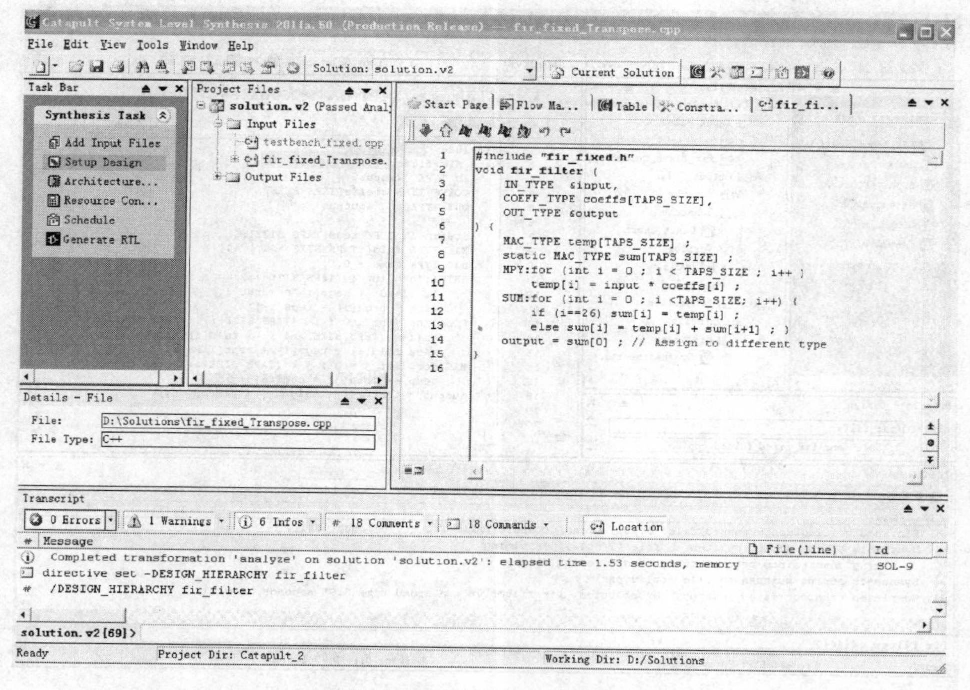

图 10-13　转置型 FIR 设计输入

13）直接生成 Verilog 代码，并得到延迟为 2、吞吐率为 1 个时钟周期的硬件实现，如图 10-14 所示。

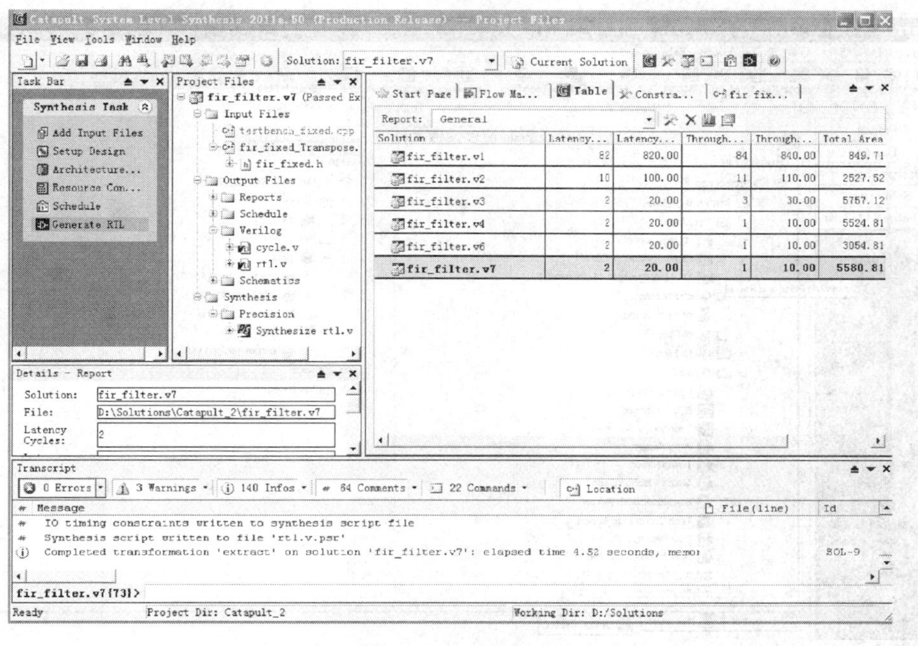

图 10-14　转置型 FIR 高层次综合结果

14）双击综合脚本，可自动调用 Mentor FPGA 综合工具 Precision RTL Plus 将生成 Verilog 代码直接综合为门级网表，如图 10-15 所示。

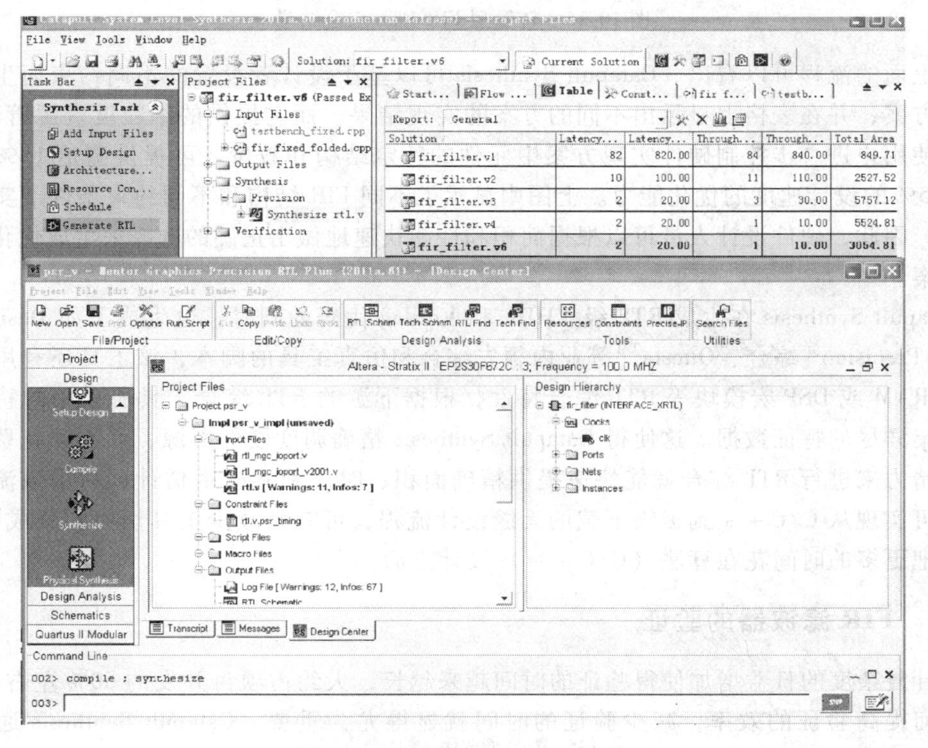

图 10-15　转置型 FIR RTL 综合

15）综合后可在 Precision RTL Plus 界面下，如图 10-16 所示，直接调用 Altera Quartus 进行布局布线，生成 . sof 文件，进行板级下载。

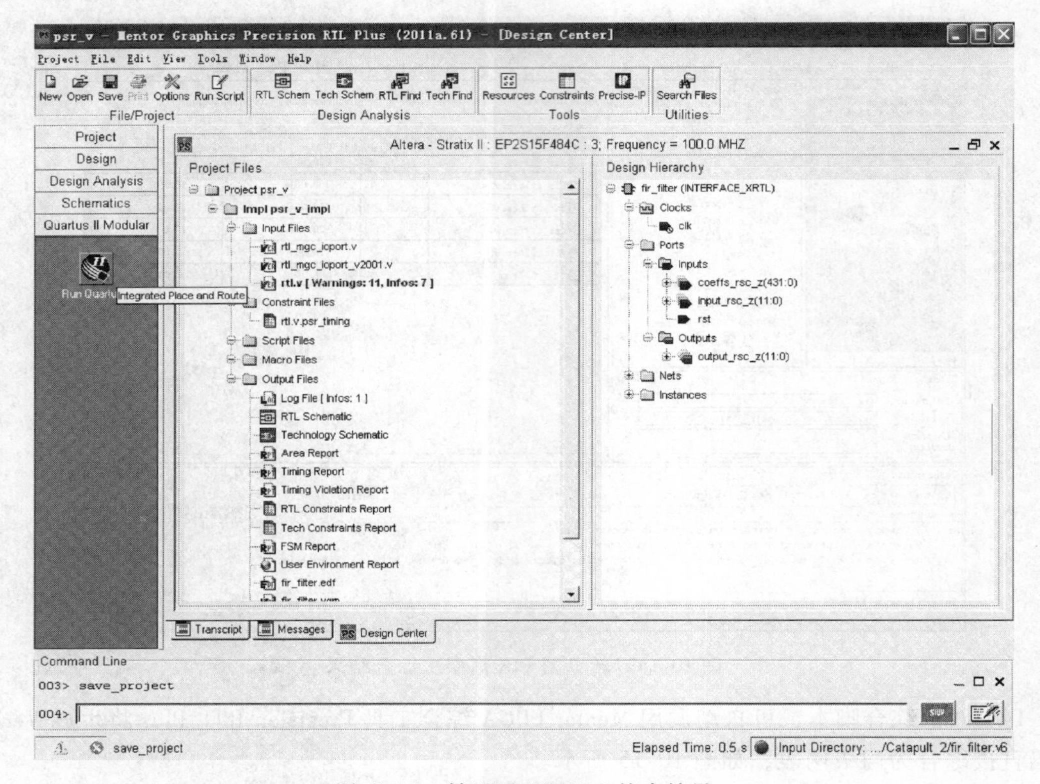

图 10-16　转置型 FIR RTL 综合结果

从上面的流程可以看出，Catapult Synthesis 可以基于设计者设置的不同约束而生成不同的实现方案，并在表格上显示出不同的方案的实现结果。而它提供的细粒度资源管理功能，又可以使用户进一步控制硬件实现方案中元件的特定结构和数量，可提供高达 15% 的设计面积和 5% 的设计速度的优化能力。上图中显示了不同 FIR 结构和不同约束条件下实现方案的结果。因此，硬件设计人员可以根据面积和性能快速地做出正确的选择来生成优化的硬件实现方案。

Catapult Synthesis 在生成 RTL 级 VHDL 和 Verilog 代码的同时，也生成了如 Design Compiler®、Precision®综合、Questa™等业内领先综合和仿真工具的脚本，该工具还利用了如自动调用 RAM 或 DSP 宏模块等 RTL 综合特性，根据下游的 RTL 综合工具所采用的特定工艺库中采集详尽的特征数据。这使得 Catapult Synthesis 精确调度硬件资源，而无须花费大量的时间和精力来进行 RTL 综合就能快速提供精确面积、时序和吞吐率估计。利用该流程，设计人员可实现从 C/C + + 到板级下载的无缝设计流程，可有效减少工具切换和集成的问题，从而可把更多的时间花在算法（C/C + +）设计方面。

10.4.2　FIR 滤波器的验证

设计复杂度的日益增加使得验证的时间越来越长，大约占项目开发的 60% 左右的时间，因而如何提高验证的效率，减少验证的时间就显得尤为重要。Catapult Synthesis 通过生成 SystemC 事务处理器提供了集成的模块级验证环境，而这些事务处理器把事务或顺序检测与时序的 RTL 同步起来。这种集成的验证流程使得设计者可方便地复用原始的 C + + 测试程序验证 C + + 设计和输出的 RTL 代码功能的一致性，也在特定的同步点为混合的语言仿真提供了先进分析和调试手段。它自动为后续的 RTL 验证提供仿真的 Makefile，双击该 Makefile 就会自动调用 Questa/Modelsim/NC-Sim/VCS 仿真器进行仿真并自动比对 C + + 仿真结果和 RTL 仿真结果，减少了脚本和 Testbench 的编写量。

1）使能自动验证流程，如图 10-17 所示。

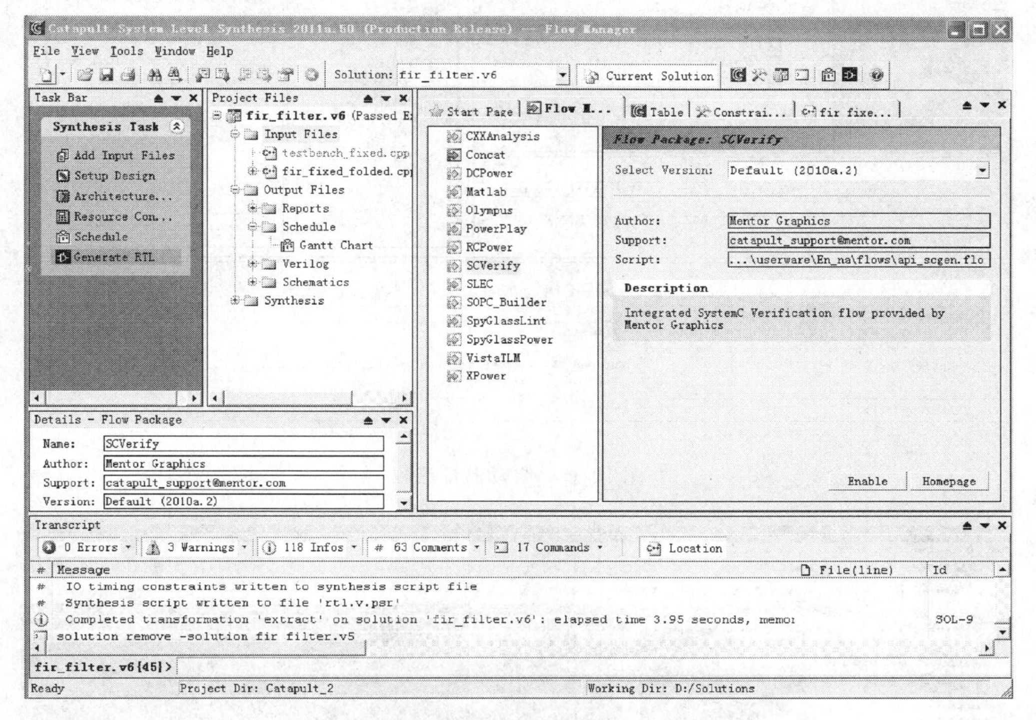

图 10-17　使能自动验证流程

2）双击 RTL 和 C + + 验证的“Makefile”，会自动调用 Mentor Questa/Modelsim 进行编译，如图 10-18 所示。

3）Mentor Questa/Modelsim 仿真结果为“Simulation PASSED”，则说明 C/C + + 设计与生成的 Verilog 代码的功能一致，如图 10-19 所示。

Calypto 公司的 Catapult Synthesis 是业内第一个，也是最成熟的综合无定时的 ANSI C + + 的产品，它采用自动生成 RTL 代码的方法，避免了手工编码易引入的错误，且速度比手工编码的方法快 10 ~ 20 倍。该流程的好处是工具自动解析 C + + 代码，不会因为硬件设计者对 C + + 代码的理解上的偏差而造成设计上的缺陷，因而可节省大量的 RTL 设计、调试和优化 RTL 代码的时间。

10.5　小结

本章描述的 FIR 采用 C/C + + 语言实现，利用 Calypto 高层次综合工具 Catapult Synthesis，针对不同应用而施加不同的约束，迅速综合出 4 种不同性能的硬件，其吞吐率分别为 84、11、3、1 个 时钟周期。利用 Catapult Synthesis 提供的集成仿真和逻辑综合环境，复用

图 10-18　自动验证流程

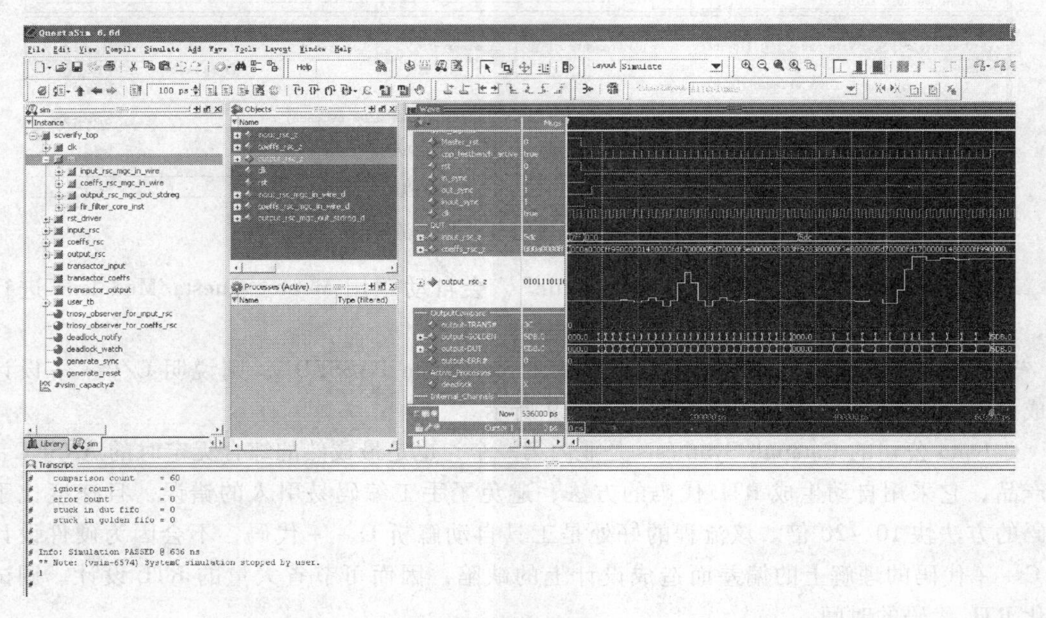

图 10-19　自动验证结果

原有的 C + + 测试平台，进行了 C + + 源码和生成的 RTL 代码的验证，保证了 FIR 功能的正确性。并自动调用 Mentor 公司 Precision RTL Plus 软件进行 FPGA 逻辑设计综合。因此，采用 C/C + + 语言结合高层次综合技术进行 IP 的设计与实现，可以真正实现设计复用，做到一次开发多次受益。

10.6　习题

1. 利用 FIR C + +代码来实现脉动型 FIR。
2. 利用高层次综合技术实现 256 点基 2FFT。
3. 将代码参数化，实现 128 ~8192 2 的幂次方点的 FFT。

附录 Quartus Ⅱ支持的 Verilog 结构

附录 A Quartus Ⅱ对 Verilog 的支持情况 1

<table>
<tr><td rowspan="10">数据类型</td><td>向量</td><td>支持</td></tr>
<tr><td>信号强度</td><td>不支持</td></tr>
<tr><td>隐式声明</td><td>支持</td></tr>
<tr><td>wire,tir</td><td>支持</td></tr>
<tr><td>wor,wand,trior,triand,trireg,tri0,tri1</td><td>不支持</td></tr>
<tr><td>supply0,supply1 Net</td><td>不支持</td></tr>
<tr><td>存储器</td><td>支持</td></tr>
<tr><td>integer,time</td><td>支持</td></tr>
<tr><td>real,realtime</td><td>不支持</td></tr>
<tr><td>parameter</td><td>支持</td></tr>
<tr><td rowspan="9">运算符</td><td>算术运算符(+ , - , * ,/,% , * *)</td><td>支持</td></tr>
<tr><td>关系远算符(< , < = , > , > =)</td><td>支持</td></tr>
<tr><td>等式运算符(= = ,! = , = = = ,! = =)</td><td>除 = = =、! = = 外都支持</td></tr>
<tr><td>逻辑运算符(&&,11,!)</td><td>支持</td></tr>
<tr><td>位运算符(~ ,&,|,^,^ ~ , ~^)</td><td>支持</td></tr>
<tr><td>缩位运算符(&, ~ &,|, ~ |,^,^ ~ , ~^)</td><td>支持</td></tr>
<tr><td>移位运算符(< < , > > , < < < , > > >)</td><td>支持</td></tr>
<tr><td>条件运算符(?:)</td><td>支持</td></tr>
<tr><td>位拼接运算符({})</td><td>支持</td></tr>
<tr><td rowspan="6">赋值</td><td>连续赋值</td><td>支持</td></tr>
<tr><td>阻塞过程赋值</td><td>支持</td></tr>
<tr><td>非阻塞过程赋值</td><td>支持</td></tr>
<tr><td>过程连续赋值</td><td>不支持</td></tr>
<tr><td>Assign 和 deassign 过程连续赋值</td><td>不支持</td></tr>
<tr><td>Force 和 release 过程连续赋值</td><td>不支持</td></tr>
<tr><td rowspan="6">开关级和
门级建模</td><td>and,nand,nor,or,xor,xnor</td><td>支持</td></tr>
<tr><td>bur,not</td><td>支持</td></tr>
<tr><td>bufif1,bufif0,notif1,notif0</td><td>支持</td></tr>
<tr><td>MOS 开关</td><td>不支持</td></tr>
<tr><td>双向开关</td><td>不支持</td></tr>
<tr><td>CMOS 开关</td><td>不支持</td></tr>
<tr><td rowspan="3">UDP</td><td>组合逻辑 UDP</td><td>支持</td></tr>
<tr><td>电平敏感的时序 UDP</td><td>支持</td></tr>
<tr><td>边沿敏感的时序 UDP</td><td>支持</td></tr>
</table>

（续）

行为级建模	条件语句(if-else)	支持
	case语句	支持
	循环	支持
	延时控制	不支持
	声明事件	不支持
	电平敏感事件控制(wait语句)	不支持
	顺序块(begin-end结构)	支持
	并行块(fork-join结构)	不支持
	initial结构	用户自定义任务,综合时忽略
	always结构	支持
自定义任务和函数	用户自定义任务	支持
	用户自定义函数	支持
层次结构	modules	支持
	defparam	支持
	模块例化时的参数传递	支持
	ports	支持
指定块	指定块(specify blocks)	不支持
	指定参数(specparams)	不支持
	指定块的模块路径延时	不支持
编译指令	'celldefine,'endcelldefine	不支持
	'defaule_nettype	支持
	'define,'undef	支持
	'ifdef,'else,'endif	支持
	'include	支持
	'resetall	支持
	'timescale	不支持
	'unconnected drive,'nounconnected_drive,	支持

附录B　Quartus Ⅱ对Verilog的支持情况2

属性	支　持
有符号数据类型	支持
多维数组	支持
localparam	支持
新运算符:* *,<<<和>>>	支持
索引的向量部分选择	支持
通配符*表示敏感向量列表	支持
generate	支持
模块例化时显式的传递参数值	支持
端口声明net类型	支持
端口声明列表	支持
设置配置	不支持
编译指令'ifdef,'els,'elsif,'endif,'ifndef	支持

参考文献

[1] IEEE Computer Society. IEEE Standard Verilog Hardware Description Language. IEEE Std1364-2001. The Institute of Electrical and Electronics Engineers, Inc., 2001.

[2] IEEE Computer Society. IEEE Standard for Verilog Register Transfer Level Synthesis. IEEE Std1364. Institute of Electrical and Electronics Engineers, Inc., 2002.

[3] Altera Corporation, MAX Ⅱ Device Handbook, 2004.

[4] Altera Corporation, Cyclone Device Handbook, Volume 1, 2008.

[5] 夏宇闻. Verilog 数字系统设计教程 [M]. 北京：北京航空航天大学出版社, 2008.

[6] 姚运，李辰. FPGA 应用开发入门与典型实例（修订版）[M]. 北京：人民邮电出版社, 2008.

[7] Samir Palnitkar. Verilog HDL 数字设计与综合 [M]. 夏宇闻，等译. 北京：电子工业出版社, 2009.

[8] 张延伟. Verilog HDL 程序设计实例详解 [M]. 北京：人民邮电出版社, 2008.

[9] 昊戈. Verilog HDL 与数字系统设计简明教程 [M]. 北京：人民邮电出版社, 2009.

[10] 王宇，周信坚. 基于 Verilog HDL 语言的可综合性设计；J]. 计算机与信息技术, 2008 (11)：30-32.

[11] 王金明，冷自强. EDA 技术与 Verilog 设计 [M]. 北京：科学出版社, 2008.

[12] 王冠，黄熙，王鹰. Verilog HDL 与数字电路设计 [M]. 北京：机械工业出版社, 2005.

[13] 潘松. EDA 技术与 V HDL [M]. 3 版. 北京：清华大学出版社, 2009.

[14] 潘松，黄继业. EDA 技术实用教程 [M]. 3 版. 北京：科学出版社, 2006.

[15] 游余新. 利用面向对象技术进行可配置的 FFT IP 设计与实现第五届中国通信集成电路技术与应用研讨会会议文集 [C], 西安, 2007.

[16] MICHAELFINGEROFF, High-level Synthesis Blue Book. Xilibris Corportation, 2010.

[17] 游余新. 基于 ESL 设计方法学的 SOC 设计 [J]. 中国集成电路, 2011 (9)：27-34.

[18] 乔庐峰. Verilog HDL 数字系统设计与验证 [M]. 电子工业出版社, 2009.